"十四五"职业教育国家规划教材

 "十三五"职业教育国家规划教材

 "十三五"江苏省高等学校重点教材

高等院校"互联网+"系列精品教材

国家教学资源库
配套教材

集成电路版图设计
项目化教程（第2版）

居水荣　刘锡锋　编著

朱樟明　主审

U0282303

电子工业出版社·
Publishing House of Electronics Industry
北京·BEIJING

美丽中国——广西桂林漓江风光

内 容 简 介

本书按照职业教育新的教学改革要求，根据微电子行业岗位技能的实际需要，以"集成电路版图设计"这一工作任务为主线，结合编者多年的企业工作经验，以及版图设计课程项目化内容改革成果进行修订编写。本书内容按 3 个层次进行介绍，层次 1 主要介绍集成电路版图设计基础，包括集成电路版图设计分类、方法与工具，UNIX/Linux 操作系统及虚拟机的使用，集成电路设计软件基本操作，常用元器件的版图等；层次 2 介绍 CMOS 基本逻辑门、CMOS 复合逻辑门、CMOS D 触发器的版图设计与验证，标准单元版图设计基础等；层次 3 以行业内典型的数模混合集成电路——D508 为例，详细介绍 CMOS 集成电路设计项目准备、模拟电路的全定制版图设计、数字标准单元的设计、基于标准单元的布局布线等。在以上介绍过程中突出项目化的概念，包含项目设计过程中遇到的技术问题、解决方法和经验总结等；举例说明实施项目化版图设计教学或产品设计所需要构建的软硬件系统等实用性内容；列出设计过程所用的各种数据，以及如何进行这些数据的保存、完成版图设计后如何进行数据处理等。

本书为全国高等职业本专科院校相应课程的教材，也可作为开放大学、成人教育、自学考试、中职学校、培训班的教材，以及微电子工程技术人员的参考工具书。

本书提供免费的电子教学课件、习题参考答案等，详见前言。

图书在版编目（CIP）数据

集成电路版图设计项目化教程 / 居水荣，刘锡锋编著. —2 版. —北京：电子工业出版社，2020.3（2024.12重印）
高等院校"互联网+"系列精品教材
ISBN 978-7-121-37857-7

Ⅰ. ①集⋯　Ⅱ. ①居⋯　②刘⋯　Ⅲ. ①集成电路—电路设计—高等学校—教材　Ⅳ. ①TN402

中国版本图书馆 CIP 数据核字（2019）第 253759 号

责任编辑：陈健德（E-mail：chenjd@phei.com.cn）
印　　刷：三河市双峰印刷装订有限公司
装　　订：三河市双峰印刷装订有限公司
出版发行：电子工业出版社
　　　　　北京市海淀区万寿路 173 信箱　邮编　100036
开　　本：787×1 092　1/16　印张：15.25　字数：390.4 千字
版　　次：2014 年 9 月第 1 版
　　　　　2020 年 3 月第 2 版
印　　次：2024 年 12 月第 12 次印刷
定　　价：55.00 元

凡所购买电子工业出版社图书有缺损问题，请向购买书店调换。若书店售缺，请与本社发行部联系，联系及邮购电话：（010）88254888，88258888。

质量投诉请发邮件至 zlts@phei.com.cn，盗版侵权举报请发邮件至 dbqq@phei.com.cn。

本书咨询联系方式：chenjd@phei.com.cn。

前　言

　　集成电路产业是国家战略性产业，也是国民经济和社会信息化的重要基础，更是当今社会高速发展的高新科技产业，产品应用范围广泛，从人们日常生活所用的高清电视、计算机、手机等电器到物联网、云计算、军工国防，集成电路芯片在各行各业都起着非常关键的作用。伴随着我国集成电路产业的高速发展，集成电路设计已经成为当下较为热门的几个就业岗位之一。为此国家颁布了一系列针对集成电路产业人才培养的扶持政策，加快集成电路产业人才培养已经成为高等教育改革和发展的一项紧迫任务。

　　为满足行业对人才的需求，编者按照职业教育新的教学改革要求，本着培养高素质技能型人才的高职教育理念，开展项目化课程内容改革，精选课程教学内容，注重实践环节，并考虑市场人才需求和版图设计定位，以"集成电路版图设计"这一工作任务为主线，在编者多年集成电路行业设计经历和教学实践基础上，为广大读者奉献了一本项目化的集成电路版图设计教材。

　　本书的编写思路为由浅入深、由简到难。首先采用目前业界应用最为广泛的 Cadence Virtuoso 系列工具介绍集成电路版图设计基础，包括集成电路版图设计分类、方法与工具，UNIX/Linux 操作系统和虚拟机的使用，集成电路设计软件基本操作，常用元器件的版图等；然后介绍 CMOS 基本逻辑门、CMOS 复合逻辑门、CMOS D 触发器的版图设计及基于 Diva、Dracula 和 Calibre 3 种工具的版图验证等；最后通过行业内典型的数模混合电路——D508 为例，将适用于模拟电路设计的全定制方法和适用于数字电路设计的标准单元设计方法融合在一起，基于 Cadence Virtuoso 和 Synopsys ASTRO 两种设计系统，全面深入地介绍一个实际芯片的设计过程。在介绍过程中突出项目化设计的理念，包含完成 D508 项目设计过程中遇到的技术问题、解决方法和经验总结等实践性内容。

　　本书介绍在集成电路设计过程中所包含的各种数据，以及如何进行这些数据的保存、完成版图设计后如何进行数据处理以便进行工程化生产，实施项目化版图设计教学和产品设计所需要构建的软硬件系统等非常实用的内容；同时通过日常教学融入思政内容，由授课老师介绍行业著名的全国劳动模范、五一劳动奖章获得者等大国工匠事迹，学习他们的劳动精神、敬业精神、职业素质等，培养学生正确的人生观、劳动观、创新能力、担当意识、职业素养等；通过扉页的美丽中国和书眉的东方红卫星、长城、高铁等图片，培养学生的制度自信、文化自信、奉献精神、爱国情怀等，使其成为德、智、体、美、劳全面发展的社会主义建设者和接班人。。

　　本书介绍的内容贴近集成电路设计行业的前沿技术，如基于 PDK 的版图设计、业界最新的 ESD 保护电路设计、天线效应、避免产生电迁移、衬底噪声等的模拟电路版图设计技术等；所用的 D508 项目是目前集成电路产业比较热门的触摸技术产品，所使用的都是目前大部分集成电路设计公司采用的主流工艺，并采用了 Calibre 等行业内先进的设计工具，因此非常适合各类正在学习版图设计的学生使用本书。通过学习本书，学生在学校就可以完成原本要到企业后才进行的项目设计培训，并且跟他们在企业从事的版图设计岗位无缝衔接。

　　本课程的内容按照 3 个层次进行设计，正文中按照内容层次顺序安排，各层次的参考学时分配如下（各院校可以结合实际情况进行调整）：

内容层次	章	参考学时
层次 1　集成电路版图设计基础	第 1 章　集成电路及版图设计概念、方法与工具	16
	第 2 章　UNIX/Linux 操作系统和虚拟机的使用	
	第 3 章　集成电路设计软件基本操作	
	第 4 章　常见元器件的版图	
层次 2　集成电路版图基本设计	第 5 章　CMOS 基本逻辑门的版图设计与验证	64
	第 6 章　CMOS 复合逻辑门的版图设计与验证	
	第 7 章　CMOS D 触发器的版图设计与验证	
	第 8 章　标准单元版图设计	
层次 3　集成电路版图综合设计	第 9 章　CMOS 集成电路 D508 项目设计准备	48
	第 10 章　D508 项目模拟部分的全定制版图设计	
	第 11 章　D508 项目标准单元的设计	
	第 12 章　D508 项目基于标准单元的布局布线	

　　在本书的编写过程中得到了电子工业出版社陈健德主任的大力支持，同时也得到了江苏信息职业技术学院孙萍教授及陆建思、黄玮老师的热情帮助，在此一并表示感谢。

　　由于编者水平和时间有限，书中难免有不足之处，敬请读者批评指正。

　　为方便教学，本书配有免费的电子教学课件、微课视频、练习题参考答案等，请有需要的教师登录华信教育资源网（http://www.hxedu.com.cn）免费注册后进行下载，如有问题请在网站留言或与电子工业出版社联系（E-mail:hxedu@phei.com.cn）。读者也可通过浏览器或其他工具扫一扫书中的二维码阅看或下载更多的教学资源。

编　者

扫一扫看课程介绍、机房安全教育、集成电路设计绪论电子教案

扫一扫看模拟试卷 1

扫一扫看模拟试卷 2

扫一扫看模拟试卷 3

扫一扫看模拟试卷 4

扫一扫看模拟试卷 5

扫一扫看模拟试卷 6

扫一扫看工艺相关知识补充练习题与答案

扫一扫看器件相关知识补充练习题与答案

扫一扫看第 1 至 4 章补充练习题 1 与答案

扫一扫看第 1 至 4 章补充练习题 2 与答案

扫一扫看第 5 至 6 章补充练习题与答案

扫一扫看第 7 至 8 章补充练习题与答案

扫一扫看第 9 至 12 章补充练习题 1 与答案

扫一扫看第 9 至 12 章补充练习题 2 与答案

目录

第1章

集成电路及版图设计概念、方法与工具

在正式讲述集成电路版图设计工作前，本章首先简单介绍一下集成电路版图设计基础知识，包括集成电路的概念和设计、集成电路版图设计的概念和方法及集成电路版图设计的工具等内容。

1.1 集成电路的制造和设计概念

集成电路是当今发展最为迅速的技术领域，集成电路产业已经成为全球经济发展的战略需求。在进入主题前首先非常有必要了解一下什么是集成电路，以及集成电路设计都是做什么工作的。

1.1.1 集成电路的概念与产品

集成电路（integrated circuit，IC）（相对分立器件组成的电路而言）：把组成电路的元器件及相互间的连线放在一起，整个电路在同一个芯片上，然后把这个芯片放到管壳中进行封装，电路与外部的连接靠引脚完成。

图 1.1 中显示的是封装好的集成电路块，这些集成电路块会被使用在印制电路板（printed circuit board，PCB）中。一般，一块 PCB 会包含一个或多个集成电路块，这些集成电路和其他分立元器件在一块 PCB 上一起工作，共同完成整体的电路功能。而这些

图 1.1 封装好的集成电路块

集成电路块往往是在整个电路中起到最主要、最关键的作用。随着集成电路规模的不断扩大和 SoC（system on a chip，单片系统）的发展，集成电路日益成为各类电子产品的核心部件。

为什么小小的集成电路块能有这么重要的作用呢？这主要还是归功于集成电路制造工艺的发展，集成电路制造工艺能够将数以万计的电子元器件及金属连线制作在一块极小面积的半导体晶体（通常为硅单晶）材料上，从而大大缩小了电子产品的体积，加强了产品的功能和性能。而集成电路制造工艺所制作出的产品称为圆片，如图 1.2 所示。目前，圆片的直径大小通常有 5 英寸（1 英寸=2.54 cm）、6 英寸、8 英寸和 12 英寸等。每一片圆片都要经过光刻、氧化、扩散、刻蚀、薄膜淀积等诸多制造工序，最终在硅单晶圆片上做出各类电子器件及其连线，并能完成一定的电路功能。这里要注意的是，一片圆片上通常包含了结构和功能相同的数百甚至数千个重复单元，其中每一个重复单元所占的面积都不会太大，这些单元最终被分别切开并封装在陶瓷或塑料材料的封装外壳中，从而形成图 1.1 所示的产品，也就是说每一片圆片最终可以生产出很多功能相同的集成电路块。

在圆片上的每一个单元中都包含了许多电阻、电容、二极管、晶体管、场效应晶体管等基本电路元器件。这些元器件由于尺寸非常小，通常都在微米甚至纳米级别之间，所以只凭肉眼是无法看清的，只有在高倍率显微镜下才能够看到这些电子元器件的"庐山真面目"。值得一提的是随着制造工艺的不断发展，芯片的特征尺寸在不断缩小，已经到了深亚微米级别甚至纳米级别的芯片，光学显微镜已经不足以将这些细微元器件分辨清楚，此时只有利用隧道电子扫描镜才能呈现出这些元器件的外貌。如图 1.3 所示就是在显微镜下展现出来的一块单元芯片。

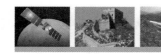

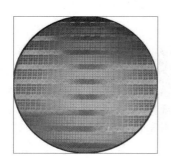

图 1.2　圆片

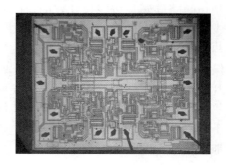

图 1.3　显微镜下的单元芯片

1.1.2　集成电路的制造流程

一块集成电路具体是怎么制造出来的呢？集成电路的制造流程如图 1.4 所示。

与普通电子线路设计不同，集成电路设计是按照用户要求设计出相应的电路，使电路具有用户要求的功能。除此以外，因为与普通的电路制作工艺不同，为了能将所有元器件和连线制作在一个硅晶体平面上，完成电路设计后还要再根据电路设计绘制出集成电路版图，如

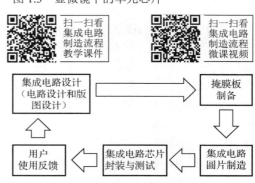

图 1.4　集成电路的制造流程

果没有版图，后续的集成电路生产工作是无法展开的。所以集成电路设计一般包括两部分——电路设计和版图设计。其中，集成电路设计也是集成电路设计与普通电子线路设计的最大不同之处，相比普通电子线路设计，版图设计多了绘制版图的工作，这也是集成电路设计的特点。因此给集成电路设计下一个确切的定义，应该是指在满足一定的约束条件下，将具有一定功能和性能的产品转化成特定半导体元器件的组合，并最终在硅片上实现的过程；其中的约束条件包括速度、面积、功耗、可靠性和可测性等。早期的集成电路版图设计都是由人手工绘图完成的，但随着集成电路规模的不断扩大，上百万门、上千万门的集成电路芯片越来越多，显然手工绘图费时费力，对于大规模设计来说已经是不太现实的了。当今的集成电路设计基本是采用计算机辅助设计（computer aided design，CAD），如图 1.5 所示，通过高性能的计算机及专门的电子设计自动化（electronic design automation，EDA）软件，既大大提高了设计效率，缩短了设计时间，又提高了设计的精确度。此外，由于 CAD 的引入，对于设计产品的检验和核对工作也变得更加简便和高效。

图 1.5　计算机辅助设计

掩膜版制作是根据设计好的版图，将这些版图制成每一步光刻所需要用到的光刻掩膜版，这些掩膜版最后会提供给芯片制造工艺中的光刻步骤所使用。可以说最后形成什么电路、这些电路有什么功能、性能如何在很大程度上是取决于光刻的图形和质量的，而这些光刻图形也就是由前面所说的版图设计所设计出来的。

芯片制造是将硅圆片按照设计好的掩膜版图形通过氧化、薄膜制备、腐蚀、光刻等工序，加工成具有电路功能的实物芯片的过程。

封装与测试是将晶圆厂加工好的圆片经过划片切割、粘贴互连及塑料封装等工序，把芯片包装保护好并通过功能测试，以供组装成完整的电路或系统使用。

在这几道工序中，随着计算机科学的发展，目前集成电路设计主要是在计算机上依靠相关的计算机辅助软件来完成设计。随着集成电路的规模越来越大，特征尺寸越来越小，一块芯片上包含的晶体管越来越多，集成电路设计也不是由一两个人就能完成的，为了缩小设计周期，集成电路设计趋向于分工化。一般一块集成电路芯片都是由一个团队来设计完成的，团队中的成员都只负责芯片的一部分设计。

1.1.3　集成电路的设计要求

 扫一扫看集成电路的设计和要求教学课件

 扫一扫看集成电路设计和要求微课视频

集成电路设计是整个集成电路制造工序中的第一步，也是最关键的一步。集成电路的作用、性能、可靠性等都取决于集成电路的设计。集成电路具有什么样的功能是在集成电路设计时就设定好的。集成电路的性能如何、使用过程中是否可靠、芯片的耐用程度高不高，这些也在很大程度上和集成电路设计是否合理有关。在集成电路设计过程中，一方面设计者可以通过工具验证不断地优化电路及版图，以使产品能够具有较好的性能；另一方面要通过用户的实际使用反馈来对产品做出优化，这也是最主要的。

集成电路设计综合了电路分析与设计、半导体物理与器件、半导体材料与工艺、半导体集成电路、CAD 软件等课程，是一门综合性的学科，它对学习这门课程的人员也有许多要求。在学习集成电路设计之前要求必须首先掌握电路分析、半导体物理与器件、半导体材料与工艺等专业课程的知识，如果说对这些课程没有很好的掌握，那么在集成电路设计方面是寸步难行的，即使能够设计出一些东西来，这些东西也可能不会是合格的产品。

（1）电路分析与设计课程的主要内容是根据用户的使用要求，设计出能实现相关功能并满足性能要求的电子线路。

（2）半导体物理与器件课程主要介绍半导体内部的物理机制与特性，以及半导体材料制造的电子元器件的一些特性。这门课程是学习集成电路和进行集成电路设计的最重要的理论基础。其中，包括半导体中电子、空穴的作用，半导体能带理论，半导体掺杂，半导体电阻、PN 结、二极管、晶体管、MOS 场效应晶体管原理等。学好这门课程才能在今后的集成电路设计中对电路参数、版图尺寸等方面进行优化，以获得较好的设计产品。

（3）半导体材料与工艺课程主要介绍制造集成电路所用的半导体材料，以及将硅的光片加工到测试阶段之间的所有制造工艺，主要有光刻、腐蚀、薄膜、扩散等工序。集成电路设计不同于普通的电子线路设计，设计过程中除了要关心电学方面的问题，还需要设计者熟练掌握相关半导体制造工艺知识，并根据制造工艺的特点来对产品进行设计优化。否则很可能设计的产品电学方面没有问题，而在实际的生产过程中却实现不了。

（4）半导体集成电路课程主要介绍集成电路的概念和分类，以及各类集成电路的特点。只有学好这门课程，在进行集成电路设计中才能对整体设计有明确清晰的思路，才能较好地把握设计要点。

随着集成电路规模的发展和集成电路本身精密的特点，要求设计者在设计过程中需要进行大量细致的绘图工作。而只靠人工手绘是很难完成这些任务的。现在集成电路设计一般是在计算机上采用相关的设计工具来完成设计工作。由 CAD 完成的工作，在保证了工作效率的同时，又能保证图形的准确性和精确性。所以掌握一个或多个集成电路设计软件，对于设计者来说也是非常有必要的。目前，常用的集成电路设计软件主要有 Cadence、Chiplogic 系列、Synopsys、Mentor Graphics 和 Tanner 等。其中，Cadence 一般在工作站上使用对应的操作系统为 UNIX 或 Linux，而 Tanner 在 PC（personal computer，个人计算机）上可使用 Windows 系统操作平台，Chiplogic 系列则为反向设计的主要工具软件之一。从市场占有来看，Cadence 的产品主要为 IC 版图设计和服务，Synopsys 的产品主要为逻辑综合，Mentor Graphics 的产品主要为 PCB 设计和深亚微米 IC 设计验证和测试等。

1.1.4　集成电路的设计流程

集成电路的设计流程如图 1.6 所示。

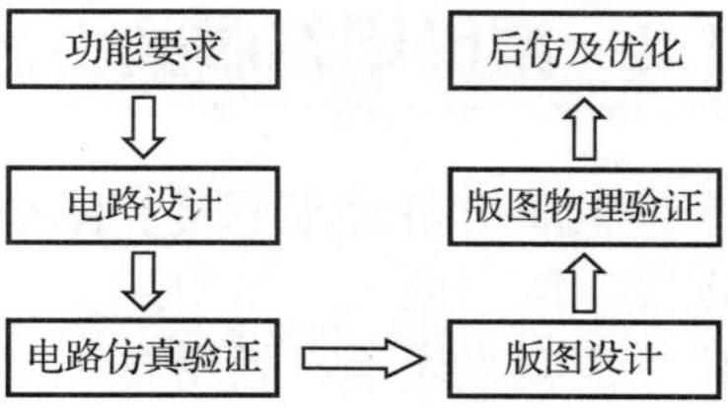

集成电路设计的主要内容包括两大块：一是电路设计及验证仿真，二是版图设计及验证。当用户按照需要对产品提出性能要求时，设计者首先需要考虑按照用户的要求设计电路来完成相应的功能，当电路设计完成之后还需要对电路进行仿真，以查看所设计的电路是否达到设计要求、有没有设计问题、各种参数是否符合规范

图 1.6　集成电路的设计流程

等。在此基础上再对电路进行改善和优化，最终达到设计要求。集成电路设计的最大特点是除了电路设计之外，还需要根据电路进行版图设计。在电路设计、验证完成之后，就是进行版图设计了。版图设计有严格的规范，这些规范主要由制造生产芯片的制造厂商根据工厂的实际生产能力提供。在版图设计过程中，要严格按照规范来设计，否则设计的产品就无法进行流片生产。在版图设计完成后也要进行验证仿真来检查设计的版图是否符合规范，是否能够正确地反映出设计的电路。由于集成电路制作是一种平面工艺，电路中会有很多寄生的元器件，电路及版图都设计完成之后，还要考虑寄生参数的影响，才算真正完成集成电路的设计工作。从电路到实物芯片如图 1.7 所示。

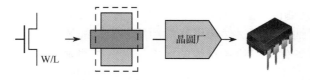

图 1.7　从电路到实物芯片

1.1.5　集成电路设计的分类

集成电路设计主要有以下几种分类。

（1）按设计方法集成电路设计分为正向设计和反向设计。正向设计一般先根据用户的要求由设计者基于已有的设计知识产权（intellectual property，IP）采用自顶向下的方法设

计出电路并通过集成电路实现，再由实物结果测试，反馈给设计者进行优化。反向设计则是先对实物芯片进行解剖、照相，基于芯片背景图像提取出相应的逻辑和版图，再通过软件来验证所提取的版图，从而做出相应的优化和改善，即采用自底向上的方法进行设计。

（2）按电路类型集成电路设计分为数字集成电路设计、模拟集成电路设计和数模混合集成电路设计。

（3）按器件结构集成电路设计分为双极集成电路设计、MOS 集成电路设计。

（4）按设计自动化程度集成电路设计分为全定制、半定制两种。全定制 IC 按规定的功能、性能要求，对电路的结构布局、布线均进行专门的最优化设计，以达到芯片的最佳利用。这样制作的集成电路称为全定制电路。半定制 IC 由厂家提供一定规格的功能块，如门阵列、标准单元、可编程逻辑器件（programmable logic device，PLD）等，按用户要求利用专门设计的软件进行必要的连接，从而设计出所需要的专用集成电路，这种设计方法称为半定制集成电路设计。

1.2 集成电路版图设计的概念和方法

集成电路设计不同于普通电路设计的最大特点是有版图设计。那么什么是集成电路版图呢？版图就是一组相互套合的图形，各层版图对应于不同的工艺步骤，每一层版图用不同的图案来表示。版图与所采用的制备工艺紧密相关。如果说集成电路制造工艺关心的是芯片纵向剖面结构，那么版图关注的则是芯片的平面图形。

这里首先介绍一下版图设计的概念，然后重点针对版图设计方法进行详细阐述。

1. 版图设计的概念

所谓集成电路版图设计是指把集成电路线路图（schematic）或网表转化为集成电路版图的过程，或者说是按照一定的工艺设计规则和电路结构要求，将多种设计层次有序地排列、组合、叠加而成为一个完整的版图数据的过程。版图设计是制造 IC 的基本条件，版图设计是否合理对成品率、电路性能、可靠性的影响很大。版图设计错了，则电路无法实现。若设计不合理，则电路性能和成品率将受到很大的影响。版图设计必须与线路设计、工艺设计、工艺水平适应。版图设计者必须熟悉工艺条件、器件物理、电路原理及测试方法。

由于半导体是精细加工，器件和电路的功能和性能都依赖于版图图形，而加工工艺会对版图设计提出限制条件，以避免可能的加工错误，这些限制条件就是版图设计规则。设计规则是设计者和工艺工程师之间的接口；满足设计规则的设计加工后的器件可以达到工艺的标准性能。

集成电路版图设计的原则是，在满足工艺设计规则的前提下，考虑某些电路性能方面的要求如功耗等，以最小的芯片面积来进行版图设计。集成电路版图设计要求设计者具有电路系统原理与工艺制造方面的基本知识。设计出一套符合设计规则的正确的版图可能并不难，但是设计出最大程度体现高性能、低功耗、低成本、能实现可靠工作的芯片版图是需要经过长期学习和积累的。

作为一位版图设计者，首先要熟悉工艺条件和器件物理，才能确定晶体管的具体尺寸，如铝连线的宽度、间距、各层次掩膜套刻精度等。版图设计的基础是平面工艺，设计的图形也是二维的，但设计者必须处处从三维的角度考虑。其次要对电路的工作原理有一定的了解，这样才能在版图设计中注意避免某些分布参量和寄生效应对电路产生的影响。值得一提的是，在半导体工艺中可能考虑得更多的是元器件的剖面结构，也就是纵向结构。在版图设计中更多需要考虑的是平面结构，这一点贯穿整个设计过程的始终。同时还要熟悉调试方法，通过对样品性能的测试和显微镜观察，可分析出工艺中的问题。也可通过工艺中的问题发现电路设计和版图设计的不合理之处，帮助改版工作的进行。特别是测试中发现某一参数不合理，这往往与版图设计有关。

2. 版图设计的方法

版图设计是集成电路的一个环节，因此版图设计方法总体来说也可以分为全定制版图设计和标准单元版图设计两种方法。

所谓全定制版图设计是指利用人机交互图形系统，由版图设计人员根据逻辑电路从每一个半导体器件的图形、尺寸开始设计，然后完成器件之间的互连线的设计，直至整个版图的形成。通常针对一些模拟电路从底层的管子开始设计，形成单元，再到模块设计，逐步构建成整个电路，因此通常采用这种全定制方法来设计这种模拟电路的版图，这种方法的优点是可以节省芯片面积，逻辑设计灵活；缺点是设计周期长，开发阶段投资风险大。

在全定制版图设计中，设计者根据逻辑电路可以自己考虑版图中元器件的布局和连线，即正向设计版图；也可以像上面提到的那样参照芯片背景图像，反向设计版图。反向设计版图就需要用到下面将要介绍的集成电路版图分析软件。本书第 4～第 8 章就详细介绍了反相器等单元的全定制版图设计方法，包括正向设计版图和参照芯片背景图像反向设计版图。如图 1.8 所示为采用全定制方法设计的电阻等模拟器件的版图。

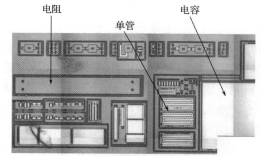

图 1.8　采用全定制方法设计的电阻等
模拟器件的版图

半定制设计是指以预先设计并经过验证的单元为基础，进行具体电路的版图设计。设计中不必涉及单元电路内部器件之间的互连，只需要将这些基本单元进行合理的布局和互连就可以了。半定制版图设计方法的优点是设计简化，缩短电路设计周期，降低开发成本；缺点是芯片面积利用率不高，电路无法获得最优性能。半定制设计方法中最为常见的是基于标准单元的设计，通常针对大规模的数字电路可以采用基于标准单元的设计方法。

本书第 8 章中详细介绍了基于标准单元版图设计的方法。如图 1.9 所示为采用标准单元方法设计的版图。当然除了基于标准单元的设计方法外，还有其他的半定制设计方法，如基于门阵列的版图设计方法等。

对于数字集成电路设计来说通常采用的是半定制设计方法，通过逻辑设计辅以 FPGA 芯片，这样能够做到基本上不涉及版图问题，所有元器件、布线都是有固定标准并制备好的，最终只需要考虑版图中的布线问题。而针对模拟电路来说通常采用全定制设计方法，需要考虑元器件的设计、放置，功能电路的布局，以及综合布线问题等诸多方面。

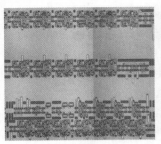
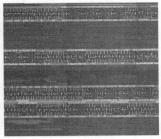

（a）有源区层　　　　　　　　　（b）一铝层

图 1.9　采用标准单元方法设计的版图

1.3　集成电路版图设计工具

不同的设计方法所采用的设计工具也不同。目前，集成电路设计行业内全定制版图设计的主流工具是北京芯愿景软件技术有限公司提供的 ChipLogic 系列软件和美国 Cadence 公司的 Cadence 设计系统等。

扫一扫看常见器件的版图识别教学课件

扫一扫看常见器件的版图识别微课视频

1.3.1　集成电路版图的识别

想要设计版图必须先要学会读懂版图。那么如何识别版图呢？这就需要设计者在电路分析、器件物理、工艺等方面要有扎实的基本功。这里举几个具体的例子：电阻、晶体管版图与工艺剖面图的对比如图 1.10 所示，电路与版图的对比如图 1.11 所示，通过计算机软件绘制的集成电路版图如图 1.12 所示，显微镜下的集成电路芯片实物图如图 1.13 所示。

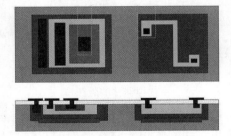

图 1.10　电阻、晶体管版图与工艺剖面图的对比

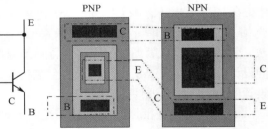

图 1.11　电路与版图的对比

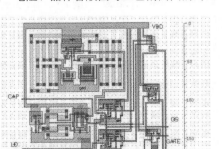

图 1.12　通过计算机软件绘制的集成电路版图

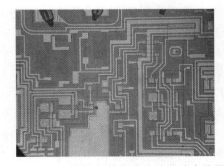

图 1.13　显微镜下的集成电路芯片实物图

1.3.2　集成电路版图分析软件

扫一扫看版图分析软件教学课件

扫一扫看集成电路设计教学课件

　　在集成电路业界有专门的软件来对芯片版图进行观察和识别，在这些软件中可以对芯片图形放大、分区、逻辑提取、绘制和检查验证，还可以基于芯片的图像背景提取电路网表数据。网表数据提取之后可以导出为指定格式的数据文件，并导入 Cadence 等 EDA 软件内进行仿真等进一步处理。当然这些软件也可以对版图进行修改和绘制。在识图软件中对芯片版图区块分析，如图 1.14 所示。

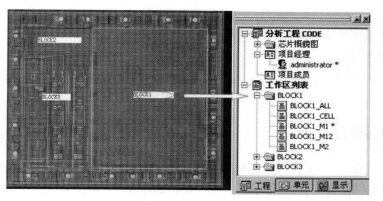

扫一扫看集成电路设计软件微课视频

扫一扫看版图分析软件微课视频

图 1.14　在识图软件中对芯片版图区块分析

1.3.3　全定制版图设计软件

扫一扫看全定制版图设计工具教学课件

扫一扫看全定制版图设计工具微课视频

　　目前，集成电路全定制设计的主流工具软件是 Cadence 公司的基于 UNIX/Linux 环境下的系列软件。Cadence 软件是美国 Cadence 公司所开发的集成电路设计软件的简称，它是一套大型的 EDA 综合开发工具软件，也是具有强大功能的大规模与超大规模集成电路 CAD 系统软件。Cadence 软件在全定制版图设计方面常用的功能模块有以下几个。

　　（1）Verilog HDL 仿真模块——NC Verilog。

　　（2）电路原理图绘制模块——Composer。

　　（3）模拟电路仿真模块——Analog Aritist。

　　（4）版图设计模块——Virtuoso。

　　（5）版图验证模块——Dracula 和 Diva 等。

1.3.4　标准单元版图设计软件

扫一扫看标准单元版图设计工具教学课件

扫一扫看标准单元版图设计工具微课视频

　　目前，行业内标准单元版图设计的主流工具软件是 ICC、Astro 等，它们是由美国 Synopsys 公司开发的基于标准单元的版图自动生成工具软件，通过调用标准单元库中的单元进行自动布局布线，并完成版图设计。其中 Astro 可以满足 5000 万门、时钟频率为 GHz 级、纳米级工艺线生产的 SoC 级芯片设计的工程和技术需求。

　　Astro 内置多种分析和验证工具，如静态时序分析工具，信号完整性分析工具，DRC（design rule checker，设计规则检查）工具，LVS（layout versus schematic）验证工具，功耗、压降和电迁移分析工具等，并且支持先进的工艺规则，因此，在超深亚微米设计中，它能够实现更为复杂的设计，运行速度快，并且能完成时序和信号完整性收敛，提高成品率。

Astro 有以下特点：

（1）能够使设计得到更快收敛。

（2）强调设计过程中的深亚微米特征，在整个设计过程中考虑了所有的物理效应。

（3）具有很好的时钟树综合机制，能够提高时钟频率，完成高性能电路设计。

（4）通过布局控制和早期对时序和拥塞的预估，可以提高成品率。

（5）能够通过遵循最新、最先进的制造工艺规则来提高设计的可靠性，能自动处理天线效应修复、孔优化、金属填充物添加、宽铝开槽等。

（6）高性能的算法及分布式的布线能力大大缩短了设计周期。

一个好的版图要求在满足设计的各项指标下，实现的版图面积最小、产品成品率最高。Astro 工具掌握得熟练与精通程度、对各种库及设计的理解程度，对是否能完成一个好的版图设计是至关重要的。

1.3.5 版图验证及工具

版图验证是指采用专门的软件工具对版图进行验证，来检查版图设计是否符合设计规则，与电路是否匹配，是否存在短路、断路及悬空节点等问题。版图绘制要根据一定的设计规则来进行，也就是说一定要通过 DRC 检查。编辑好的版图通过了设计规则的检查后，有可能还有错误，这些错误不是由于违反了设计规则，而是可能与实际线路图不一致造成的。版图中少连了一根铝线这样的小问题对整个芯片来说都是致命的，所以编辑好的版图还要通过 LVS 验证。同时，编辑好的版图通过寄生参数提取程序来提取出电路的寄生参数，电路仿真程序可以调用这个数据来进行仿真。

版图验证项目包括以下 5 项。

（1）DRC：设计规则检查。

（2）ERC（electrical rule check）：电学规则检查。

（3）LVS：版图和电路图一致性比较。

（4）EXT（layout parameter extraction）：版图参数提取。

（5）PRE（parasitic resistance extraction）：寄生电阻提取。

其中，DRC 和 LVS 是必做的验证，其余为可选项目。

版图验证的工具有很多，目前主流的验证工具有 Cadence 公司的 Diva、Dracula 和 Mentor Graphics 公司的 Calibre 等多种验证工具。各个验证工具有的简便易学、使用方便，有的功能强大，有的验证全面。

Diva 是与版图编辑器完全集成的交互式验证工具集，它嵌入在 Cadence 软件的主体框架中，属于在线验证工具，它可以找出并纠正设计中的错误，除了可以处理物理版图和准备好的电气数据，进行版图和线路图的对查（LVS），还可以在设计的初期就进行版图检查，尽早发现错误并互动地把错误显示出来，有利于及时发现错误，易于纠正。在版图设计过程中可以随时迅速启动 Diva 验证，其具有速度较快、使用方便的特点，但在运行 Diva 前，要事先准备验证的规则文件。

Dracula 为离线式版图验证工具，是基于命令行的方式，主要用于大规模集成电路版图验证。

随着设计技术的发展，现在越来越多地使用 Mentor Graphics 公司的 Calibre 工具进行验证。Calibre 作为后端物理验证工具提供了最为有效的 DRC/LVS/ERC 解决方案，特别适合超大规模 IC 电路的物理验证。它支持平坦化和层次化的验证，大大缩短了验证的过程；它的高效率和可靠的性能已经被各大集成电路加工线所认定，作为版图数据制版之前的验证标准。它独有的 RVE（result view environment）界面可以把验证错误反标到版图工具中去，而且良好的集成环境便于用户在版图和电路图之间轻松转换，大大提高了改错的效率。

以上工具将分别在本书的第 5～7 章中详细介绍。

思考与练习题 1

（1）集成电路设计有哪些具体要求？

（2）什么是集成电路版图设计？其主要方法有哪两种？

（3）集成电路版图验证主要包括哪些项目？

第2章
UNIX/Linux 操作系统
和虚拟机的使用

    集成电路的设计经历了手工设计、CAD 和 EDA 三个阶段，自动化程度越来越高，设计内容也越来越精确。计算机在集成电路设计方面的应用也越来越普遍，所以有必要对集成电路设计软件的运行环境有所了解。

2.1　集成电路设计的环境

集成电路设计的环境包括硬件和软件两大部分，下面分别作介绍。

2.1.1　工作站与 PC

 扫一扫看工作站和个人计算机教学课件

 扫一扫看工作站和个人计算机微课视频

目前，集成电路设计主要是在工作站上进行。工作站相比于 PC（personal computer）具有更高的性能，通常工作站所采用的 CPU 都是高性能芯片，或者采用多个处理器构成的系统，具有更为强大的处理能力，同时整个机器的稳定性也比 PC 要高很多，能够保证超长时间使用而性能不受影响，当然工作站的价格也比 PC 高很多。一般对于多个工作站互联工作的服务器和用于为多台工作站服务的服务器，比起工作站则具有更加高端的配置和性能，价格也更昂贵。同时，这些工作站所采用的系统也不同于普通 PC。普通 PC 一般安装 Windows 系统，相比于早期的 DOS 系统，Windows 系统具有更强的系统管理能力和图形窗口界面，更便于用户进行操作。但 Windows 系统也有其不足之处，就是在长时间工作时，无法保证状态稳定，长时间运行 Windows 会导致系统处理速度变慢，甚至死机的现象。而用于图形处理、商务运作的工作站，必须要保证在长期运行的环境下，系统质量不受影响，所以 Windows 系统一般不在工作站上使用。工作站使用的操作系统通常为 UNIX 系统。Sun 图形工作站与 Sun 服务器如图 2.1 所示。

图 2.1　Sun 图形工作站与 Sun 服务器

2.1.2　UNIX 与 Linux 系统

 扫一扫看 Unix 和 Linux 操作系统教学课件

 扫一扫看 Unix 与 Linux 系统及命令电子教案

 扫一扫看 UNIX 和 Linux 操作系统微课视频

UNIX 系统都是为工作站专门设计的，所以 PC 上是无法运行 UNIX 系统的。最近几年，PC 的应用日益得到普及，为了解决 PC 上无法运行 UNIX 系统的问题，Internet 上许多 UNIX 程序员和爱好者一起开发了 Linux 系统，可以说 Linux 整个操作系统的设计是开放式和功能式的。而 Linux 系统的内核几乎和 UNIX 系统是一模一样的，可以说 Linux 是 UNIX 系统的 PC 版。这样一来就解决了在 PC 上运行 UNIX 系统的问题。常用的 Linux 系统有很多种，本书所使用的是 Red Hat Linux Enterprise AS4 版本。Sun 公司 Solaris 操作系统界面（UNIX）如图 2.2 所示，红帽 Linux 操作系统如图 2.3 所示。

常用的集成电路设计软件是 Cadence 公司的 Cadence IC 系列软件（以下简称 Cadence 软件），目前使用比较多的是 Cadence 5.1 和 6.1，两个版本的使用方法和操作界面大致是相同的。Cadence 软件是没有 Windows 版本的，它只能运行在工作站的 UNIX 系统环境下，Linux 的诞生，为在 PC 上运行 Cadence 软件打开了方便之门，这为版图设计的初学者提供了更多的实践机会。Cadence 软件如图 2.4 所示。

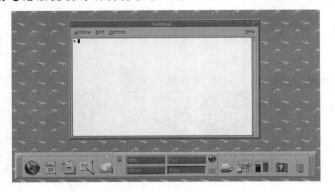

图 2.2　Sun 公司 Solaris 操作系统界面（UNIX）

图 2.3　红帽 Linux 操作系统

图 2.4　Cadence 软件

　　与 Windows 系统不同，UNIX/Linux 系统从磁盘格式、运行方式到文件管理、操作方法都有很大不同。在使用 Cadence 软件之前，都先需要熟悉 UNIX 系统的操作环境。

　　从磁盘格式上来说，Windows 系统的磁盘通常都是 fat 格式或是 ntfs 格式，而 UNIX/Linux 系统的磁盘格式是 Ext2、Ext3、VFAT、swap 等。除了 VFAT 格式外，其他的格式两种操作系统都是无法相互读取的。所以在 PC 上安装 Linux 系统必须先对磁盘进行格式化，转化成相应的 Ext 和 swap 格式后才可以进行安装。

　　在 UNIX/Linux 系统中，所有的磁盘和文件都是以文件夹的形式管理，也就是说文件夹的管理范围是高于物理磁盘的，这一点也和 Windows 系统有很大的区别。在 Windows 系统中，物理磁盘之下才是文件夹，而在 Linux 系统中文件夹中可以包含一个或多个磁盘。

　　UNIX/Linux 系统最大的特点还在于它对文件系统的操作管理上。不同于 Windows 系统，Linux 系统是命令与图形并行的操作系统，也就是说，一方面它可以和 Window 系统一样通过图形界面的操作来完成一系列任务，另一方面也可以通过命令的形式来完成操作任务，这一点和 DOS 系统类似。目前，随着 UNIX/Linux 系统的不断更新，在图形界面上的功能不断增强，操作也越来越趋于人性化，大部分过去必须要用命令才能完成的操作，现在都可以很简便地用图形界面来完成。但很多核心的操作仍然要用命令方式才能完成。下面要用到的集成电路设计软件的运行和使用，同样也需要用到许多 Linux 操作命令。Linux 文件系统的层次结构示意图如图 2.5 所示。

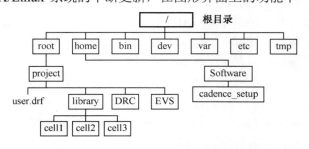

图 2.5　Linux 文件系统的层次结构示意图

2.2 常用集成电路设计系统

基于以上介绍的集成电路设计的硬件和软件，下面具体介绍由以上硬件和软件组成的常见集成电路设计系统，以便集成电路设计人员能够很好地掌握和灵活应用集成电路设计系统。

常用的集成电路设计系统是由工作站服务器和连接在该服务器上的 PC 或工作站终端组成的局域网系统；其中工作站服务器存放了所有设计软件和设计数据，因此配置要求相对较高，包括 CPU 个数、硬盘个数等，以便于保证系统的正常运行和设计数据的存放，但也是这个原因，这类服务器价格比较昂贵；而相对来说连接到服务器上的工作站终端或 PC 的配置可以低一点，只是作为一个用户使用终端，并且随着 PC 的普及，终端机也主要采用价廉物美的 PC 了。另外，除了采用 Linux 系统的集成电路设计软件之外，还有部分集成电路设计软件可以直接安装在 PC 的 Windows 操作系统中，因此以上设计系统还可以加入 PC 的服务器，即部分软件和设计数据直接安装在这些 PC 服务器上。这种工作站/PC 服务器配置 PC 终端的硬件构架现在越来越多地被采用。

工作站服务器/PC 服务器带 PC 终端设计系统是一种目前使用最多的设计系统，可以满足十几或几十人同时在一个网络内进行设计，这种系统的典型构架如图 2.6 所示。

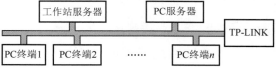

图 2.6　工作站服务器/PC 服务器带 PC 终端硬件系统

在图 2.6 中，工作站服务器中安装 UNIX 操作系统软件，如本书提到的 Cadence 设计系统软件、Mentor Graphic 公司的版图验证软件 Calibre 等；当然与以上设计软件相关的设计数据也都保存在该工作站服务器中。图 2.6 中的 PC 服务器安装 Window 操作系统设计软件，如目前设计行业中用得较多的 ChipLogic 系列软件等，这些设计软件相关的数据也都保存在 PC 服务器中。图 2.6 中的多个 PC 终端作为真正的用户使用端，这些 PC 终端通过图中的网络交换机（TP-LINK）和工作站服务器、PC 服务器进行数据交换。

设计者在图 2.6 中的 PC 终端上进行设计工作根据所使用工具的不同有两种形式。

2.2.1　使用工作站服务器上的 Linux 版本软件

扫一扫看使用工作站和 PC 服务器上的设计软件教学课件

扫一扫看使用工作站和 PC 服务器上的设计软件微课视频

在使用工作站服务器上的 Linux 版本软件时，需要在每一个 PC 终端上安装一个远程桌面连接软件，如 Xmanager。这是一个简单易用的高性能的运行在 Windows 平台上的 X-Server 软件，它能把远端 UNIX/Linux 的桌面（图 2.6 中的工作站服务器）无缝地带到 Windows 中（图 2.6 中的 PC 终端）。

Xmanager 系列软件中使用最多的是 Xftp，这是基于 Windows 平台的功能强大的文件传输软件，用于在 Windows PC 和 Linux 之间进行文件传送，能同时适应初级用户和高级用户的需要。Xftp 采用了标准的 Windows 风格的向导，它简单的界面能与其他 Windows 应用程序紧密地协同工作，此外它还为高级用户提供了众多强大的功能特性。图 2.7 为该软件的相关信息。

运行 Xftp 软件，出现如图 2.8 所示的界面。

在图 2.8 中，左侧显示了 PC 的文件结构，从桌面到"我的电脑"等；右侧显示的"Sessions"对话框是指连接到的 Linux 操作系统，其中举了一个名为 root 的连接例子，192.168.1.168 是主机 IP 地址；其后的 root 是 Linux 系统中的用户名（该用户名是可以预先任意设置的，如图 2.4 所示的界面中，用户名为 jsit。本书后续章节中这些用户名及其相关路径都有可能出现），单击"Connect"按钮，就可以与 Linux 系统之间建立一个连接，然后就可以通过简单的 Copy+Paste 命令，完成两个系统之间的数据传递。对以上两种系统之间数据传递的过程中经常用到的几个命令介绍如下。

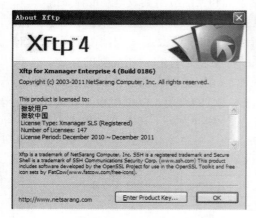

图 2.7　Xftp 软件的相关信息

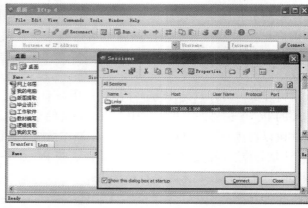

图 2.8　Xftp 软件的运行

1．将一个逻辑或版图库压缩成一个文件

由于逻辑或版图库是一个目录，该目录通常还有很多层次的子目录，因此如果在图 2.8 中进行数据传输时以目录的形式来进行，会造成该目录下各个层次文件可读可写方面的问题，因此通常做法是把该目录压缩成一个文件，以单个文件的方式来传输可以避免读写权限方面的问题。例如，将名为 D508LAY 的版图库压缩成一个文件，格式就是在该版图库所在的 Linux 当前目录下执行以下命令：

```
tar cvf D508LAY.tar D508LAY
```

经过这一步运行，将在当前目录下产生 D508LAY.tar 这个文件。

2．单个文件的压缩和解压

以上所举例子中产生的单个文件中包含了一个项目的所有版图信息，因此通常这个文件的字节数会很大，会造成传输过程较慢，为此可以对该文件进行压缩，具体方式在该文件所在目录下执行以下命令：

```
gzip D508LAY.tar
```

以上这一步执行的结果是将 D508LAY.tar 文件压缩成 D508LAY.tar.gz，也就是说加了一个 gz 的扩展名；相反，如果要把一个已经压缩好的文件解压缩，可以执行以下命令：

```
gzip -d D508LAY.tar.gz
```

或

```
unzip D508LAY.tar.gz
```

3. 逻辑库或版图库的读写权限问题

上面提到逻辑库或版图库在不同系统之间进行传输过程中会造成读写权限问题，如复制到 PC 虚拟机中的某一个单元库只能读不能写，这个问题将造成设计工作无法开展下去，必须解决。解决的办法是将该单元库重新复制成一个新的库，并且复制过程中工艺文件（technology file）也需要重新保存一下，然后将原来的单元库删除，并且将新建库的名称重新命名为复制之前的名称即可。另外一个解决办法是采用 Linux 中的改变属性命令 chmod。例如，在 PC 虚拟机中的 D508LAY 目录只有"读"的权限，没有"写"的权限，那么就可以在 D508LAY 所在当前目录下，执行以下命令：

```
chmod 777 ./*/*
```

以上命令可以将 D508LAY 目录及该目录的下一层子目录中所有的文件变得可读可写；还有一种方法是采用以下命令使某一个文件夹中所有文件都可读、可写、可执行：

```
chmod +rwx *
```

另外在版图设计过程中，版图编辑器经常会提示某一个单元的版图被锁住了，无法进行版图编辑工作，该问题也必须解决。例如，在 Cadence 5.1 版本的设计系统中，名为 01 的版图库中的 inv 单元的版图被锁住，那么可以先进入 01 目录，然后进入 inv 目录，再进入 inv 的版图目录 layout，会发现有一个 layout.cdb.cdslck 文件，将该文件删除就即可，如图 2.9 所示。

图 2.9　单元版图数据解锁

2.2.2　使用 PC 服务器上的软件

在 PC 终端上使用 PC 服务器上的软件相对比较简单，如目前使用较多的 ChipLogic 设计系统软件，在 PC 服务器上安装该系统软件中的数据服务器 ChipDatacenter 和项目管理器 ChipManager，其他如网表提取器 ChipAnalyzer、版图提取器 ChipLayeditor、逻辑功能分析器 ChipMaster 等软件都可以安装在各个 PC 终端上。一个团队设计同一个项目时，与该项目相关的数据都保存在 PC 服务器上。

一个团队在使用 PC 服务器上的软件进行产品设计时经常需要进行彼此之间数据的交换，以确保集体设计项目的顺利进行，通常可以采取以下两种方法。

（1）使用局域网即时通信软件，比如飞秋。

（2）在 PC 服务器上开辟一个共同区域，可以让每一个终端用户随时去访问。

2.3　虚拟机系统

除了以上介绍的常见集成电路设计系统外，还有一种类型就是工作站单机或 PC 单机，尤其是 PC 单机。这种系统适合单个用户使用，采用 PC 虚拟机单机的方式。由于软件安装

简单方便、价格便宜等，对于初学者来说这种系统是一个很好的选择。

由于 Linux 的特点，所以在 PC 上安装 Linux 系统需要先进行磁盘格式转换，然后进行系统安装，如果在使用 Linux 系统的同时还需要用到 Windows 系统下的一些软件，那么就必须要在同一台 PC 上安装双系统，并在两个系统之间做切换，这样一来对于用户来说还是不太方便。为了方便设计和软件的安装，现在越来越多的设计公司都使用虚拟机来运行相关 EDA 软件来进行集成电路设计。这样一来就能在 Windows 系统环境虚拟 Linux 系统环境，并运行 Cadence 软件和其他必须在 Linux 系统环境下运行的 EDA 软件。

2.3.1　虚拟机的启动和关闭

扫一扫看虚拟机的启动和关闭教学课件

扫一扫看虚拟机的启动和关闭操作视频

首先单击桌面上 Cadence Virtuoso 的图标，运行虚拟机。

然后单击运行箭头，运行 Linux 系统，并等待系统启动，如图 2.10 所示。

启动完成后出现图 2.11 所示的用户进入界面。

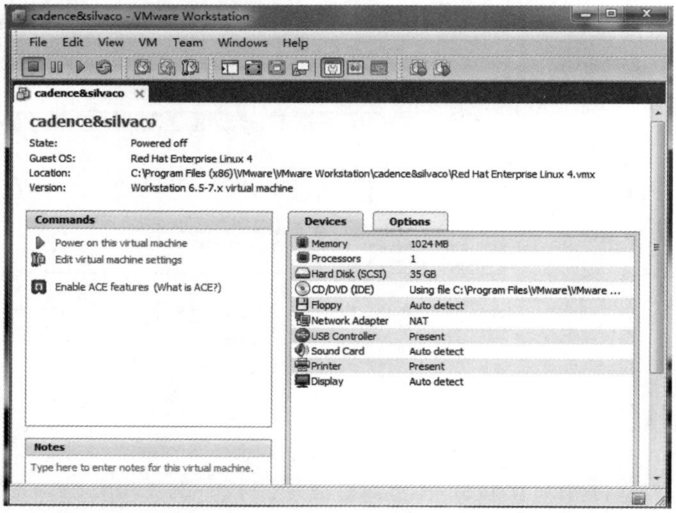

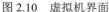

图 2.10　虚拟机界面

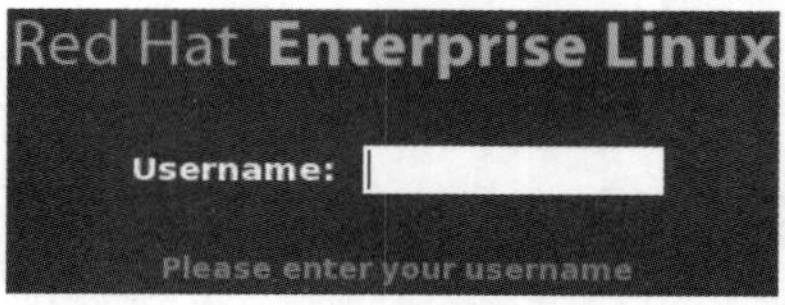

图 2.11　用户进入界面

在该界面中输入用户名和密码，即可进入 Linux 系统；其中用户名可以是 2.2.1 节中所提到的 root 或 jsit 等。

对于 UNIX/Linux 系统的有些操作可以用图形界面完成，但图形界面并不能完成所有的操作，还有很多操作部分必须依靠命令来完成。在输入命令时有一点要特别注意，UNIX/Linux 对大小写是敏感的，认为大小写是不同的字符，所以 UNIX/Linux 的命令总是用小写字母，并且命令都是在终端（Terminal）中输入的，要输入命令首先要进入 Terminal，而且程序在运行过程中的提示也会在 Terminal 中出现，程序运行过程中不可关闭 Terminal 界面，否则程序会因出现异常而中断。进入 Terminal 的方法有两种：一是进入 Linux 系统后的界面中右击，在弹出的快捷菜单中选择“Open Terminal”选项；二是单击桌面工具条中的红帽子图标，在弹出的下拉菜单中选择“Terminal”选项，即可打开命令输入界面，如图 2.12 所示。

图 2.12　Terminal 界面

命令输入界面使用完成后，还要退出系统：单击红帽子图标，在弹出的下拉菜单中选择"Log Out"→"Shut Down"选项。

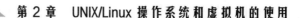

2.3.2　PC 本机和虚拟机之间的数据传递

在使用虚拟机的时候经常会遇到在 PC 本机和虚拟机之间进行数据传递的问题，因此这里特对这一点作详细介绍。

首先在 PC 硬盘中建一个文件夹，如在 D 盘中新建一个名称为 vmdoc 的文件夹；然后在图 2.12 中选择"VM"菜单中的"Settings"选项，打开如图 2.13 所示的窗口。

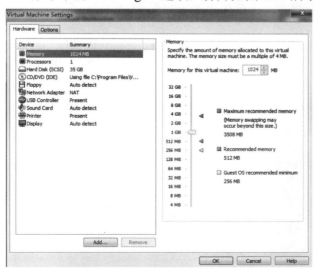

图 2.13　虚拟机设置窗口

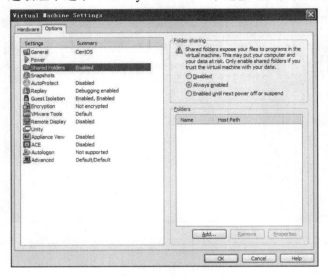

集成电路版图设计项目化教程（第 2 版）

在图 2.13 中选择"Options"选项卡，然后选择左侧的"Shared Folders"选项，在右侧的"Folder sharing"选项组中选中"Always enabled"单选按钮，如图 2.14 所示。

图 2.14　添加共享文件夹

在图 2.14 中，单击右下角的"Add"按钮，打开图 2.15 所示窗口。

在图 2.15 中，设置"Host path"为 D 盘、"Name"为 vmdoc；然后为该文件夹设置额外的属性"Enable this share"，这样可以确保该文件夹可以作为 PC 系统和虚拟机之间进行数据交换的"中转站"。

接下来具体介绍 PC 中数据复制到虚拟机的步骤。

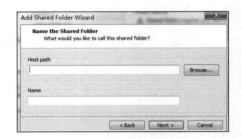

图 2.15　共享文件夹选项

首先将要复制到虚拟机中的数据先放置在 PC 的 D 盘中的"vmdoc"目录中，这个数据可以是单个文件，也可以是一个文件夹。

然后单击图 2.12 中的"Computer"文件夹，显示如图 2.16 所示的界面。

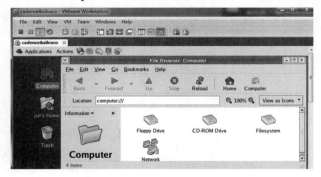

图 2.16　打开虚拟机 Computer 文件夹

单击图 2.16 中的"Filesystem"文件夹，显示如图 2.17 所示的目录结构。

图 2.17　打开 Filesystem 文件夹

在"Filesystem"文件夹中还有一个"mnt"目录，单击该目录，显示如图 2.18 所示的目录结构。

图 2.18　打开 mnt 文件夹

在图 2.17 所示的"Filesystem"文件夹中，有一个"home"目录，在该目录下有所有的用户设计数据。上面提到要复制到虚拟机的 PC 数据就是要放在这个目录中的。

在"Filesystem"文件夹中还有一个"mnt"目录，点击该目录，出现图 2.18 所示目录结构。

单击图 2.18 中的"hgfs"文件夹，显示图 2.19 所示的目录结构，其中就显示了以上所设置的"vmdoc"共享文件夹。

图 2.19　打开 hgfs 文件夹

之后就可以把放在图 2.19 所示的"vmdoc"文件夹中的相关文件复制到"Filesystem"文件夹下的"home"目录中。

以上就是将 PC 本机中 D 盘数据复制到虚拟机的过程；采用同样的方法可以将虚拟机中的数据复制到 PC 本机中。

2.4　Linux 常用命令和编辑工具

上面提到目前集成电路设计软件都是基于采用 Linux 操作系统下的 EDA 软件，因此掌握一些常用的 Linux 命令，并能够使用文本编辑工具就显得尤为重要了。

2.4.1　Linux 常用命令

（1）改变当前目录：cd（change directory）。这个命令的作用是改变当前的目录到指定的目录，如果没有指定目录则进入用户的 home 目录。

（2）回到根目录：cd /。

（3）回到当前用户目录：cd ~。

（4）回到上一级目录：cd ..。

（5）显示当前工作目录（路径显示）：pwd（print working directory）。

（6）当前目录文件列表：ls（list）。这个命令的作用是现实目录下的文件信息（默认为当前目录），它可以增加一些参数来对显示结果做一些调整。其中，比较重要的是参数"–a"，即输入"ls –a"，这里注意参数前有空格。此参数用于显示隐藏文件，在 Linux 系统中文件名以"."开头的文件为隐藏文件，如果未加参数，正常情况下不显示。

（7）生成链接：ln –s 源文件路径/文件名　目标路径/名称。

（8）创建文件夹：mkdir（make directory）文件夹名。

（9）删除文件夹：rmdir（remove directory）（注意此命令执行对象必须为空文件夹）。

（10）复制文件：cp（copy）文件名　复制目的路径。如果源文件是一个目录则要加参数"–r"来进行复制。

（11）删除文件：rm（remove）文件名。同 cp 一样如果要删除目录则要加参数"–r"。

（12）查找：find 查找路径 –name 文件名（注意在查找过程中可以使用通配符*，通配符的使用和 DOS、Windows 系统是一样的）。

2.4.2　文本编辑器

文本编辑器 vi 有两种模式：文本输入模式、指令模式。文本输入模式是用来输入文字资料的；而指令模式下可以进行光标移动、字符删除、替换、复制、文件保存、vi 退出等操作。

执行 vi 后，会先进入指令模式，在 Terminal 中输入命令：

```
/root> vi filename
```

此时打开 vi 界面，并且处于指令模式状态。当进行文本编辑时就会切换到文本输入模式。例如，按 a 键就会进入文本输入模式，按 Esc 键则会返回指令模式。借由指令模式中提供的各种功能强大的命令可以对庞大的数据文本做高效的检索和修改。这也是为什么推荐所有 IC 设计者都学会使用 vi 的原因，因为在集成电路设计时常常会遇到冗长的数据需要进行处理，此时 vi 能够快速帮助设计者查找，并且能够避免一些人为的错误。下面介绍 vi 中几个主要的命令。

1．光标移动命令

h	光标左移一个字符。
l	光标右移一个字符。
k	光标上移一行。
j	光标下移一行。
Ctrl+f	向文件尾翻一页。
Ctrl+b	向文件首翻一页。
G	跳转至文本末尾。

2．书写文本

i	在光标前开始插入文本。
a	在光标后开始插入文本。
o	在当前行后插入新行，并开始插入文本。
x	删除当前光标后的一个字符。
dd	删除当前行。

3．查找替换

/asic	向当前光标后查找名为 asic 的字符串。
/asic/i	向当前光标后查找名为 asic 的字符串，查找时忽略大小写。
?asic	向当前光标前查找名为 asic 的字符串。
:m,n s/asicA/asicB/	将第 m 行到第 n 行中的名为 asicA 的字符串替换为 asicB。

4．保存退出

:w	保存当前文件。
:q	退出当前文件，如果文件已经被修改过，会提示无法操作。
:wq	保存修改，并退出当前文件。
:q!	不保存修改，直接退出当前文件。
:w filename	另存文件为新名称。
ZZ	保存修改，退出当前文件。

5．更多 vi 命令

A	在行尾开始插入文本。
I	在行首开始插入文本。

s	替换光标后的一个字符。
cw	替换光标后的一个单词。
dG	从当前行删除到文件末尾。
u	撤销上次的命令。
Ctrl+r	取消上一次撤销动作（重做）。

vi 的命令虽然有很多，但实际上只要掌握常用的一小部分就足够应付大部分工作了，但还是建议设计者对 vi 能有个全面的认识，这样会对工作有很大的帮助。

思考与练习题 2

（1）试比较 Linux 和 Windows 两个操作系统的不同点。

（2）Linux 常用命令中，与目录操作有关的命令有哪些？与文件操作有关的命令有哪些？

（3）vi 编辑器中有哪两种工作模式？两种模式之间如何进行转换？

（4）通过虚拟机启动运行 Linux 系统，并启动 Terminal。

（5）将 PC 本机中的数据导入虚拟机中，再将虚拟机中的数据导入 PC 本机中。

（6）用 vi 编辑器编写一个文本文件。

（7）在/home 目录下新建名为 cadence 的文件夹。

（8）在/media/linux/ic610 目录下查找名为 cds.lib 的文件（如查找出多个同名文件，取其中任意一个即可），并将它复制到/home/cadence 目录下。

（9）在新建的 cadence 文件夹下创建指向/home/cadence 下 cds.lib 文件的链接，并命名为 abc。

第3章

集成电路设计软件
基本操作

在进行集成电路设计前需要设计者对所采用的设计软件有基本了解，并能够进行相应的操作，本章具体介绍目前集成电路设计行业中最常见的 Cadence 软件的特点和基本操作。

扫一扫看集成
电路设计软件
Cadence 介绍
电子教案

3.1 Cadence 软件的启动及设置

Cadence 软件是一个大型的 EDA 软件，它几乎可以完成电子设计的方方面面，包括 ASIC（application specific integrated circuit，专用集成电路）设计、FPGA 设计和 PCB 设计。Cadence 软件作为流行的 EDA 工具之一，一直以来都受到广大 EDA 工程师的青睐。Cadence 软件能够很好地完成电路仿真、电路设计、自动布局布线、版图设计及验证等工作，特别是在集成电路设计方面，更是针对集成电路设计的特殊性做了专门的优化，可以说在集成电路设计方面，它是一款不可多得的软件。Cadence 公司还开发了自己的编程语言 skill，并为其编写了编译器。尽管如此 Cadence 软件的运行环境对初学者来说还是比较陌生，使用也比较烦琐，因此在正式介绍使用 Cadence 软件设计集成电路前，本章先对 Cadence 软件的基本操作做简单介绍，希望通过本章的学习，设计者可对 Cadence 软件有一个初步的了解。

3.1.1 启动 Cadence 软件

扫一扫看启动 Cadence 软件操作视频

扫一扫看启动 Cadence 软件教学课件

在 Terminal 中输入 Cadence 软件启动命令"icfb"启动 Cadence 软件。通常在 icfb 命令后可加参数&，即输入"icfb&"，该命令可使 Cadence 软件能在后台启动。Cadence 软件是一款大型软件，并且还需要加载一些验证工具软件，因此启动时会花费一些时间，等到启动成功界面出现时，表明 Cadence 软件启动成功，可以进行设计工作了，如图 3.1 所示。

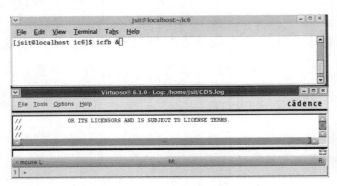

扫一扫看 Cadence 主界面操作视频

扫一扫看 Cadence 主界面教学课件

图 3.1　Cadence 软件启动成功

注：以上启动 Cadence 软件的目录为/home/jsit/ic6，通常称为"Cadence 启动当前目录"。

从图 3.1 可以看到启动 Cadence 软件后通常会出现两个窗口：第一个是"what's New….."窗口，在这个窗口中可以看到系统版本信息、跟以前版本相比的优点和缺点等，选择"File"→"close"选项关闭此窗口；另外一个就是 Cadence 软件的主界面，所有该加载的模块会自动加载完成，并在主界面上显示。这个主界面在 Cadence 软件中有自己的名称——CIW（command interpretation window，命令提示窗口）。CIW 界面是 Cadence 软件的控制窗口，是主要的用户界面。从 CIW 界面可以调用许多工具并完成任务。默认的 CIW 界面比较小，不容易看全一些提示，可以将 CIW 界面放大来查看相关信息，如图 3.2 所示。

CIW 界面主要包括以下几个部分。

（1）标题栏（window title）：和 Windows 系统一样，在 CIW 界面最上方有它的标题，主要提示软件名称及当前文件目录路径。

（2）菜单栏（menu banner）：主要显示并选取主要的命令菜单，从而使用设计工具，其中包括文档（File）、工具（Tools）、选项（Options）和帮助（Help）几个菜单。

（3）输出信息区域（output area）：主要用来显示设计过程中出现的信息。在图 3.2 中可以看到 Cadence 软件启动后，在 CIW 界面中显示出了相关的一些启动信息，包括版权申明和加载的一些模块。此后所有工作的历史记录和错误、报警提示等信息也会出现在该窗口中，所以在今后的使用中，要养成多看 CIW 界面的输出信息的习惯。

（4）输入行（input line）：在输出信息下方的是输入行，在此处可以通过输入命令或参数来进行设计操作。

（5）鼠标按键绑定（mouse bindings line）：可设置来绑定鼠标左、中、右 3 个快捷键。

（6）命令提示栏（prompt line）：在图 3.2 中最下方是命令提示栏，在命令提示栏中输入命令时，此处会显示当前命令的提示信息。在后面的操作中，如果遇到问题也可以查看当前命令提示栏，看是否输入错误命令。

图 3.2　CIW 界面

3.1.2　启动设置

和 Windows 系统环境下的诸多软件类似，Cadence 软件的启动和内部模块的加载，通常也需要进行一些设置，从而达到比较好的运行状况。根据个人的使用习惯不同，Cadence 软件也可以进行一些偏好设置。这里比较重要的是关于撤销步骤的设置，在后续的软件使用过程中，如果进行了错误的操作，Cadence 软件是可以进行相应的撤销操作的。在 6.1 版本的 Cadence 软件中默认可以进行 128 步的撤销动作，这对于设计者进行设计修改是非常方便的。但在 5.1 版本的 Cadence 软件中不同，默认的系统撤销步骤只有一步，也就是说如果不加以修改，那么工作中只能撤销上一步操作。在设计工作中一般发生错误的话往往会是

在前几步，那么只有一步撤销显然无法满足修改要求。如果使用的是 5.1 版本的 Cadence 软件，为了方便设计，启动 Cadence 软件之后，还需要进行撤销步骤的设置。

在 CIW 界面中选择"Options"→"User Preferences"选项，打开如图 3.3 所示的 User Preferences 界面，在该界面中选择"Undo Limit"选项，此时会弹出选择菜单，这里最多可以撤销之前 10 步的操作，选择最大的 10 之后单击界面上方的"OK"按钮，保存退出。这样在后续的设计工作中可以最多撤销到 10 步之前的操作，虽然比起 6.1 版本的 128 步，这里的 10 步少了很多，但比起只能进行一步撤销已经方便很多了。

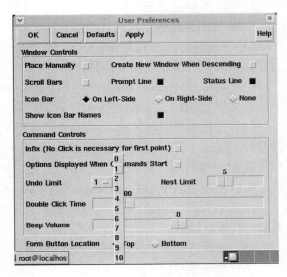

图 3.3　User Preferences 界面

3.2　库文件的建立

上面提到在进行集成电路设计前必须先建立库。在 Cadence 系统中，有不同的方法可以建立库，下面进行具体介绍。

3.2.1　库和库文件

库在 Cadence 软件中的作用非常重要，所有的设计内容都保存在库中，新建的库以文件夹的形式存在，后续的电路设计、版图设计都会以文件或文件夹的形式保存在库中。但库又不同于普通文件夹，一旦库生成了，在其中就规定了相应的工艺数据和标准，对应不同的库数据会有差别，即使是相同的设计，产生的结果也会不同。

Cadence 软件的文件基本上是按照库（Library）、单元（Cell）、视图（View）的层次进行管理的。库和单元都是以文件夹的形式存在。在设计一个单元前必须先建立一个库。单元可以是与非门这样简单的单元，也可以是由与非门这些简单的单元通过层次化嵌套而成的比较复杂的单元，如锁存器、触发器等。不同类型的视图如 schematic（逻辑电路图）、symbol（逻辑符号图）、layout（版图）、extracted（提取）等则以文件的形式保存在库或单元的文件夹内。

Cadence 软件的库一般分为两种：一种是基准库；另一种是设计库。基准库是 Cadence 软件提供的，存储该软件提供的单元和几种主要符号集合，各种引脚和门都已经存储在基准库中。其中，Sample 存储普通符号；US_8ths 存储各种尺寸和模版；basic 库则包含特殊引脚信息；Analog 为基本模拟器件单元库。设计库则是指用户自创的库。

Cell 是建造芯片或逻辑系统的最低层次的结构单元，每个 Cell 的 View 的类型可以

有很多种，如 schematic、layout、symbol 等。单元视图（Cellview）是 Cell 和 View 的组合，Cellview 是 Cell 的特殊表示。在打开 Library 后所展现的就是 Cellview 目录，Cellview 目录是按照英文字母顺序排列的，大写字母开头的 Cell 排在前面，小写字母排在后面。

3.2.2　建立库的两种方法

建立库有两种方法，第一种是在 CIW 界面中选择"File"→"New"→"Library"选项，如图 3.4 所示。第二种方法是在 CIW 界面中选择"Tools"→"Library Manager"选项，在打开的窗口中选择"File"→"New"→"Library"选项来建立新的库，这里以第一种方法为例作介绍。

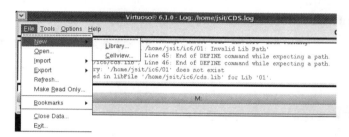

图 3.4　建立库

选择"Library"选项后会打开 New Library 界面，如图 3.5 所示。

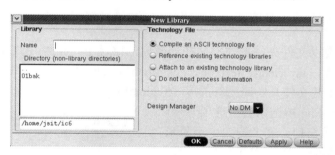

图 3.5　New Library 界面

在图 3.5 中的"Name"文本框中输入想要建立的库名称，如 01。在"Directory"列表框中选择库所建立的路径，可以选择图 3.5 所示的/home/jsit/ic6，这时候所建库将放在虚拟机的此目录下；也可以单击".."按钮返回上一层目录，然后选择/mnt/hgfs/D，即将所建库放在 PC 本机的 D 盘中。

注：这两种路径放置的方式是有区别的，原因是通常学校实验室的机器都是自动恢复的，关于这点将在后面作具体介绍。

在图 3.5 右侧的"Technology File"选项组中有 4 个选项，这 4 个选项和选择的工艺库文件有关。集成电路设计除了电路设计还有版图设计，而版图是需要和所采用的工艺相匹配的，在设计中所用到的工艺参数也不是随意确定的，需要严格地按照工艺厂商的规范来确定。

工艺库文件是由芯片制造厂商提供的，通常工艺厂商除了提供这些设计所必需的技术

文件以外，还会提供一些其他文档和数据以供设计者参考，如器件物理结构、相关工艺流程、器件的关键参数、PCM 参数、设计规则等。各个工艺厂商的工艺规格各不相同，即使是相同线宽的相同器件，参数上都会有所差异，这就要求设计者在进行集成电路设计时，无论是电路设计还是版图设计都要首先充分考虑工艺厂商的要求来进行设计，需要详细地研读并参考 PDK（Process Design Kit）中的相关信息。

在此第一个选项是选择一个新的工艺文件，第二个选项是参照现有的工艺文件，第三个选项是将新建的工艺库捆绑于现有库的工艺文件。如果不需要进行版图的设计，只是做电路的绘制和仿真，则可以选择第四个选项，即不需要工艺信息。在这里选择第一个"Compile an ASCII technology file"选项，然后单击"OK"按钮，打开 Load Technology File 界面，如图 3.6 所示。

单击"Browse"按钮，在打开的 Unix Browser 界面中选择/home/jsit/ic6 目录下的 0.5 μm.tf（图 3.7 中是 0.5μm.tf）文件，如图 3.7 所示，然后单击"Open"按钮，完成库的创建。

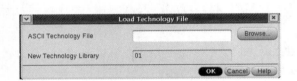

图 3.6　选择新文件　　　　　　　　　　　图 3.7　选择相应工艺文件

创建完成的库会以文件夹的形式出现在创建库的路径下，可以在 Terminal 中查看到，并在该文件夹下应该有 layermap、tech.db、cdsinfo.tag、data.dm、.oalib 等 5 个文件。

如果创建的库工艺文件是参照已有的库（Technology File 中选第二个选项）或链接到已有的库（Technology File 中选第三个选项），则会打开如图 3.8 所示窗口。在此窗口中会显示可以参照的现有库集合，选中想要参照的库，单击"-->"按钮，将想要参照的库从"Technology Libraries"列表框中移动到"Reference Technology Libraries"列表框中，然后单击"OK"按钮就可参照现有库工艺文件来进行新库的创建。

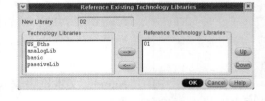

图 3.8　参照库选项

3.3　Library 管理和报警处理

 扫一扫
看库管理操作视频

 扫一扫
看库管理教学课件

由于大部分学校实验室的计算机通常都是会自动还原的，所以每次在进行设计的后续步骤时，不得不将前面做过的工作再做一遍，因为集成电路的设计是需要按照集成电路设计流程一步步进行的，如果前一步骤没有完成，后面的工作就没法做。如果上一次的工作

没有保存，下次再做的话就必须把前面做过的工作重新再做一遍，以便后续的设计步骤可以进行，这么一来就给设计带来大量的重复劳动。在学习过程中，反复练习可以提高操作熟练程度，但是在工作中当达到了一定的熟练程度以后，重复的工作就只会降低工作效率了。此时可以采用一些方法来保存做过的工作，从而避免重复劳动。特别是在做内容较多的集成电路设计并需要有自己的设计库以保存一些子电路单元的时候。

通过利用 Cadence 的 Library Manager 可以对库进行管理，以方便设计工作。Library Manager 的功能非常强大，它是 Cadence 软件中对所有设计项目进行管理的工具，通过 Library Manager 可以一目了然地看到所有标准库和设计库。如图 3.9 所示，可以在 Library Manager 中查看、打开、修改每个库中的单元和视图，并可以对库、单元进行添加、删除等操作，用 Library Manager 进行操作是非常方便的。另外从图 3.9 中还可以看到除了以上新建的 01 库外，还有 Cadence 自带的 analogLib 库、basic 库等。

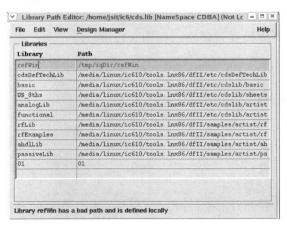

图 3.9　库在管理器中的显示

下面就来看一下如何运用 Library Manager 进行库的添加操作。

选择图 3.9 中顶部菜单栏中的"Edit"→"Library Path"选项进入库路径编辑器（Library Path Editor），如图 3.10 所示。在 Library Path Editor 界面中，可以看到系统目前能识别的所有库和这些库的路径。

图 3.10　库路径编辑器

在图 3.10 的菜单栏中选择"Edit"→"Add Library"→"Go up a directory"选项进入上层目录，如图 3.11 所示，选择路径/mnt/hgfs/E（或 /mnt/hgfs/D，视之前库保存路径而定，注意 E 或 D 是大写）。此时之前创建的库会被系统识别并出现在"Library"列表框中，选择相应的库并单击"OK"按钮完成库的添加。添加完成后系统会回到 Library Path Editor 界面，在此界面中选择"File"→"Save"选项进行库的管理保存。保存后的库才被视为真正完成了库的添加。完成库添加之后就可以使用原来创建的库和相关单元视图了。

为了方便后续的设计工作，防止出现建立的库被还原的情况，后面建立的所有元器件都放在

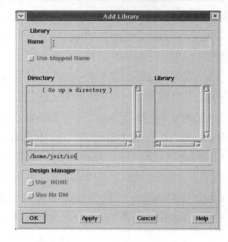

图 3.11　添加已有工艺库

/mnt/hgfs/D 路径下的库中。若开机后发现之前的库不在 Cadence 的 Library Manager 中，则都需要进行库的添加操作。

库既然可以添加，当然也可以删除。在库文件建立的过程中可以看一下 CIW 界面中的提示，可以看到有黄色 Warning，如图 3.12 所示。此处的报警主要是由于一些用过的库文件在系统中有残留并未完全消除的原因，一般黄色的 Warning 是不影响用户使用的。如果出现红色的 Error 则必须要先清除错误后才可以进行操作，否则设计是无法进行下去的。清除错误首先需要读懂显示区的提示，按照提示来进行操作即可。

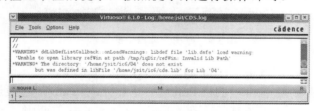

图 3.12　关于库的报警处理（1）

以图 3.12 所示的报警为例，显示的是/mnt/hgfs/E 路径下的几个库不存在。处理方式是打开库路径管理器，如图 3.13 所示。

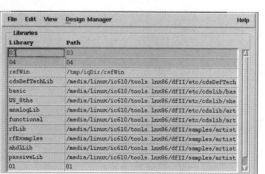

图 3.13　关于库的报警处理（2）

在图 3.13 中选择空的库（显示为红色的库）单击，在弹出的快捷菜单中选择"删除键"选项，就可以将其删除，然后保存退出，如图3.14所示。

File	Edit	View	Design Manager	Help

Libraries

Library	Path
cdsDefTechLib	/media/linux/ic610/tools.lnx86/dfII/etc/cdsDefTechLib
basic	/media/linux/ic610/tools.lnx86/dfII/etc/cdslib/basic
US_8ths	/media/linux/ic610/tools.lnx86/dfII/etc/cdslib/sheets
analogLib	/media/linux/ic610/tools.lnx86/dfII/etc/cdslib/artist
functional	/media/linux/ic610/tools.lnx86/dfII/etc/cdslib/artist
rfLib	/media/linux/ic610/tools.lnx86/dfII/samples/artist/rf
rfExamples	/media/linux/ic610/tools.lnx86/dfII/samples/artist/rf
ahdlLib	/media/linux/ic610/tools.lnx86/dfII/samples/artist/ah
passiveLib	/media/linux/ic610/tools.lnx86/dfII/samples/artist/pa
01	01

图 3.14　关于库的报警处理（3）

完成以上操作后，再进入 Library Manager 就不会再显示报警了。

在 Cadence 软件的使用过程中，要养成查看显示区域提示的习惯，无论是报警还是错误，都可以通过提示及帮助来消除。

另外，由于一般学校实验室计算机系统会自动还原，所以每次进入机房还需要在 Library Path Editor 中添加自己上次所建的库，这样在 CIW 界面的 Open 中才能找到所使用的库。

通过以上的介绍可以得出这样一个结论：库是 Cadence 设计系统中的一个重要概念，任何一个电路或项目都是以一个库的形式存在的。每个用户可以引用这台工作站或 PC 上任何一个该用户具有读取权限的库，同时，每个用户创建的库也将可以被任何具有读取权限的其他用户所引用。为了引用其他的库必须要设定这个库的路径，并选定这个库的名称，而这两项工作可以通过使用库管理器（Library Manager）及其下的库路径编辑器（Library Path Editor）来完成。

与前面所描述的通过库管理器对库进行管理相关的是，在"Cadence 系统启动当前目录"下有两个文件指示了系统对库的管理，那就是 lib.defs 和 cds.lib。

用第 2 章所介绍的 vi 编辑器打开 lib.defs 和 cds.lib，分别如图 3.15、3.16 所示。

```
DEFINE cdsDefTechLib /media/linux/ic610/tools.lnx86/dfII/etc/cdsDefTechLib
DEFINE basic /media/linux/ic610/tools.lnx86/dfII/etc/cdslib/basic
DEFINE US_8ths /media/linux/ic610/tools.lnx86/dfII/etc/cdslib/sheets/US_8ths
DEFINE analogLib /media/linux/ic610/tools.lnx86/dfII/etc/cdslib/artist/analogLib
DEFINE functional /media/linux/ic610/tools.lnx86/dfII/etc/cdslib/artist/function
al
DEFINE rfLib /media/linux/ic610/tools.lnx86/dfII/samples/artist/rfLib
DEFINE rfExamples /media/linux/ic610/tools.lnx86/dfII/samples/artist/rfExamples
DEFINE ahdlLib /media/linux/ic610/tools.lnx86/dfII/samples/artist/ahdlLib
DEFINE passiveLib /media/linux/ic610/tools.lnx86/dfII/samples/artist/passiveLib
DEFINE 01 /home/jsit/ic6/01
ASSIGN 01 libMode shared
DEFINE 02 /home/jsit/ic6/02
ASSIGN 02 libMode shared
```

图 3.15　lib.defs 文件内容　　　　　　　　　　图 3.16　cds.lib 文件内容

从以上两个图可以看出，lib.defs、cds.lib 文件保存了在库管理器中所列出的所有库文件的信息，即这两者是相关的。

因此如果要新增一个引用库，可直接在 lib.defs 和 cds.lib 文件中增加一行，那么下次启动 icfb 之后，才会出现刚增加的库。相反如果要去除一个引用库，那么可以在 cds.lib 文件

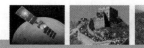

中把这个库所在的那一行删除就可以了，或把这个库所在的那一行注释掉（如图 3.16 中加"#"的库就是被注释掉的），但实际上这个库的内容还在，只是这样操作后不能引用这个库而已。

注 1：从这里可以看出在哪一个目录中启动 icfb 很重要，关系到库的引用路径问题，这就是在本章开始部分提到的"Cadence 系统启动当前目录"的概念，本书中为 /home/jsit/ic6，这是一个 Cadence 设计系统中最常见的目录路径，其中/home 是一个 Cadence 系统安装的默认目录，通常都会取这个名称，或者类似的名称，如 home1 等；jsit 是进入 Cadence 系统的用户的名称，是在安装 Cadence 系统时预先设置好的，不同的用户名称不同，如 asic01 等；ic6 是在 jsit 这个用户名下用户自己建立的一个工作目录，有些用户不习惯建这样的工作目录，也可以在 jsit 或 asic01 等用户下直接进行逻辑输入、版图设计等各种操作。本章及后续章节相关内容介绍时都基于/home/jsit/ic6 这个工作目录；而在这个工作目录下，除了上面产生的 01 库之外，随着项目的进行会产生各种用途的目录。

注 2：对于 5.1 版本，只需要 cds.lib 一个文件就可以完成库文件信息的保存。

思考与练习题 3

（1）写出 CIW 界面包含哪些部分，这些部分分别有什么作用。

（2）写出在建立库时"Technology File"选项组中的 4 个选项的区别。

（3）Cadence 系统中关于库的管理通常有图形界面和文件两种方式，其分别是什么？

（4）在/mnt/hgfs/D 路径下新建一个库名，要求使用 0.5μm 工艺文件。

（5）在/root 路径下建立一个库，要求参照 01 库工艺文件。

（6）用 vi 编辑器编写一个典型的 cds.lib 文件；另外再编写一个与该 cds.lib 对应的 lib.defs 文件。

第4章

常见元器件的版图

在进行集成电路版图设计前需要设计者对组成集成电路版图的基本要素——各种元器件的版图能够识别，并能够根据设计要求进行设计。本章具体介绍如何识别和设计电阻、电容、二极管、三极管和 MOS 场效应晶体管等元器件的版图。

扫一扫看常用
电子元器件版
图绘制与识别
电子教案

扫一扫看集成
电路中电阻的
选择与计算微
课视频

4.1 电阻版图

集成电路是由各种元器件制作在一块半导体单晶平面上而形成的，称为"集成"是因为所有的电子元器件和连线都制作在一起。集成电路中包含了各种各样的电子元器件，其中不乏常用的电阻、电容等。而电阻就是其中一种最常用的电子元器件，用来提供明确的或可控的电阻值，它们在许多领域都有应用。集成电路中的电阻和普通的色环电阻不同，由于条件限制，这些电阻的材料必须由集成电路制造工艺中所能用到的材料来制备。而在实际制造过程中出于诸多因素的考虑，集成电路的电阻也是多种多样的。

4.1.1 集成电路中电阻的计算与绘制

扫一扫看集成
电路中电阻的
选择与计算教
学课件

扫一扫看集
成电路中电
阻的版图设
计教学课件

集成电路中的电阻主要是由薄膜材料或掺杂工艺制作而成，大部分集成电路制造工艺提供多种不同类型的电阻材料以供选择，某些材料更适合制作高阻值电阻，某些材料更适合制作低阻值电阻。但要注意的是，由于版图中往往有相应的设计规则（根据各个工艺不同，这些规则通常是为了考虑工艺生产能力和产品的优良率而定的），有时低阻材料更适合制备高电阻，这个要根据具体情况来设计。同时在设计时，不同材料的精度和温度特性会有较大差别，这一点也是要考虑的，设计者通常要为每个电阻选择合适的材料并据此标注其电路符号。

电流流经导体时，会在导体两端产生压降，其关系服从欧姆定律：$V=IR$。而一块材料的电阻阻值也要根据电流的流向来判断。如在图 4.1 中，电流从左到右流经一块 P 型半导体材料，该材料的宽为 W、长为 L、结深为 X。

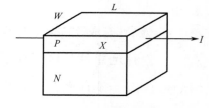

图 4.1 电流流经电阻材料

图 4.1 中所示这块材料的电阻阻值 R 为

$$R = \rho \frac{L}{WX} \qquad (4-1)$$

式中，L——材料样品长度；W——电流流经横截面的宽度；X——横截面厚度（结深）；ρ——材料的体电阻率。

其中，W、L、X 与具体设计和工艺有关，ρ 与材料本身有关，它的常用单位是 $\Omega \cdot cm$。导体的电阻率很小；半导体的电阻率要大一些，其电阻率的大小主要取决于掺杂浓度；而绝缘体，如 SiO_2，它的电阻率理论上是无穷大的。主要材料的电阻率如表 4.1 所示。

如果材料横截面宽度 W 等于样品的长度，则式（4-1）可变为

表 4.1 主要材料的电阻率

材　　料	电阻率（$\Omega \cdot cm$，25 ℃）
铜	1.7×10^{-6}
金	2.4×10^{-6}
铝	2.7×10^{-6}
N 型硅（$N_d=10^{18}cm^{-3}$）	0.25
N 型硅（$N_d=10^{15}cm^{-3}$）	48
本征硅	2.5×10^{-5}
SiO_2	10^{14}

$$R = \rho \frac{L}{LX} = \frac{\rho}{X} \qquad (4\text{-}2)$$

此时的电阻有一个专门的名称：方块电阻，符号以 $R_\square$ 或 R_S 来表示。方块电阻的意义在于，它只和材料的电阻率和结深（或厚度）有关，而与材料的具体形状无关，这样在版图设计中，如果知道了相应材料的方块电阻值，设计者就可以很方便地设计出相应阻值的图形。例如，如果已知需要设计的电阻为 1 kΩ，而方块电阻 R_S 为 200 Ω/□，那么在设计电阻版图时只要累计画 5 个方块拼接的图形就能够得到 1 kΩ 的电阻了。也就是说，只要画一个主体电阻部分长度为宽度 5 倍的图形即可，如图 4.2 所示。

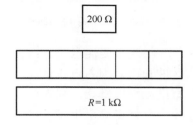

图 4.2　电阻版图示意

尽管可以很容易地计算均匀掺杂材料的方块电阻，但大部分情况下，集成电路中的材料往往是非均匀掺杂的，也就是说电阻率并非一个定值，是不能用式（4-2）来计算此类扩散层的方块电阻的。这种情况下，扩散层的方块电阻通常由反复测量而获得。某工艺中不同材料的方块电阻值如表 4.2 所示。

从表 4.2 中可知，不同材料的方块电阻存在很大的差异。其中，阱区、N+区、P+区都属于掺杂层，其方块电阻相对较大，因此在版图中如果要设计大电阻可选用这些材料进行版图绘制。而小电阻则可选用多晶来制作，至于金属，一般不选用金属来制作电阻，但金属的阻值在集成电路中也是需要考虑的，往往金属上的电阻会产生寄生的偏置效应，这一点在设计中应该充分考虑并设法去除。

表 4.2　不同材料的方块电阻值

材料层	方块电阻（Ω/□，25℃）
N 阱	1000
N+掺杂	65
P+掺杂	170
多晶 1	19
多晶 2	55
金属铝	0.08

扫一扫看集成电路中电阻的版图设计微课视频

4.1.2　版图中电阻的分类

集成电路版图中的电阻一般分为两大类：一类是无源电阻，另一类是有源电阻。其中，无源电阻根据所用膜层材料不同而又分为阱电阻、N+和 P+掺杂层电阻及多晶电阻。这里要注意的是，阱电阻和掺杂层电阻实际上同样都是单晶硅掺杂杂质后形成的电阻，只不过杂质掺杂量差别较大，从而导致两种层次的方块电阻值相差较大。另外，多晶电阻材料是掺杂后的多晶硅，多晶硅本身是一种绝缘材料，它的电阻率是非常大的，但多晶硅在掺杂少量杂质后其导电性能会急剧提升而接近于金属，因此在集成电路工艺中常可以用掺杂后的多晶硅来替代金属作为 MOS 场效应晶体管的栅极。在集成电路制造工艺中默认所有的多晶硅都是经过掺杂的，因此这里的多晶是掺杂有杂质的多晶硅，因而具有较小的电阻率。

1．阱电阻

阱电阻是以阱区材料作为电阻来使用的。阱电阻版图如图 4.3 所示，实物阱电阻版图如图 4.4 所示。

图 4.3　阱电阻版图　　　　　　　图 4.4　实物阱电阻版图（其中白色区域为阱区）

在这里要注意两点：第一，阱电阻的长度应该是两个接触孔之间的长度，而非整体阱区的长度，因为电流是经由两个接触孔流经电阻体的；第二，电阻的计算宽度需要在设计宽度上加以修正。因为在集成电路制造工艺中阱区往往是最初的一道工序，而在阱区之后还会有许多高温步骤，这些步骤也会加深阱杂质的继续扩散，到完成成品时一般实际阱区宽度会比设计值大出 20%左右，所以在计算宽度时需要进行修正。那么扩散后的电阻率和方块电阻值显然也会跟着发生变化，需不需要进行修正呢？这个是不需要考虑的，因为前文说过实际的方块电阻是根据成品实验测得的，故工艺厂商给出的方块电阻值已经是成品方块电阻值而不用再加以修正了。

2. 掺杂层电阻

掺杂层电阻由 N+或 P+掺杂层构成，图 4.5 为一个制作在 N 阱中的 P+掺杂电阻。

图 4.5　P+掺杂电阻

3. 多晶电阻

多晶电阻由多晶层构成，这里要注意的是有的工艺中有两层以上的多晶层，这些多晶层的方块电阻是不同的，在设计使用时要注意区分。电阻阻值的计算和前面讲到的阱电阻一样，长度需要从开孔处开始计算，而宽度则不需要修正，因为多晶层不会发生扩散。多晶电阻版图如图 4.6 所示，多晶电阻实物图如图 4.7 所示。

图 4.6　多晶电阻版图

图 4.7　多晶电阻实物图

从前面几种电阻的版图和图形来看，几种电阻的图形都为长方形，这个主要是受到工

艺条件限制，在工艺中对于各个层次都会有最大和最小尺寸的限制，那么如果已经到了最大尺寸还不满足设计要求怎么办？此时可以对电阻采用一定的变形处理来达到设计要求，主要有以下两种方法。

一种是通过金属导线对最大尺寸的电阻进行连接，从而增加电阻值，如图 4.8 所示。

另一种是通过绘制弯曲版图实现，如图 4.9 所示，弯曲版图计算时注意要考虑方块个数。

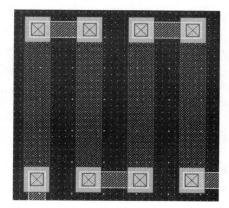

图 4.8　多个阱电阻串联

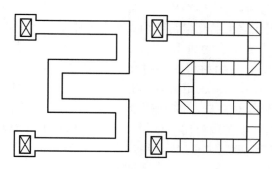

图 4.9　弯曲的长电阻版图

4．有源电阻

最后要提的是在集成电路设计中，还有一种用 MOS 场效应晶体管来替代电阻而形成的有源电阻。通常电阻器件都是无源器件，也就是说电阻阻值的大小和电源是没有关系的，但这种有源电阻的大小是会随着电压变化而变化的，因此称为有源电阻。这种电阻的做法通常是将 MOS 场效应晶体管的栅源短接而连入电路中，但电路参数需要满足一定的条件，此时 MOS 场效应晶体管可以看作固定电阻来使用。之所以要采用有源电阻，其主要目的是可以大大节约芯片版图面积，相比无源电阻，采用有源电阻有时能节约 80% 以上的芯片面积，因此在集成电路设计中广受青睐。但有源电阻的缺点也是显而易见的，它的阻值会受到电压波动的影响，严重时会导致电路功能失效，因此在要求精度比较高的电路中，有源电阻还是要慎用的。由于这种电阻本身的版图结构实际上是 MOS 场效应晶体管，故这里不提供其版图。

4.2　电容版图

 扫一扫看集成电路中电容的测算教学课件

 扫一扫看集成电路中电容的测算微课视频

4.2.1　集成电路中电容的测算

电容在模拟集成电路中扮演着举足轻重的角色。它常被用于交流信号耦合、构建延迟和相移电路、滤除纹波噪声等场合。通常电容存储静电场能量，体积较大，在集成电路中由于面积限制，一般制作的电容容量在 fF（数量级 10^{-15}）量级，很难实现几百 pF（数量级 10^{-12}）量级的电容，但这种微小量级的电容对某些关键应用（特别是补偿反馈网络）已经足够了，因此在集成电路中还是会大量用到电容。MOS 集成电路中的电容都是平板电容器。平板电容器的电容表达式如下：

$$C = C'A = \frac{\varepsilon}{d} A = \frac{\varepsilon_0 \varepsilon_{OX}}{T_{OX}} A = \frac{\varepsilon_0 \varepsilon_{OX}}{T_{OX}} WL$$

式中，C 为电容；C' 为单位面积电容，单位为 F/μm²；A 为电容版图面积；ε 为绝缘介质的介电常数，ε_0 为真空介电常数；ε_{OX} 为二氧化碳的相对介电常数。

这里要注意的是，实际电容面积 A 应包括作为电容两极板的两种图层交叠部分宽 W 和长 L 的乘积，而不是单块极板材料的面积。而单位面积电容是两极板间介质的介电常数和极板间距离的比值。

在集成电路中的电容极板介质通常为 SiO_2，因此这里的介电常数为真空介电常数和 SiO_2 相对介电常数的乘积。而极板间距为氧化层厚度 T_{OX}。常用材料的相对介电常数如表 4.3 所示。

从表 4.3 中可以看出，相对而言，Si 和 SI_3N_4（四氮化三硅，以下都简称氮化硅，用 SIN 表示）

表 4.3　常用材料的相对介电常数

材　　料	相对介电常数
Si	11.8
SiO_2	3.9
TEOS	4.0
SI_3N_4	6～7

的介电常数要比 SiO_2 大。其中，SIN 的介电常数接近为 SiO_2 的 2 倍，而 SIN 也易于制备，工艺兼容性好，因此经常替代 SiO_2 作为介质来使用。但 SIN 也有其缺点，一个是容易形成针孔，针孔会使部分区域变薄，降低电容的可靠性；另外，SIN 和 Si 材料之间的热膨胀系数相差较大，这样会产生应力，从而影响器件的可靠性和使用寿命，这个问题在制作电容这种面积较大的器件时尤为突出。为了解决这个问题，可以在 SIN 上层和下层各增加一层氧化层，从而形成 O-N-O 结构。此时的电容相当于 3 个平板电容的串联结构，根据电容串联关系求解可得 O-N-O 结构的复合介电常数表达式：

$$\varepsilon = \frac{T_{OX1} + T_{OX2} + T_{NI}}{\left(\dfrac{T_{OX1}}{\varepsilon_{OX}}\right) + \left(\dfrac{T_{OX2}}{\varepsilon_{OX}}\right) + \left(\dfrac{T_{NI}}{\varepsilon_{NI}}\right)}$$

式中，T_{OX1}——第一层氧化层厚度；T_{OX2}——第二层氧化层厚度；T_{NI}——SIN 厚度。

从表 4.3 中还可以知道，Si 本身的介电常数要比 SiO_2 和 SIN 都大很多，而在双极集成电路中也有采用反偏 PN 结所产生的结电容的情况，此时反偏 PN 结耗尽区（Si）就成为电介质，它所产生的电容要比 SiO_2 和 SIN 都大。但结电容本身也有缺点，由于空间电荷区宽度是反偏电压的函数，因而结电容本身也会随着电压的变化而变化，这给计算和应用都带来了比较大的麻烦。此外，正是由于空间电荷区宽度的原因，最终在制作电容时，平板电容往往通过降低介质层厚度来提供与结电容相等甚至更大的单位面积电容，而寄生效应又远小于结电容，因此在 CMOS 工艺中还是以平板电容为主。

通常在工艺中，一般会给定单位面积电容 C'。在绘制版图时，应根据需要的电容容量来绘制实际版图。还有一点也是设计者要注意的，通常集成电路中的平板电容由于介质层厚度有限，一般击穿电压都比较低，工艺中会有击穿电压参考值，设计电容时需要考虑相关电容的击穿电压。电容面积示意图如图 4.10 所示。

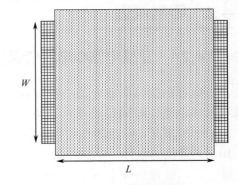

图 4.10　电容面积示意图

4.2.2　MOS 集成电路中常用的电容

1．双层多晶硅组成电容器

扫一扫看 MOS 集成电路中常用的电容教学课件

扫一扫看 MOS 集成电路中常用的电容微课视频

双层多晶工艺使用的方法：多晶硅 2（即中间打斜线的区域）作为电容的上电极板，多晶硅 1（即其余的区域）作为电容的下电极板，栅氧化层作为介质。双层多晶电容版图如图 4.11 所示。

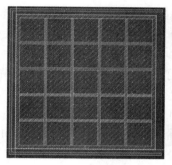

（a）双层多晶制作的版图　　　　　（b）局部放大后的图形

图 4.11　双层多晶电容版图

在双层多晶电容版图中主要考虑的是接触孔的摆放，一般在可能的情况下，接触孔需要尽可能多而且均匀分布，如图 4.12 所示，中、下极板接触做成环状，上极板做成叉指，这么做主要是为了保证在电容充、放电时电流均匀且减小寄生电阻带来的延迟。

2．多晶硅和掺杂扩散区（或注入区）组成电容器

图 4.12　双层多晶电容实物图

某些工艺只提供单层多晶，在这种工艺中显然不能制备双层多晶电容，而集成电路中电容元件出现的概率较大，此时就要用到多晶—掺杂扩散区电容了。这种电容的制作方法是淀积多晶硅前先掺杂下电极板区域，再生长栅氧化层作为电容绝缘介质层，最后用化学气相淀积法制作多晶层，用于电容上电极板。

多晶—掺杂扩散区电容实物图如图 4.13 所示。这种电容结构和 MOS 场效应晶体管类似，也是由金属（多晶）、氧化物、半导体材料共同组成 MOS 结构的，因此往往会被误判为 MOS 电容。实际上两者之间是有很大区别的，在这里它仍然只是两极板结构的平板电容，与普通平板电容不同的只是它的下极板为掺杂半导体材料。

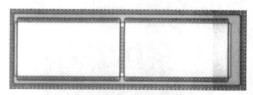

图 4.13　多晶—掺杂扩散区电容实物图

根据半导体器件物理的知识可以知道，完整的 MOS 电容的工作状态有 3 种：一种是半导体表面电荷积累工作；一种是表面耗尽工作；还有一种是反型工作。其中，表面积累和

反型工作时，MOS 电容相当于平板电容，电容值只和氧化层厚度和介电常数有关。而耗尽工作状态的 MOS 电容为氧化层电容（平板电容）和耗尽层电容的串联，此时电容容量是极板电压的函数。也就是说，MOS 电容不是一个定值，因此通常不被电路设计所采用，耗尽工作的 MOS 电容仅仅是一种寄生效应。而反型工作时的电容虽然为定值，但在交流信号中要进入反型工作必定会经过耗尽工作区，因此此种工作状态也不可取。

通常在电路设计中电容值要求始终为定值不变，而要使该 MOS 结构的电容值始终不变，只能让这种结构仅工作在积累状态，其他两种状态是要避免的。因此一般来讲，如果下极板用 N 型材料来制作，那么下极板的电位应始终接全电路的最低点（通常为地电位），实际上这样一来也限制了此种电容在电路中的使用范围，如果作为旁路电容或滤波电容则问题不大，但基本上不能用于信号的耦合。即便如此，由于下极板为掺杂扩散材料，会产生诸多的寄生效应，而且工作中电压的波动实际上也还是会对电容产生一定的影响，因此这种电容的使用效果往往不及双层多晶电容，但它的优势是节约了一层多晶层，生产成本可降低很多。

3．金属和多晶硅组成电容器

最后一种是多晶硅作为电容器下电极板、金属作为上电极板构成的 MOS 电容器。同样，这种方法制备的电容也是平板电容。它和多晶—掺杂扩散区电容一样也不需要用到第二层多晶。这种电容的缺点是介质层质量相对较差，而且会对布线产生一定的不便。

4.3 二极管、三极管版图

4.3.1 二极管版图

集成电路制造最主要的步骤就是在一块平面单晶硅材料上做出 P 型和 N 型区域。P 型区域和 N 型区域的交界处形成了 PN 结，两端加上电压即形成了二极管。当然在双极型集成电路中通常更多的是用 NPN 晶体管中的集电结或发射结作为 PN 结二极管，此时基极和另外一极短路。这里还是讨论仅有 PN 结构成的二极管的情况。

通常 PN 结组成的二极管有几种情况，一是直接利用衬底和阱区构成二极管，二是在阱区内做掺杂区，掺杂区与阱区形成 PN 结二极管。

在图 4.14 中，中间区域为 P 型高掺杂区，周围为 N 阱区域，在纵向结构上 P 型高掺杂区域被 N 阱区包围，其中流经二极管的电流与中间掺杂区面积成正比。N 阱—P 掺杂扩散二极管实物图如图 4.15 所示。

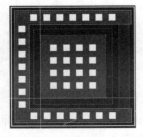

图 4.14　N 阱—P 掺杂扩散二极管版图

图 4.15　N 阱—P 掺杂扩散二极管实物图

4.3.2　三极管版图

双极工艺是制作三极管最成熟和便捷的工艺，但双极工艺由于本身的缺陷不能大规模集成。目前，超大规模集成电路的主流工艺是 CMOS 工艺。CMOS 工艺是为了制造 MOS 电路而优化设计的，通常只能产生寄生的双极型晶体管，这些寄生器件的性能常常与期望值相差很远，而且在电路中也很难按设计要求来制造，因此普通 CMOS 工艺很难进行三极管的制作。而双极型晶体管在很多场合又是 MOS 器件所不能替代的，故而之后开发出 BiCMOS 工艺，这种工艺仍以 CMOS 电路为主，所不同的是它优化了双极型晶体管的性能，能够按照设计要求很方便地将双极晶体管和 MOS 器件制作在一起并进行集成。图 4.16 所示为典型 BiCMOS 工艺制作的 NPN 三极管的纵向结构示意图。

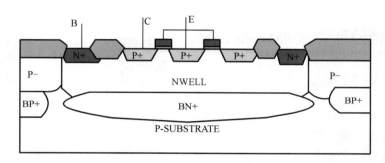

图 4.16　典型 BiCMOS 工艺制作的 NPN 三极管的纵向结构示意图

在图 4.16 中，相对于普通 CMOS 工艺增加了 BN+层次，即高掺杂 N 型埋层，这层埋层的作用主要是为了降低寄生体电阻，从而提高了三极管的性能。在 BiCMOS 工艺中首先在衬底上进行埋层扩散，制作出 N+埋层区域，然后进行一次硅外延，器件制作在外延层上。

在图 4.17 中间的 P 型衬底上进行 N 阱区扩散，在阱区中间再进行 N+掺杂，3 个区域分别引出引线，构成 PNP 结构的双极型晶体管。和二极管一样，此处的发射极版图面积决定了其最终电流大小。外围接触孔除了留有布线的一边外，其余尽量布满。小信号晶体管往往采用最小发射极面积以节省空间。在实际版图设计中，如果需要进行功率晶体管设计，为了把电流做大，往往采用多个三极管并联的方式来增加电流量。

如图 4.18 所示是一种简单的三极管并联结构，在实际的功率晶体管设计中，往往需要考虑很多问题。其中，最主要的是发射极电压偏置差异、热击穿和二次击穿问题。在 BiCMOS 工艺中，由于金属引线往往采用更薄的厚度，这样一来金属引线上会产生一定的偏压，从而使实际发射极电压产生偏差，在大电流的情况下，各个晶体管工作状态就不同，某些管子会通过超过设计上限的电流。在功率晶体管中电流过大会产生热点，严重的话会发生热击穿，使晶体管失效甚至烧毁。这些问题都可以从版图的设计上着手加以优化。

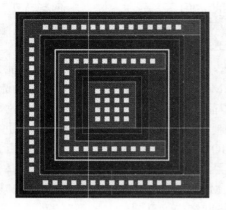

图 4.17　BiCMOS 工艺制备的 PNP 三极管版图

图 4.18　4 个并联 PNP 三极管实物图

4.4　MOS 场效应管的结构和版图

扫一扫看集成电路中的 MOS 场效应管教学课件

扫一扫看集成电路中的 MOS 场效应管微课视频

4.4.1　MOS 场效应管的结构

MOS 场效应管是大规模集成电路中用得最多的元器件，它由金属、绝缘介质（二氧化硅）和半导体材料构成，如图 4.19 所示。

按照导电类型，MOS 场效应管分为 NMOS 场效应管和 PMOS 场效应管两种。

在 P 型半导体衬底上制作出两个 N+扩散区域作为 MOS 器件的源极和漏极，上方是栅氧化

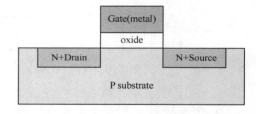

图 4.19　NMOS 场效应管纵向结构示意图

层，栅氧化层上方是金属栅。铝栅工艺中通常采用金属铝作为 MOS 器件的栅极，目前大部分工艺都采用硅栅工艺。前文提到过，掺杂后的多晶硅具有比较小的电阻，其特性和金属类似，因此在硅栅工艺中常采用多晶硅来替代金属铝作为 MOS 场效应管的栅极。

当栅极加上足够高的电压（$>V_{TH}$）时，栅氧化层下方的 P 型材料发生反型，从而使源漏区导通，MOS 场效应管开始工作；反之，则 MOS 场效应管截止，没有电流通过。

对于 MOS 器件而言，有两个参数是比较关键的。一个是阈值电压，MOS 场效应管的阈值电压直接影响了器件的工作情况。阈值电压的大小直接与栅氧化层厚度有关，这个参数会在工艺文件中给出，版图设计者需要参考，但并不能改变这个参数。另外一个参数是 MOS 场效应管的跨导，跨导决定了通过 MOS 场效应管的电流大小，它不仅与迁移率、氧化层电容有关，还与实际 MOS 场效应管的平面结构有关。因此，MOS 场效应管的电流大小很大一部分是由版图尺寸决定的。

扫一扫看 MOS 场效应管版图（正比、倒比）教学课件

扫一扫看基本串并联 MOS 管版图教学课件

扫一扫看 MOS 版图的匹配教学课件

4.4.2　MOS 场效应管版图

图 4.20 为一个 PMOS 场效应管的版图，图层中间垂直的矩形为多晶硅栅，其两端为源漏区，源漏区上有一个接触孔通向上层金属。这里的栅极没有接触孔连接上方金属，因为

多晶具有和金属接近的电学特性，所以在集成电路中，往往许多金属连线可以用多晶来替代。当然最后的电信号输入/输出还是要依靠金属来完成，多晶的方块电阻毕竟相对而言还是比较大的，在比较长的布线时，布线本身带来的寄生电阻就不得不考虑了。此处，栅极的金属互连不一定在 MOS 场效应管本身，因此这里未画接触孔。

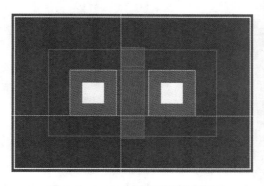

扫一扫看 MOS 场效应管版图微课视频

扫一扫看串并联 MOS 管版图微课视频

扫一扫看 MOS 管版图的匹配微课视频

图 4.20　PMOS 场效应管的版图

　　MOS 器件的版图有两个重要参数，一个是沟道宽度 W，一个是沟道长度 L，宽和长的比值称为宽长比，MOS 场效应管的宽长比决定了流经 MOS 场效应管的电流大小。这两个参数在版图图形上位于多晶和下方有源区图形交叠处。它们决定了流经 MOS 场效应管的电流大小。

　　图 4.21 为 MOS 场效应管实物图，两端有接触孔的图层为沟道区，单边有接触孔的图层为多晶硅栅，它们组合而成 MOS 场效应管。图 4.21 中一共有 3 个 MOS 场效应管，虽然它们在形状上有所差别，但器件结构是一样的。形状上的差别主要还是在于它们的宽长比不同，特别是最后一个 MOS 器件，它和前面的电阻图形比较类似，但实际上它只不过是宽长比比较特殊的 MOS 场效应管而已，之所以要这么做还是出于版图布局和面积考虑。MOS

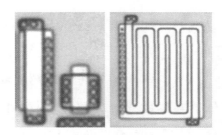

图 4.21　MOS 场效应管实物图

场效应管在集成电路中的应用非常多，根据宽长比不同，图形形状也会有很大差异。

思考与练习题 4

　　（1）MOS 集成电路中的电阻通常有哪几种类型？它们的方块电阻值大致在一个什么样的范围？
　　（2）在集成电路版图中如何绘制正确阻值的电阻版图？
　　（3）MOS 集成电路中有哪几种常用的电容？电路中要求电容性能稳定、寄生电容小，通常会采用哪一种电容？
　　（4）如何识别集成电路中的二极管和三极管？
　　（5）根据器件物理的知识，大致估算图 4.21 中 3 个 MOS 场效应管的宽长比。
　　（6）针对实际器件的版图进行识别。

第5章

CMOS 基本逻辑门的
版图设计与验证

从本章开始将详细介绍 Cadence 6.1 设计系统下进行集成电路版图设计与验证的具体过程。反相器、与非门和或非门等基本逻辑门是组成集成电路的最基本单元，因此本章首先介绍以上基本逻辑门的版图设计过程，并采用 Diva 工具对版图进行验证。

5.1　基本逻辑门电路设计

从本书第 1 章中介绍的版图设计概念可以了解到版图设计的基础是电路结构，因此在进行基本逻辑门的版图设计前，先介绍它们的电路设计。

5.1.1　基本逻辑门的工作原理

1. 反相器

反相器（倒相器）是数字电路中最常用的单元，它在电路中完成的逻辑功能是将数字信号反相。例如，输入为 0 则输出为 1，输入为 1 则输出为 0。反相器是最基本也是最为重要的一种电路单元，要进行反相器版图设计必须要先进行反相器的电路设计，而电路原理则是进行电路设计前必须要掌握的基础知识。

通常反相器在 MOS 电路中可以由 PMOS 电路组成，也可以由 NMOS 电路组成，如图 5.1 所示；当然用得最多的是 CMOS 电路，如图 5.2 所示。

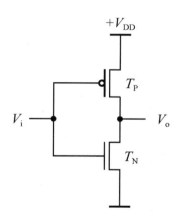

图 5.1　NMOS 反相器电路

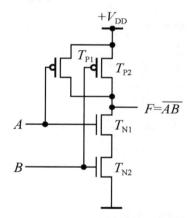

图 5.2　CMOS 反相器电路

从图 5.2 可以看出，当输入信号为 1 时，NMOS 场效应管导通而 PMOS 场效应管关闭，此时输出电压等于地电位（空载情况），即输出低电平；当输入信号为 0 时，NMOS 场效应管关闭而 PMOS 场效应管导通，输出电压为电源电压（空载），从而很好地完成了反相的逻辑功能。从理论上来讲，CMOS 电路不同于单个的 NMOS 或 PMOS 电路，当电路工作时，无论输出 0 还是 1，PMOS 场效应管和 NMOS 场效应管中总有一个处于关闭状态，从而使整个电路从 VDD 到 GND 一直不通，没有电流通过，进而保证了静态功耗为 0。当然实际的情况是由于集成电路是在硅平面上制作的，所有器件及连线都制作在同一块小硅晶体上，这些器件在制作的同时必然会伴随着产生一些寄生的元器件和电路，所以还要考虑集成电路的一些寄生效应，此时真实的静态功耗仍然会有，而不会为 0。不过 CMOS 电路已经比纯粹的 NMOS 或 PMOS 电路大大减少了静态功耗，使大规模集成成为可能。这也是目前主流大规模、超大规模集成电路采用 CMOS 电路的原因。

2. 与非门

与非门是最常用的基本数字电路单元，在集成电路设计中被广泛使用。下面以 CMOS 与非门为例来讨论 CMOS 与非门原理，首先来看下该电路的逻辑函数表达式：$F=\overline{AB}$，其真值表如表 5.1 所示。

与非门电路只有在输入全为 1（高电平）时，输出为 0（低电平），其余情况输出都为 1。

在本课程中电路设计的要求就是要使用 CMOS 电路来实现这一数字逻辑。要用电路实现逻辑关系，就需要将逻辑关系转化成电路关系，通常"与"的关系在电路上是一种"串联"关系，而"或"的关系在电路上是一种"并联"关系，"非"则是通过共射或共源来实现的，也就是说取适当的输出采样点来得到"非"，典型的"非门"即是前文介绍的反相器。最终完成的 CMOS 与非门电路如图 5.3 所示。

表 5.1 与非门真值表

输	入	输 出
A	B	F
0	0	1
0	1	1
1	0	1
1	1	0

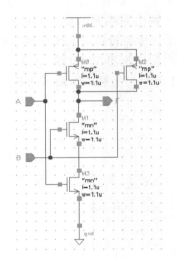

图 5.3 CMOS 与非门逻辑电路

对此 CMOS 电路进行逻辑检查，结果正确。从电路结构来看，逻辑关系中的"与"实际上在电路中是通过 MOS 场效应管串联实现的。为了使 NMOS 器件和 PMOS 器件互补实现 CMOS 电路结构，PMOS 器件部分由于与 NMOS 器件部分正好相反的特性关系，采用并联来完成电路逻辑。

3. 或非门

同与非门一样，或非门也是最常用的基本数字电路单元。首先来看下该电路单元的逻辑函数表达式：$F=\overline{AB}$，其真值表如表 5.2 所示。

此电路单元只要有一个输入为 1（高电平），输出就为 0（低电平），只有当输入全为 0 时，输出才为 1。

采用跟与非门一样的设计思路，完成的 CMOS 或非门的电路如图 5.4 所示。

对此 CMOS 电路进行逻辑检查，结果正确。从电路结构来看，PMOS 管串联、NMOS 管并联可以实现逻辑或非的关系。

表 5.2　或非门真值表

输　　入		输　　出
A	B	F
0	0	1
0	1	0
1	0	0
1	1	0

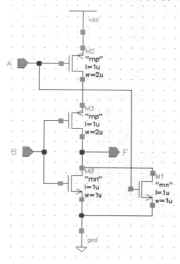

图 5.4　CMOS 或非门逻辑电路

5.1.2　基本逻辑门的电路图绘制

知道了基本逻辑门的原理后，下一步就要将这些电路图画出来，即在 Cadence 软件中绘制电路图，也称为 schematic 视图（view）。最初电路图设计的时候采用手工绘制方式，这种方式一方面绘制的时间会比计算机绘制的时间长，另一方面手工绘制的精确程度也不如计算机绘制的精确程度高。此外，对于大规模电路，手工绘制电路图也不便于电路检查，即便要进行检查也要耗费大量的人力和时间。而用计算机绘制则可在绘图的基础上对电路进行仿真，从而大大减少了电路检查时间，提高了效率。因此采用如 Cadence 这样的 EDA 软件进行电路图绘制已经成为目前集成电路设计的基本方法，下面以 CMOS 反相器为例具体介绍电路图的绘制过程。

1．新建单元和元器件放置

首先在 CIW 界面中选择"File"→"New"→"Cellview"选项，如图 5.5 所示。

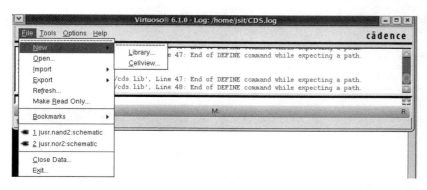

图 5.5　新建 Cellview

然后会打开 Cellview 创建窗口，如图 5.6 所示。

注意在"Library"下拉菜单中选择自己建立的库（关于这个库的建立方法已在 3.2 节中作过详细介绍），在"Cell"文本框中输入 inv，即反相器名称，在"Type"下拉选单选择"schematic"选项，其余设置不要改动。单击"OK"按钮，打开电路图绘制界面，如图 5.7 所示。其中，窗口最上方的部分是菜单栏，绘图过程中的各类操作和选项都可以在菜单栏中选取。菜单栏下方是快捷工具栏，使用快捷工具栏可以免去在菜单栏中选取项目的麻烦，更加便于操作。标题栏中显示的是当前编辑项目的名称，标题栏下面的黑色区域便是绘图区域。

图 5.6　Cellview 创建的窗口

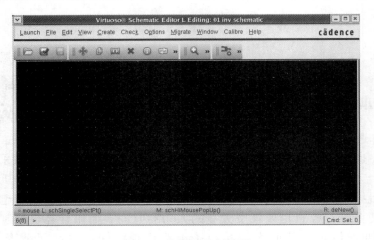

图 5.7　电路图绘制界面

打开电路图绘制界面后，首先选择菜单栏中的"Create"→"Instance"选项，此时会打开器件添加界面，如图 5.8 所示。

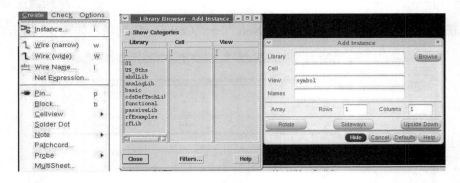

图 5.8　器件添加界面

单击"Browse"按钮，打开 Library Browser 界面，在这个界面中可以在各个库中选择需要的元器件，如图 5.9 所示。

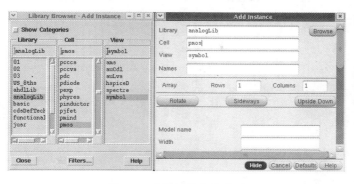

图 5.9　选择器件文件类型

在 Library Browser 界面中，首先在"Library"列表框中选择"analogLib"选项，即 Cadence 自带的模拟单元库 analogLib；在"Cell"列表框中选择"pmos"选项；在"View"中选择"symbol"选项，这一步的意思是在模拟单元库中选择 pmos 单元中的 symbol 视图。在电路图绘制中一般选择 symbol 来使用，这点请使用时注意。

Library Bowser 界面选定后，Add Instance 界面会根据选择的单元而发生相应变化，此时可以看到 PMOS 场效应管的参数选项在 Add Instance 界面中显现出来，如图 5.10 所示。其中，需要设定的主要参数如下。

（1）Model name：单元器件的名称，根据工艺厂商给定的名称来进行填写。

（2）Width：MOS 场效应管沟道宽度。

（3）Length：MOS 场效应管沟道长度。

其他参数如源漏区域面积、方块电阻等一般不需要设置。

如图 5.10 所示，在"Model name"文

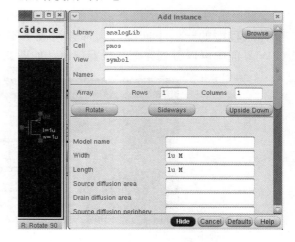

图 5.10　设置 NMOS 场效应管参数

本框中输入小写"mn"，宽、长都设为 1 μm。此时鼠标指针变为 PMOS 场效应管的电气符号，然后在电路图绘制界面中单击并把 PMOS 场效应管放置好。

2．连线及完成电路图绘制

按照上述内容把 CMOS 反相器要用到的其他元器件按照电路图摆放好。其中，NMOS 场效应管的宽长都设为 1 μm，VDD 和 GND（电源和地）都不需要设定参数，如图 5.11 所示。

在"Create"菜单中选择"Wire（narrow）"选项，此时元器件节点处会出现四角符号，表示此处可以连线，单击各个元器件节点把电路连线画完，此时反相器的电路图就完成了。可以选择"File"菜单中的"Save"选项来对画完的电路图进行保存，并使用"Check and Save"选项对电路图进行检查，如图 5.12 所示。

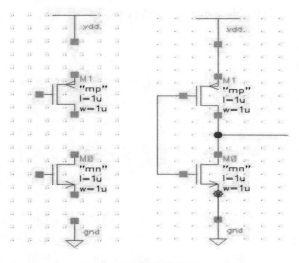

图 5.11 放置元器件并完成连线 　　　　图 5.12 "File" 菜单

此时可发现电路图检查未发生错误（error），但有 2 个报警（warning）。报警一般涉及设计过程中的一些小问题，大部分情况下不影响主体设计，但也是必须设法去除的。在 CIW 界面中可以看到详细的报警信息，如图 5.13 所示。

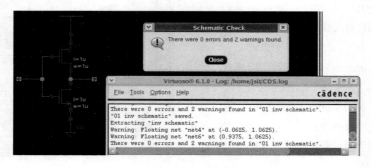

图 5.13 报警信息

从图 5.13 可以看出，第一个报警显示的是 "Floating net "net4" at（-0.0625，1.0625）"，意为名为 net4 的连线有一端悬空，这在正常电路中是不允许的。第二个警报类似。报警的具体位置在提示中都用坐标显示，同时也可以在电路图中找到，所有报警处都以黄色的方块标出。这 2 个报警实际上归结于 1 个原因，即整个电路没有输入/输出端。输入/输出端对于电路设计有重要意义，因此为保证电路完整性还需给电路加入输入/输出端。

在 "Create" 菜单中选择 "Pin" 选项，打开 Add Pin 界面，如图 5.14 所示。

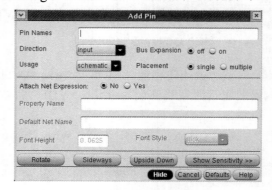

图 5.14 Add Pin 界面

在 Add Pin 界面中，在"Pin Names"文本框中输入端口名称；在"Direction"下拉菜单中选择类型，如果是输入端则选择 input，如果是输出端则选择 output，如果既是输入端又是输出端则选择 InputOutput，选择后将鼠标指针放在悬空连线端口处，再使用"Check and Save"选项对电路图进行检查，此时报警消除，电路图完成。最终完成逻辑如图 5.2 所示的反相器电路。

采用同样的方法可以完成图 5.3、图 5.4 所示的与非门、或非门等其他基本逻辑门的电路图输入。

在逻辑门的电路图输入过程中尽量采用已有库中的相同或相似单元。所谓已有的库可以是设计者自己建的库，也可以是 Cadence 自带的库。下面以 Cadence 自带的 sample 库中的二输入端与门单元为例，讲述一种快速、简单的逻辑图输入方法。首先在设计者自建的逻辑库 D508SC1-1 中新建一个二输入端与门单元，单元名称为 AND2；然后打开 sample 库中的 AND2 单元的 cmos_sch View（这个视图格式就是 schematic）；把以上两个逻辑图编辑窗口放在一起，如图 5.15 所示。

然后把在 sample 库中打开的 AND2 单元编辑窗口中的所有元器件都选上，利用"COPY"命令，把选上的内容放到 D508SCH 库中正在编辑的 AND2 窗口中，如图 5.15 所示，这样就可以方便地建立 AND2 的逻辑电路图。

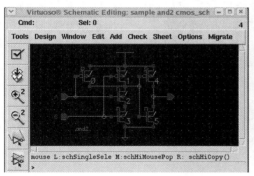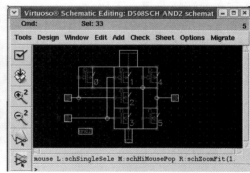

图 5.15　采用复制方式建立 AND2 逻辑电路图

5.2　CMOS 反相器版图绘制

5.2.1　版图的设计规则

扫一扫看版图的设计规则微课视频

扫一扫看版图的设计规则教学课件

集成电路版图的设计归根到底是设计电路，只不过是在完成了电路搭建后用物理版图将它实现，所以虽然版图设计是集成电路设计的关键，形式上也和普通电路设计有很大的不同，但版图设计最终还是为电路服务的。在版图设计时一定要考虑版图所对应的具体的电路结构、电路工作情况、电流电压等因素。版图和电路综合考虑，才能在设计版图时减少错误，避免设计时因电路问题出现大量返工现象。

除了要考虑版图和电路的匹配优化，版图设计过程中还需要考虑工艺规范。因为设计的内容必须是晶圆厂能够生产出来的，如果设计的内容，晶圆厂无法生产，那么设计的产品就不能实现，不能实现的设计是没有意义的。要让晶圆厂能够生产，那么在版图设计时就必须要参照工艺厂商提供的工艺标准来进行设计。

在集成电路生产过程中，根据工艺水平的发展和生产经验的积累，总结出一套作为版图设计必须遵循的规则，这种设计规则是由几何限制条件和电学限制条件共同确定的版图设计的几何规定。集成电路设计公司在与晶圆厂签订了加工合同后，由晶圆厂向设计公司提供具体的设计规则和技术文件。绘制版图前必须要对圆片厂提供的规则指导书进行详细的阅读，这样才能减少版图绘制过程中的错误，减少后期的错误修改工作。

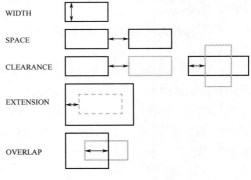

图 5.16　版图设计规则

版图设计规则主要包含：宽度（WIDTH）限制、间距（SPACE）限制、间隙（CLEARANCE）限制、扩展（EXTENSION）限制和交叠（OVERLAP）限制，如图 5.16 所示。

1．宽度限制

无论是有源区宽度、金属线、多晶硅还是阱区都有宽度的限制，这个宽度限制通常是对最小宽度的限制，绘制版图时图形不能超过规定的最小宽度。但注意最小宽度和特征尺寸不同。例如，特征尺寸为 0.5 μm 的工艺，其中各个不同图层的最小宽度不一定都是 0.5 μm；当然对于宽度的上限视器件和工艺不同也会有所限制。

2．间距限制

间距限制主要是指同一图层之间的最小间距限制。通常这个间距不会小于最小线宽。

3．间隙限制

间隙限制主要是指不同类型图层之间的最小间距。此类情况主要有两种：一种是两个不同图层各自分开，它们的间距称为间隙；另一种是两种图层有相交部分，相交处和单层边缘的间距也称为间隙（也有的工艺规则称为延伸）。对于不同情况，间隙限制也是不同的。

4．扩展限制

在集成电路版图设计中经常会出现一个图层包围另一个图层的情况，在这种情况下，外部图层和内部图层的间距称为扩展。扩展的尺寸也是有一定规定的。

5．交叠限制

当两种图层交叠在一起时，重合的部分称为交叠。交叠要注意和间隙区分开来。当然，不同的工艺厂商所提供的工艺规则也是有所不同的，但主要的设计规则是不变的，如果某些工艺厂商提供的规则超出以上内容或表述方式上略有不同，也不要觉得奇怪。另外，即便是同一条规则，对于各个图层也不尽相同。例如，同样是最小宽度限制，多晶层和阱区是不同的。此外，即便是同一层的同一条规则，如果使用的目的不同，规则也会不同，如多晶层作为 MOS

场效应管的栅极使用和作为电阻使用时，对最小宽度的要求也是不一样的。这两点务必注意。正确绘制版图需要在绘图前详细阅读工艺规则指导书。

表 5.3 列出了本书内容层次 1 中所采用的 0.5 μm 工艺的主要设计规则，在后面的版图设计中将会一直遵循，初学者要多加理解和记忆。

表 5.3　0.5 μm 工艺的主要设计规则

设计规则名称		具体数值	设计规则名称		具体数值
N 阱 nwell	nwell 包 P+	1.5	一铝 metal1	条宽	0.6
	nwell 包 N+	0.4		间距	0.6
	nwell 距阱外 N+	2.1		宽度大于 10 的 metal1 的间距	1.1
	nwell 距阱外 P+	0.8		包 contact	0.3
有源区 active	条宽	0.5	多晶 poly	条宽	0.5
	PMOS 沟道中的宽度	0.6		间距	0.5
	NMOS 沟道中的宽度	0.5		栅出头	0.55
	同类型有源区间距	0.8		场区多晶距有源区	0.1
	不同类型有源区间距	1		多晶包 contact	0.3
二铝 metal2	条宽	0.7	通孔一 via	大小	0.55×0.55
	间距	0.65		间距	0.6
	宽度大于 10 的 metal2 的间距	1.1		Metal1 包 via1	0.3
	包 via1	0.3	P 型有源区掺 架区	包有源区	0.5
接触孔 contact	大小	0.5×0.5			
	间距	0.5	N 型有源区掺 杂区	包有源区	0.5
	有源区孔距	0.4			

注：表 5.3 中 P 型有源区掺杂区 pselect 和有源区 active 共同形成的 P 型有源区，用于形成 PMOS 管；同样 N 型有源区掺杂区 nselect 和有源区 active 共同形成的 N 型有源区，用于形成 NMOS 管。

5.2.2　建立版图文件

扫一扫看建立版图文件教学课件　扫一扫看建立版图文件微课视频

在 CIW 界面选择"File"→"New"→"Cellview"选项，这和新建电路图文件相同。然后，在打开的界面中，文件名和电路图文件名相同，在文件类型"Type"下拉菜单中选择"layout"选项，其他设置都不变，如图 5.17 所示，这样就创建了一个版图文件。

创建完成后会打开 Layout Suite Editing 界面，此界面和电路图绘制界面类似，如图 5.18 所示。除了 Layout Suite Editing 界面外，LSW（Layout Select Window）界面也会一并打开，如图 5.19 所示。

图 5.17　新建版图文件

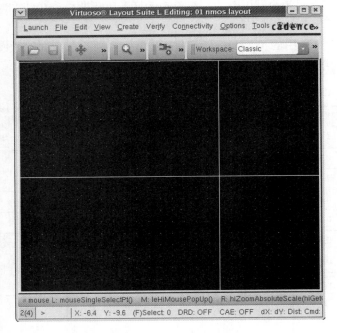

图 5.18　Layout Suite Editing 界面　　　　　　图 5.19　LSW 界面

　　LSW 作为图形选择工具对于版图的绘制相当重要，LSW 图形的层次、定义和设定会在后面的详细介绍，在此处只要学会使用它就可以了。在 LSW 界面中可以看到已设定了不同的图层，在绘制版图过程中需要用的图层都在 LSW 中进行选取。LSW 界面中常用的几个按钮是 AV、NV、AS、NS 等，其中 AV 即 All Visable，NV 即 None Visable，AS 为 All Select，NS 为 None Select。LSW 的选择会直接反映到 Layout Suite Editing 界面中。例如，当 poly 变暗不显示时，在 Layout Suite Editing 界面中即不显示多晶层。

5.2.3　绘制版图

　扫一扫看绘制版图操作视频　　　扫一扫看电路图层与 symbol 的建立、descend view 及验证电子教案　　　扫一扫看绘制版图教学课件

1. MOSFET 结构

　　不管是多复杂的电路，都是由一个个的元器件组合而成的，要绘制电路版图首先要绘制元器件版图。而这些元器件版图都会在电路图中反复用到，所以可以将绘制好的元器件版图保存下来，形成一个元器件版图库以供后面绘制其他电路版图时使用。

　　要绘制 CMOS 反相器版图首先要绘制 NMOS 场效应管和 PMOS 场效应管的版图。以 NMOS 场效应管为例，结合工艺流程来看 MOSFET 结构与层次，如图 5.20 所示。

　　N-MOSFET 结构与层次自下而上分别是：衬底、N+区（源漏区）、栅氧化层、多晶层，当然通过工艺

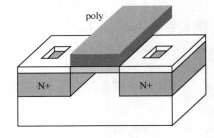

图 5.20　MOSFET 结构与层次

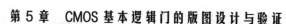

的学习还知道如果要进行布线，在多晶层制作完成后，还需要进行介质淀积和开孔，并淀积金属层。

在集成电路版图绘制过程中首先要清楚上述层次，但要注意上述层次结构并不是所有图层都会在版图绘制中体现，此外有些图层会根据实际工艺制作流程也会有所变动。

2．物理层与版图图层的关系

参照 LSW 可以看到，首先对于版图绘制来讲，衬底通常是不做专门图层设定的，版图的图纸就是衬底。

源漏区域在版图设定上是和实际物理层次区别最大的地方，在工艺上 CMOS 集成电路都是采用自对准工艺来制作源漏掺杂（具体参照相关半导体制造工艺书籍）。源漏的掺杂首先是在需要掺杂的区域淀积 SIN，其余的部分则先进行隔离氧化，此时被氮化硅覆盖的部分不会被氧化到，去除氮化硅并完成了栅氧和多晶后再对原先被 SIN 覆盖的区域进行掺杂，从而形成源漏区。此时被 SIN 覆盖的部分称为有源区（active），这个区域在版图绘制上是有专门的图层的。但对于有源区本身来讲，它并没有规定掺杂类型，所以针对不同的掺杂类型还需要在绘制有源区后再定义 N 型选择性掺杂区（nselect）和 P 型选择性掺杂区（pselect）。这样一来源漏区域实际上就有了 3 个图层。

栅氧、介质等氧化层在版图设计时通常不做专门的图层设定，一来 SiO_2 是一种透明材料，在版图上体现不出来；二来在集成电路制造中，用到氧化层的区域基本也是固定的，基本不需要专门进行绘图规定。

多晶硅层（poly）的物理层和版图图层是对应的。

如果还需要加上引线，那么还会有一层金属层（metal）。对于复杂的集成电路通常有多层布线，此时金属层也分为多层（metal1、metal2 等）。无论是单层金属层还是多层金属层，金属的版图图层和物理层是对应的。

在实物图上，为了连接金属和底层半导体材料，除了上述的各个层次外，还有在氧化层上开设的通孔，在物理意义上通孔不属于单独的物理层，但在版图绘制中必须把它标出，那么也需要给这些通孔设定一个单独的接触孔图层（contact）。当然多层金属层之间也是要通过孔来相连的，这个孔和金属与半导体接触的孔有区别，它的图层名称是通孔（via）。

3．版图绘制的一般流程

绘制集成电路版图一般来讲分为以下 3 个步骤。

（1）参照电路元器件类型及参数绘制元器件版图。在绘制元器件版图时，一是要注意版图是否正确反映了元器件的引脚和特性，如三极管 e、b、c 极是否明确，MOS 场效应管 S、D、G 极是否都有等；二是这些元器件的尺寸是否符合电学参数，如 MOS 场效应管的宽、长，三极管发射区面积等。

（2）布局。将绘制好的元器件放在恰当的位置，满足一定目标函数。在布局过程中要考虑很多问题，第一是要确定各个元器件的位置，在布局时能够尽量减小芯片占用面积，以达到在最小的面积内尽可能多地摆放元器件的目的，当然，前提是不能违反设计规则；第二还要考虑电路图中元器件的连接关系，确保布局合理，能够正常执行电路功能；第三还要考虑元器件的布局能够方便后面的布线操作，使电路布线最简化。

（3）布线。根据电路的连接关系（连接表），在指定区域（面积、形状、层次）百分之百地完成连线。布线主要要考虑布线是否均匀、连线长度是否合理、能否布通，以及能否减小寄生效应等因素。

4．绘制 NMOS 场效应管版图

了解图层基本概念和绘制流程后，就可以按照图层来进行 NMOS 场效应管版图的绘制了。

Layout 一共有 6 种对象：Rectangle、Polygon、Path、Label、Instance、Array，它们都在"Create"菜单中。

（1）Rectangle 为产生矩形。

（2）Polygon 为产生多边形。

Layout 中是以点的坐标来记录图形的，Rectangle 和 Polygon 记录的是中心线的拐点坐标。其实，Rectangle、Path 都可以看作 Polygon 的不同表达方式。Rectangle 是四边形的 Polygon，Path 是等宽的 Polygon。不过 Polygon 这个命令却并不常用，因为 Layout 中的图形都有尺寸限制，但是绘制 Polygon 时又不便测量，需要绘制完后再做测量，从而会降低绘制 Layout 的速度。

默认状态下，所有图形的边都是垂直或平行于坐标轴的。这样做可以保证所有的坐标都落在网格 Grid 上，如果需要使用斜线，一般也是 45° 或 135° 的线。除非特殊用途，非 45° 倍数的角度是不允许的。设计者可以在 Create Path 或 Polygon 的选项窗口中找到调节角度的选项"Snap Mode"，如图 5.21 所示，它共包含了 5 个选择：Orthogonal、Diagonal、Anyangle、L90XFirst、L90YFirst。

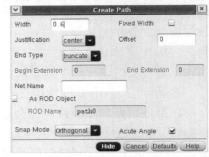

图 5.21　Path 的选项窗口

（3）Path 为等宽线。

执行命令后按 F3 键，打开 Option 窗口，在这个窗口中可以更改等宽线参数，这里可以看到默认的等宽线宽度为 0.6 μm，利用等宽线绘图能够加快作图速度及避免图形宽度画错。顺便提一下，Virtuoso 的大部分命令都有对应的 Option 窗口。有些命令执行时会自动打开窗口，有些则需要按 F3 键才会打开。

（4）Lable 为产生文本。

这个命令产生的文本只是个标志，不是图形，因此在实际制造中是没有这部分内容的，换句话说，这个命令只是给设计者和用户提供标志使用，本身不会对设计的内容产生任何影响。在 Layout 中打字通常是出于两个目的：一个是添加注释，如标注电源线和地线的走线、标注信号线的走线、标注器件名称等，方便自己或他人读图；二是标注电路的输入/输出引脚，用以验证 LVS。

（5）Instance 用于调用已经存在的版图单元。

在单元调用时需要注意两点：一是尽量调用本库中的单元，虽然单元调用可以跨库，但一般不建议这么做，以免库管理混乱；二是调用的单元可以同时被调用和复制，这里可以采用 array 阵列的方式来调用，分别设定行数和列数即可调用多个重复单元。

在了解绘图图形定义后，下面进行版图的绘制。首先选取 LSW 中的 active 层，然后选择菜单栏中"Create"→"Shape"→"Rectangle"选项，如图 5.22 所示，在 Layouts Suite Editing 界面中拖动鼠标，出现长方形的 Active 区域。注意菜单选项后的数字，在 Rectangle 后是小写的 r，该字母即为此命令的快捷键，以后如要再次绘制长方形，可直接按 R 键来进行命令的操作，而不必再次去菜单中选取，这样对于版图的绘制能够便捷许多。

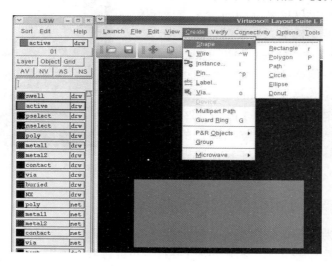

图 5.22　图形绘制

因为绘制的是 NMOS 场效应管，源漏区域应该是进行 N 型掺杂的，故在 LSW 中选择 nselect，再在 Layout Suite Editing 界面中画出 nselect 区域并包围所有的 Atcive 区域，注意包围时要参照工艺规范来画出包围区域。此时是全部包围有源区，也就是说在工艺中进行掺杂时会对所有有源区部分进行掺杂。画完 nselect 选择区后，再用同样的方法画出多晶层。最后用同样的方法画出接触孔和金属布线。对于相同的金属布线和接触孔在画完一个后可以采用复制的方法进行绘制，这样可以减少工作量，并保持开孔和线条的一致性。

初步完成的 NMOS 场效应管的版图如图 5.23 所示，但绘制过程中忽略了版图的尺寸，为了使版图尺寸和元件参数对应，还需要对版图加以修改。修改版图主要用到"Edit"菜单，菜单中常用的选项有取消上步操作（Undo）、重复操作（Redo）、移动（Move）、复制（Copy）、拉伸（Stretch）、删除（Delete）和旋转（Rotate），如图 5.23 所示。这些操作可以在菜单中选择，也可以在快捷菜单栏中进行选择，当然和创建菜单一样这些操作也是有快捷键的，相应的快捷键在菜单中有备注。

为了获得图形的详细尺寸，还需要用标尺来进行尺寸测量。在 Layout Suite Editing 界面

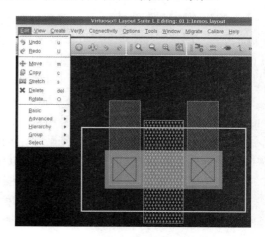

图 5.23　NMOS 场效应管的版图

中，可以看到呈现网格状的点阵，这些点阵默认一格为 1 μm×1 μm。所以在绘图时可以参考点阵来了解目前的尺寸。如果要得到更精确的尺寸，可以选择"Tools"→"Create Ruler"选项（快捷键为 K）对图中所有的元器件进行标尺测量和标注。但要注意这个标尺仅仅是绘图的参考，标尺本身并不会存入视图文件中。如果需要清除标尺则可以选择"Tools"→"Clear All Rulers"选项。标尺的单位是与网格的格点对应的，所以默认情况下标尺的单位为微米（μm）。但要注意的是如果网格格点规定不是 1 μm×1 μm，那么标尺的单位也要随之而变化。在格点和标尺的测量下，参照设计手册中的设计规则将 NMOS 场效应管的版图绘制完成，如图 5.24 所示。

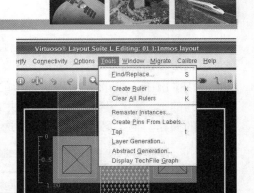

图 5.24　通过标尺工具调节图形

5. 版图与电路及工艺对比

绘制完成后，为了确认版图无误，并加深对版图的理解，将版图与电路及工艺图进行对比，看所绘制的版图是否与电路图相吻合并符合设计参数，如图 5.25 所示。

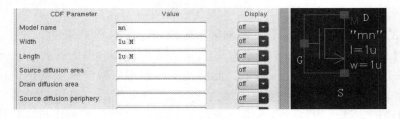

图 5.25　MOS 器件的主要参数

首先看电路器件的要求：该器件分别有 3 个输入/输出端：S（源极）、D（漏极）、G（栅极）。此外，还有两个尺寸参数要求：沟道宽、沟道长都为 1 μm。

再来看实物图的情况：如图 5.26 所示，N+掺杂区所有部分即为源漏区域，而多晶硅只有在有源区之上的部分才是 MOS 场效应管的栅（G）极区域。由于制造工艺中采用自对准工艺，所以进行 N 掺杂时多晶会作为掩蔽层阻挡掺杂。在栅极下面未被掺杂的衬底部分就是 MOS 场效应管的沟道区域了，沟道的宽、长都在图中表示出来了。此处有源区的宽度等于沟道宽度，多晶的宽度也等于沟道长度，所以在确认沟道宽、长时只要确认有源区和多晶宽度即可。

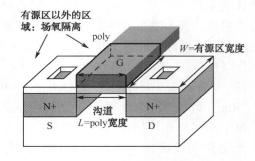

图 5.26　MOS 器件参数与工艺对应关系

元器件以外的区域，也就是处于有源区以外的区域，从工艺知识可以知道，这些区域都是隔离用的场氧化区域。器件端口和参数都和电路图吻合。

最后来看版图：工艺上考虑的的是剖面（侧视图），版图方面则考虑更多的是平面（俯视图），但两者描述的对象是相同的。在绘制的版图中，有源区和 nselect 或 pselect 交叠处即为 MOS 场效应管的源漏区域，多晶和有源区交叠处的下层衬底为 MOS 场效应管的沟道区，和实物图一样有源区的宽度和多晶的宽度分别等于沟道的宽度和长度，多晶和有源区交叠处的多晶层作为 MOS 场效应管的栅极。如图 5.27 所示，黑色区域未画图层，但从工艺知识可以了解黑色区域是场氧化隔离区域。此处要注意 nselect 区域不仅仅覆盖了有源区，还覆盖了部分场氧化区域，这样做主要是因为要避免工艺上套准时的误差导致有源区掺杂不全的问题。这个选择性掺杂覆盖场氧化区域的尺寸，工艺厂商会给出设计规范，考虑到掺杂到场氧化区域上的杂质会造成负面影响，所以这个尺寸要尽量控制到最小，以不违反设计规则为准。器件端口和参数也与实物及电路吻合。

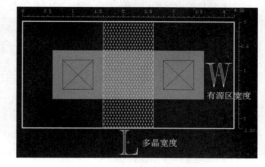

图 5.27　场氧化隔离区域

6. 完成 CMOS 反相器版图

MOS 场效应管版图确认无误后保存文件，然后用同样的方法绘制 PMOS 场效应管版图，这样就完成了反相器所有元器件的绘制。由于 CMOS 反相器连接的元器件尺寸一致，只是掺杂杂质改变了，因此，可以复制 NMOS 场效应管版图来使用，只要修改选择性掺杂的 nselect 为 pselect，然后添加上 N 阱区域即可。

元器件版图完成后要进行元器件的布局，反相器由于只有两个器件，布局比较简单，考虑到电路的连接，将两个 MOS 场效应管上下放置，放置的同时在不违反设计规则的前提下，尽量将两个元器件靠近放置，一来减小芯片面积，二来也可减小相应的寄生效应。

元器件放置完成后，参照电路原理图，进行版图布线。反相器输入部分在电路上是两个 MOS 场效应管栅极连接而成的，版图中采用多晶硅直接相连来完成这一电路连接。作为两个 MOS 场效应管的栅极部分的多晶，由于受到 pselect 或 nselect 的掺杂，具有较好的导电性能，可替代金属作为 MOS 场效应管的栅极使用，而在两个 MOS 场效应管之间的用于连接的多晶并未被 nselect 或 pselect 覆盖，但在工艺上，制作多晶层后，总是会跟随多晶掺杂步骤，所以在版图中所有用到的多晶都是经过掺杂可直接作为导体来使用的。同时在多晶上开孔（此处通孔是开在多晶层之上的介质层上）用金属层连出作为输入端，完成电路中的输入线路。最终完成的两个 MOS 场效应管的版图如图 5.28 所示。

电路输出部分的两个 MOS 场效应管的漏极相连，在版图上是两个 MOS 场效应管的掺杂有源区开孔后由金属层连出作为输出端，完成电路中的输出线路。

两个 MOS 场效应管的源端在电路上分别接 VDD 和 GND，在版图中分别在另外一端掺杂有源区开孔后，由金属层连出，如图 5.29 所示。当然第一次绘制的版图中还存在很多问题，怎样检验、判断和分析版图中的错误和问题会在下一节中进行介绍，这里不妨先考虑一下。

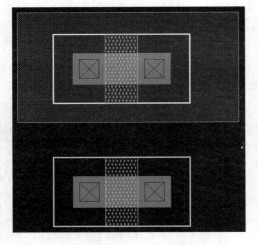

图 5.28　PMOS、NMOS 场效应管的版图

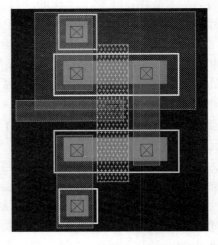

图 5.29　根据电路完成连线及版图绘制

5.3　反相器版图提取及物理验证

扫一扫看 Cadence calibre 验证、EXT 提取、DRC 与 LVS 验证规则及作用电子教案

在第 1 章中已经介绍了版图验证的概念，并且提到了几种版图验证的工具，本节介绍基于 Diva 工具的版图验证。

需要提到的是，Diva 中各个组件之间是互相联系的，有时候一个组件的执行要依赖另一个组件先执行。例如，要执行 LVS 就先要执行 DRC。在 Cadence 软件系统中，Diva 集成在版图编辑程序 Virtuoso 和线路图编辑程序 Composer 中，在这两个环境中都可以激活 Diva。在运行 Diva 前，还要准备好规则验证的文件。可以把这个文件放在任何目录下，这些规则文件的写法下面会专门进行说明，也会给出例子。这些文件有各自的默认名称，如做 DRC 时的文件应以 divaDRC.rul 命名，版图提取文件以 divaEXT.rul 命名，做 LVS 时的规则文件应以 divaLVS.rul 命名。

5.3.1　版图设计规则验证 DRC

扫一扫看版图设计规则验证 DRC 操作视频

扫一扫看 CMOS 单元门版图 dracula DRC 验证电子教案

扫一扫看版图设计规则验证 DRC 教学课件

使用 Diva 工具集对版图进行验证时由于工具集的关联性，首先要进行验证的就是 DRC 验证，即设计规则验证。而要进行 DRC 规则验证，必须要有相关规则文件。这些规则文件都是用 skill 语句编写的，具体的编写规则这里就不详细介绍了，可以参考相关参考资料来了解设计规则文件的编写。在计算机中都会有编写好的设计规则文件，针对设计公司，一般工艺厂商也会提供这些标准规则文件，这些文件都是比较完善的，也是不允许随意改动的，只需将它们复制到自己建立的库目录下，后面需要用到时直接使用就可以了，如图 5.30 所示。操作过程是，打开 Terminal，输入命令"cp　diva*.rul　库路径"。

图 5.30　复制规则文件

其中，"*"为通配符，通过通配符将所有 Diva 子集的验证文件全部复制，路径为自己创建的设计库路径。之后用 cd 命令进入库目录查看，可以看到 divaDRC.rul、divaEXT.rul、divaLVS.rul 3 个文件已经复制完成了。

复制好规则文件后就可以进行版图 DRC 验证了。在 Layout Suite Editing 版图编辑环境中，选择"Verify"菜单，上面提到的 Diva 工具都集成在这个菜单下，选择第一个子菜单"DRC"，打开 DRC 界面，如图 5.31 所示。

图 5.31　设计规则验证界面

在图 5.31 中，单击"Switch Names"文本框后的"Set Switches"按钮，打开层次检查界面，在此界面中列出了进行 DRC 检查的各个层次的名称。可以分别对各个层次进行设计规则检查，也可以选择"all"选项，对所有层次一起进行设计规则验证。此外，还可以通过按住 Ctrl 键进行多层检查。通常情况下选择"all"选项进行全图检查。如果版图比较复杂，在一次全图检查中出现较多错误的话，为了方便查找错误并解决问题，可以在消除报警后做单层的逐层检查。

图层选择完成后单击"OK"按钮，被选择的图层就出现在 Switch Names 中了。Rules Library 会自动变为当前库，如果不是则需输入库名称。库名称确认无误后，在"Rules File"文本框中输入 divaDRC.rul，也就是 DRC 验证的规则文件。在"Machine"中选中"local"单选按钮，让 DRC 在本机做校验。单击"OK"按钮开始 DRC 的验证。

DRC 验证完成后，版图中有不符合设计规则的部分会在图中以闪烁的白色框体框出。如图 5.32 所示。

此外，CIW 界面中会列出 DRC 的执行过程、参数和结果，并会给出总结报告，如图 5.33 所示。

由于信息比较多，此处只看结尾处的报告。这个报告中可以看到，违

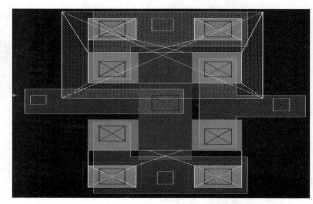

图 5.32　DRC 验证检查出违反设计规则的图形

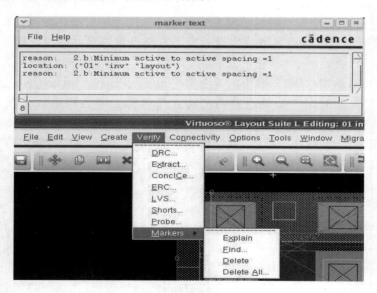

图 5.33　CIW 界面中对错误之处的报告

反设计规则的错误一共有 18 处：2 处阱区最小宽度错误，4 处阱区包围 P 扩散区错误，8 处有源区最小宽度错误，4 处有源区最小间距错误。也可以在 Layout Suite Editing 界面中选择"Verify"→"Markers"→"Explain"选项，然后选择 Layout Suite Editing 界面中闪烁的错误区域，此时会打开相应的错误报告，如图 5.34 所示。

图 5.34　在版图中纠错

确认错误后，选择"Verify"→"Markers"→"Delete All"选项，去除所有错误标志，再使用"Edit"菜单和"Tools"菜单中的标尺"Create Ruler"（Clear All Rulers）进行修改完

善，直至最终 DRC 检查没有错误。

一般来讲，在绘制版图的过程中如果严格参照设计手册来进行版图绘制的话，是不会出现过多的 DRC 错误的，如果出现大量错误，就说明在绘制版图的过程中没有严格参照设计规则来进行绘制，这样就会带来大量的修改工作，有时候工作量比重新设计还要大，所以绘制版图时严格参照设计规则非常重要。

尽管如此，在设计过程中由于版图图层的关联性、设计内容的复杂程度等因素，出现错误是在所难免的，有错误出现也不要害怕，按照查错修正的方法一步步进行，就能将错误一一消除了。

扫一扫看版图提取 EXT 教学课件

扫一扫看版图提取 EXT 微课视频

5.3.2 版图提取 EXT

在版图绘制完成后，为了进行版图和电路图对比验证（LVS），首先要对版图进行提取，通过版图提取（extraction）可以将版图中的电子元器件、线路等内容提出。

版图的提取实际上就是按照一定的规则定义，分辨出版图中的电学元器件和导线及它们之间的连接，然后将这些内容重新绘制出来的一个过程。只有经过提取的版图，Cadence 软件才能够将版图和电路图进行对比。

在 Diva 工具集中，版图提取的规则也是用 skill 语言编写成一个规则文件，名称为 divaEXT.rul。和 DRC 验证一样，这个文件也要放在设计库根目录下才能使用。这个文件在之前复制 divaDRC.rul 时就已经通过通配符复制了，所以在这里不需要重复进行复制。

规则文件复制好之后，就可以进行版图提取了。在 Layout Suite Editing 界面中选择"Verify"→"Extract"选项，打开提取菜单窗口，如图 5.35 所示。

在图 5.35 中，设置"Extract Method"为"flat"，代表提取全部器件及导线；选中"Echo Command"复选框表示在执行提取版图的同时在 CIW 界面中显示 EXT 文件；在"Rules File"文本框中输入 divaEXT.rul；设置"Rules Library"为自己创建的库的名称；"Machine"选择本机运行。选择完成之后，单击"OK"按钮就可以进行版图提取了。

图 5.35 版图网表提取界面

版图提取完成后，系统会生成一个视图文件（view），view 的类型为 extracted，那么到目前为止，在反相器单元（inv cell）下就有了 schematic、layout、extracted 3 个视图文件。可以打开 extracted 视图文件查看提取情况，如图 5.36 所示。

在图 5.36 中，将端口、多晶层、元器件、开孔及金属全部显示出来了。

在提取图中哪些内容显示，哪些内容不显示，显示内容的形式、名称都可以在 divaEXT.rul 中进行修改。

将图 5.36 放大，可以看到电路中用到的两个器件 PMOS 场效应管和 NMOS 场效应管已经被提取出来了，如图 5.37 所示。

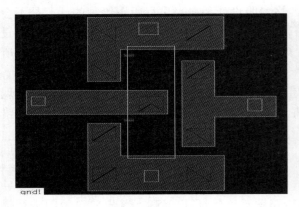

图 5.36　提取后的版图　　　　　　　　　图 5.37　版图中提取出来的 PMOS 场效应管

同时可以通过选择 Layout Suite Editing 界面中的"Options"→"Display"选项来显示提取图连线情况，在打开的 Display Options 界面中的"Display Controls"选项组中选中"Nets"复选框，如图 5.38 所示，然后单击"OK"按钮。

此时可以看到元器件和各个端口的连线情况，如图 5.39 所示。

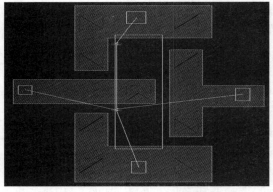

图 5.38　版图显示选项　　　　　　　　　　图 5.39　版图中的连线显示

从提取的图片来看，提取是成功的，元器件和线路及电路图的匹配情况较好。当然看比较复杂的版图连线时很难看清楚线路连接关系，此时可以直接看连接层图形来确定连接关系。

5.3.3　电路版图对比 LVS

扫一扫看 CMOS
单元门版图
dracula LVS 验证
电子教案

扫一扫看
电路版图
对比 LVS
教学课件

在版图和线路图的准备工作完成后就可以进行 LVS（Layout Versus Schematic）了。选择"Verify"→"LVS"选项，打开 Artist LVS 界面，如图 5.40 所示。

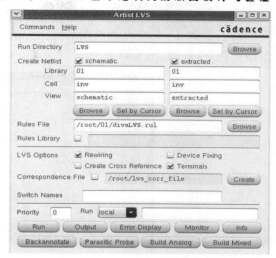

图 5.40　LVS 运行界面

　　其中，第一个选项为运行文件夹，LVS 的结果都会保存在这个文件夹中。下一个选项为选择进行比较验证的两张 view 视图，从视图文件类型其实可以看出，LVS 在 Diva 工具集中实际上对比的并不是电路文件（schematic）和版图文件（layout），而是电路文件和提取文件（extracted），所以真正意义上，LVS 应该是 SVE。在"Library""Cell""View"文本框中分别输入正确的名称，如果不太清楚可以通过 Browse 来进行选取。在下一个选项"Rules File"文本框中输入 LVS 规则文件的路径和名称（注：这里的路径可以根据 Cadence 软件系统安装、用户名设置等实际情况进行修改），然后单击"Run"按钮运行 LVS。如果版图中没有太大错误，会弹出运行成功的提示，如图 5.41 所示。

图 5.41　LVS 运行成功提示

　　当然出现这个提示只是表示版图中没有比较严重的错误，但并不能说明 LVS 验证成功。具体 LVS 情况可以通过单击"Output"按钮来进行查看，如图 5.42 所示。

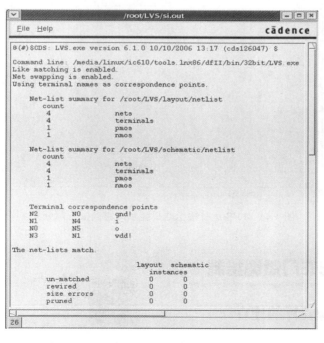

扫一扫看电路版图对比 LVS 微课视频

图 5.42　LVS 运行输出结果显示（摘要部分）

LVS 结果是保存在名为 si.out 的文件中的，可以调用这个文件来检查 LVS 结果。从结果中可以看到 LVS 分别把版图和电路图的元器件、端口和连线的数目显示出来了，继续将滚动条往下拉，如图 5.43 所示。

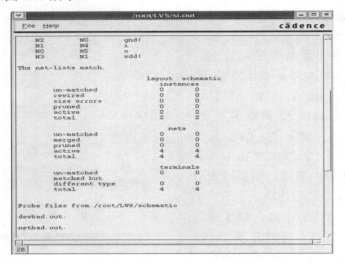

图 5.43　LVS 运行输出结果显示（匹配部分）

从图 5.43 中可以看到版图和电路之间的匹配情况。版图和电路中有错误的地方也会在 LVS 结果中显示，如图 5.44 所示。

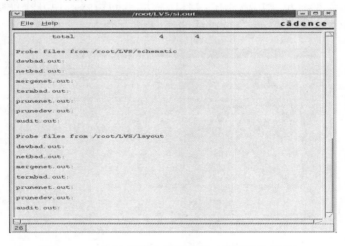

图 5.44　LVS 运行输出结果显示（错误报告部分）

5.4　CMOS 与非门版图绘制

5.4.1　设计单元库的建立

绘制版图的第一步是绘制电路所需要用到的元器件。在集成电路设计中，同一元器件

经常会被反复用到，如果每次用到都需要重新绘制，那么就会增加很多工作量。实际上可以先将需要用的元器件画好，在后面的使用中直接调用就可以了。这样可以提高工作效率节约时间。这个用来存放元器件单元的库也就是设计单元库。

在目前的电路设计中用到的都是宽长比为 1：1 的 MOS 器件，所以只要按照元器件尺寸和设计规则将 1：1PMOS 器件和 NMOS 器件画好，这样后面调用起来就比较方便了。这点比较重要，工艺厂商给出的 PDK 中往往都有现成的元器件标准版图，设计者只需要进行调用，而不需要专门另行绘制，如果不是特殊情况，一般不建议自己再去绘制这些元器件版图。

5.4.2　元器件的摆放和布局布线

扫一扫看元器件的摆放和布局布线教学课件

扫一扫看元器件的摆放和布局布线微课视频

元器件版图画完后，在搭建电路版图时就可以采用复制的方法调用这些元器件。在 CMOS 与非门电路中，一共用到了 4 个 MOS 器件、2 个 PMOS 器件和 2 个 NMOS 器件。首先将画好的 4 个 MOS 器件复制到与非门版图，并在 PMOS 器件外围画好 N 阱区，根据设计规则要求，掺杂扩散区到阱区的最小距离是 1.5 μm，这里设置为 1.7 μm，最大限度地利用芯片面积并为设计留有一定容限，如图 5.45 所示。

图 5.45 中显示的 4 个元器件分散放置时比较直观明了，那么根据这样的布局直接进行金属布线行不行？不妨来试一下，参照电路图连线，把元器件用金属连接起来，金属层与底层互连处画上接触孔，如图 5.46 所示。

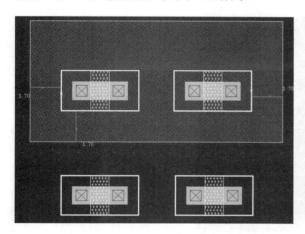

图 5.45　MOS 器件版图布局

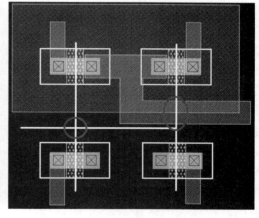

图 5.46　版图布线中会遇到的交叉问题

显然这样的元器件摆放不太恰当，因为金属走线的关系，这样的布局会导致金属布线必然要产生交叉（图 5.46 中画圈处），同层交叉的金属线会导致短路，这样显然是无法布线的。另外，这样布线即便能够布通，也往往会导致金属层尺寸设计余量太小而违反设计规则。

那么用第二层金属来布线吗？如果对于简单的 4 个元器件组成的与非门电路就需要用到两层金属，更为复杂的电路又将如何呢？所以能不用到多层布线尽量不用多层布线，一来可以简化工艺步骤，减少成本，二来也可以为复杂电路布线留有余地。

那么如何摆放这 4 个 MOS 器件呢，在进行元器件布局时又需要考虑哪些因素呢？

在摆放元器件的时候需要考虑以下两个因素。

（1）要根据电路中各个元器件在电路中所处的位置来进行放置。

（2）要考虑在后续进行引线、布线时的布线难易程度。

这里有个原则，能够用多晶层、掺杂区的连接代替的连线，要尽量用多晶层或掺杂区来做，因为多晶层和掺杂区域与金属层不属于同一层面，在布线的时候可以交叉，更方便后面的布线工作。

因为 NMOS 和 PMOS 器件的栅极和反相器一样是共同连接到一起的，那么这里可以采用和反相器版图相同的连法，即把两对 CMOS 器件的多晶硅栅直接相连制作在一起，此时一部分多晶硅作为 MOS 器件的栅极使用，一部分则作为栅极之间的连线来使用，如图 5.47 所示。后面再画电路图中的输入引线 A 和 B 时就可以直接在多晶上开孔引出金属线。

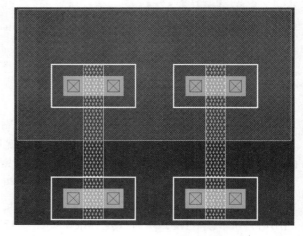

图 5.47　栅极合并共用

此时还余下 4 处导线未连接，它们分别是 VDD、GND、输出端连线（连接 M1、M2、M4 漏极和输出端口）和 NMOS 器件 M3、M4 之间的连线。

VDD 和 GND 的连线比较简单，和前面反相器中的一样，直接用金属线分别连接 MOS 器件源极再加上端口即可，当然由于外部信号输入必然要依靠金属层，所以这两个引线是必须使用金属层的。还有两根连线是否可以避免或尽量少用到金属呢？NMOS 器件 M3 和 M4 之间的连线是两个 MOS 器件的源、漏极相连，那么这里完全可以不用金属线而让两个 MOS 器件一端的源、漏极共用就可以完成连接。而 PMOS 器件 M1 和 M2 之间也是需要连接的，那么也可以将 M1 和 M2 的一端源、漏极共用，如图 5.48 所示。

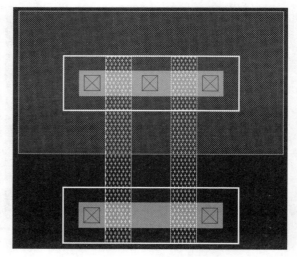

图 5.48　源、漏极合并共用

在图 5.48 中通过布局的改变省略了两对 MOS 器件栅极之间和两对 MOS 器件源、漏极之间的 4 根导线，这就为后面的布线大大提供了方便。M3 和 M4 之间的连接不需要连到电路外部，所以 M3 和 M4 连接处的开孔也可以去除。M1 和 M2 之间由于还需要连接输出和 NMOS 器件的漏端，所以这里还是需要有开孔存在的，以便后面连接金属层。

那么 PMOS 器件的漏端掺杂区能否也采用同样的方法和 NMOS 器件的漏端共用呢？这里要注意，源、漏极共用，只能是在同掺杂类型的 MOS 器件有源区进行，不同掺杂类型的

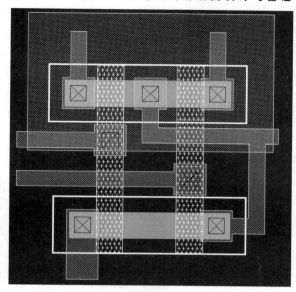

MOS 器件有源区不能共用。如果不同类型共用则会产生一个 PN 结而导致整流效应，当然这样做也违反设计规则，在工艺制造中也无法实现。

元器件放置完成后就可以进行金属布线了。根据电路将金属连线连接完成，如图 5.49 所示。

经过前面元器件的调整，在这张版图中通过一层金属就将连线布通，并且无金属交叉现象。版图绘制完成后选择"Save"选项进行保存。与非门版图中这样源、漏极共用及多晶栅直接相连的画法是很常用的，在后面的版图设计中能够采用这种方法的应尽量采用。

图 5.49　完成金属布线

5.5　与非门版图物理验证

5.5.1　与非门版图 DRC 验证

扫一扫看与非门版图 DRC 验证操作视频

扫一扫看与非门版图 DRC 验证教学课件

完成版图后需要对版图进行验证，首先要做的是 DRC 验证。Diva 工具中 DRC 验证的方法前面已经介绍过了，此处不再赘述，直接看 DRC 的结果，如图 5.50 所示。

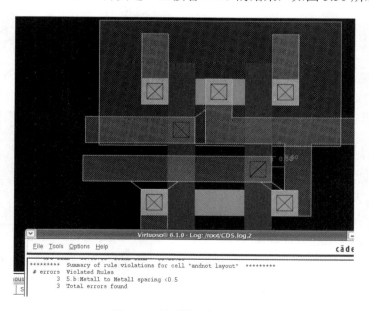

图 5.50　违反设计规则部分

从 DRC 结果可以看到，虽然在版图绘制过程中已经严格按照电学参数和设计规则来设计了，但还是出现了疏漏的地方。CIW 界面中显示的错误共有 3 处，这 3 处错误属于同类型错误，都是金属间的间距小于了 0.5 μm。按照错误提示进行测量，发现此 3 处金属间距分别为 0.4 μm 和 0.3 μm，的确违反了设计规则，下面要对这 3 处的金属层进行修改。但此时发现如果改动此 3 处金属层，则会引起其他地方违反设计规则，遇到这种情况时可以通过修改元器件的位置和尺寸来达到符合设计规则的目的。这里将两个 NMOS 器件往下移动 0.22 μm，再将左边一对 CMOS 器件左移 0.1 μm 后再重新布线，修正后 DRC 验证通过，如图 5.51 所示。

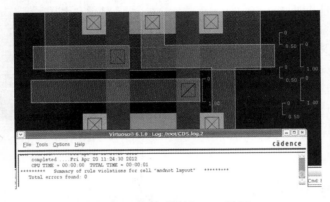

图 5.51　修正后通过 DRC 验证

PMOS 器件和 NMOS 器件之间的间距此时是 3.5 μm，这个距离是在不违反设计规则的前提下的最小间距，如果再缩小，那么势必会导致中间的金属连线违反设计规则。如果增加这个距离，的确不违反设计规则，但是这样一来就会增加芯片面积，就和设计原则违背了。

5.5.2　与非门版图的提取与 LVS

DRC 验证完成后，就需要进行版图参数提取，和前面反相器电路提取一样，在"Verify"菜单中选择"EXT"选项，进行参数提取。然后在 CIW 界面选择"Files"→"Open"选项打开 andnot 单元 extract 视图文件，对提取后的文件进行观察。

在图 5.52 中进行提取元器件和线路的确认。确认无误后进行 LVS 验证。LVS 结果如图 5.53 所示，从该图中可以看到，出现有 2 个错误，一个是 schematic 视图和 layout 视图的线路不一致，在 schematic 视图中共有 6 条引线，而 layout 视图中有 7 条引线，LVS 匹配中显示 merged net；另一处错误是端口 Terminal 错误，在 schematic 视图中有 5 个端口，而 layout 视图中却没有端口。这

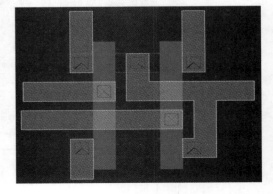

图 5.52　与非门做网表提取后的版图

两个错误在 si.out 文件中分别在对比、匹配和错误报告中显示，如图 5.53 所示。

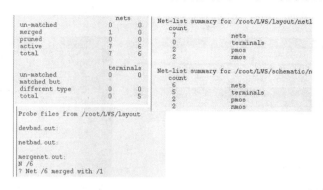

图 5.53　与非门版图 LVS 验证结果

首先来处理 merged net 这个错误。打开提取后的版图提图文件，选择"Artist LVS"中的"error display"选项，此时打开"Artist LVE Error Display"对话框。首先选取"None"选项让选择项目全部为空，然后选中"Merged"选项右侧的"nets"复选框，在"Display"选项右侧的文本框中输入 ALL。此时，错误之处会在提图文件上高亮显示，如图 5.54 所示。

在"Arist LVS Error Display"对话框中会显示错误原因，"Net/6 merged with /1"是指在提取视图中错误所在之处为金属线 VDD 处。对比

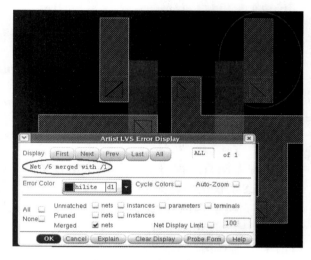

图 5.54　纠正版图中的错误

电路原理图发现电路中两个 PMOS 器件源极是相连的而版图中没有相连，故显示此错误。回到版图，用金属线把两个 PMOS 器件漏极相连后，错误消除。

5.5.3　版图中标签与 Pin 端口的添加

扫一扫看版图中标签（Label）与 Pin 端口的添加教学课件

扫一扫看版图中标签与 Pin 端口的添加微课视频

接下来处理端口（Pin）不匹配问题，在 schematic 中有 5 个端口，而 layout 中并没有画出相应端口，这个问题实际上并不影响版图，但为了纠正 LVS 中的错误显示还是需要对其进行更正的。在版图中添加相应的 Pin 端口，可以生成也可以直接绘制。

第一种方法——直接绘制 Pin 端口

首先回到 Layout Editing 视图，选择"Create"→"Pin"选项，打开"Create Shape Pin"对话框，在"Terminal Names"文本框中输入 vdd! gnd!（注意：由于和默认的电路电源名称匹配，此处 vdd 和 gnd 名称后面需要加上感叹号），如图 5.55 所示。在 LSW 中选择相应的图层，

再在版图中画上矩形 VDD 和 GND 端口，如图 5.56 所示。用同样的方法再绘制出输入/输出端口，在进行端口绘制时一定要和电路图匹配，端口的类型不能弄错。

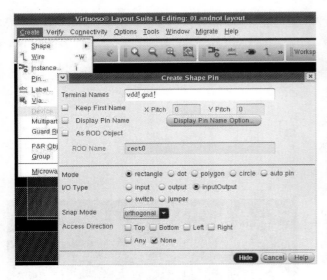

图 5.55　在版图中添加 Pin

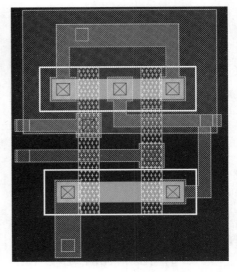

图 5.56　绘制完成的 Pin 端口

第二种方法——通过标签（Lable）生成 Pin 端口

　　这种方法首先要添加相应的文字标志。在 LSW 图层中选择 A1TEXT 图层，如图 5.57 所示。A1TEXT 等其他图层仅仅是作为标志使用，本身并不会真正被制作出来。选择图层后，在菜单栏中选择"Create"→"Lable"选项，打开如图 5.58 所示的"Create Lable"对话框。

　　在图 5.58 中的"Label"文本框中输入相应的端口名称，注意要和 schematic 电路图中的端口名称完全对应一致，大小写也要区分清楚。在"Height"文本框中

图 5.57　标志图层选择与创建文字标志

根据图形尺寸输入相应文字的高度，其他选项不用去改动。输入完成后鼠标指针会变为相应的文字标志，将文字标志放到相应的金属 1 图层上，放置的时候注意文字标志中间的十字即该标志的定位点，这点一定要与金属 1 图形重合，否则接下来做 LVS 会出错。完成标志后的版图如图 5.59 所示。

　　接下来是通过标志自动生成 Pin 端口。在菜单栏中选择"Tools"→"Create Pins From Labels"选项，打开 Pin 生成对话框。

　　在"Create Pins From Labels"对话框中，将 Pin Layer 生成图形图层，在其下拉菜单选择"metal1"图层，如图 5.60 所示，其余选项不用改动，然后单击"OK"按钮，在版图中

就会自动对应 Label 位置生成相应的 Pin 端口了。但此时的端口类型都为 InputOutput 类型，需要根据实际电路图中端口类型进行修改，在版图中选中各个生成的端口，然后修改属性。在图 5.61 中，选择"Connectivity"选项，在"I/O Type"中将 A、B 改为 input、F 端改为 output。

图 5.58 "Create Label"对话框

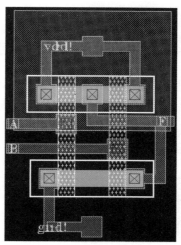

图 5.59 添加 Label 标志

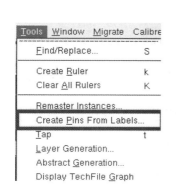

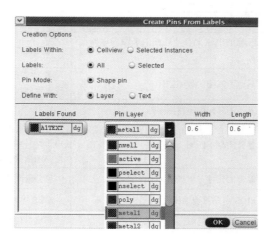

图 5.60 生成 Pin 端口

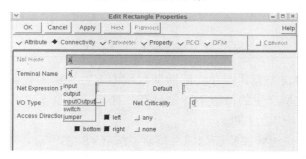

图 5.61 修改 Pin 端口类型

上述工作完成后再进行 LVS 验证，端口不匹配问题即得以解除。但用第二种方法生成端口时由于使用了 metal1 图层，所以这里要注意生成的端口有没有超出 metal1 原有图形，如果超出需要重新做 DRC，以免造成 DRC 错误。根据验证文件的不同，有些版图物理验证时可以不需要端口，而仅仅添加 Label 即可完成 LVS，故在后面的例子中都推荐用第二种方法来生成 Pin 端口。

5.5.4 利用 LVS 验证工具分析版图网表

在版图 LVS 验证中通过验证的 LVS 报告总是相同的，而出错的报告往往会是千奇百怪的，有的甚至会莫名其妙地出现错误提示，这给分析、修正版图和电路匹配错误带来了很多麻烦，表 5.4 列出了常见的几种 LVS 错误类型。

表 5.4 LVS 常见错误类型

序号	错 误 类 型	可 能 原 因
1	匹配的节点上没有器件	Pin 或 Text 标志位置或类型不对
2	匹配的器件上有不匹配的节点	连线错误
3	器件不匹配	连线或端口未能识别，或者识别错误
4	匹配的节点上有多余的版图器件	绘制错误，或者串并联关系不对
5	匹配的节点上有多余的电路图器件	绘制错误，或者串并联关系不对
6	匹配的节点上有非匹配的版图和电路图器件	电路器件连接节点不同，也可能由绘制错误导致
7	其他不匹配的版图器件	多余电路、不能获得的任何初始相关节点对、运算停止而没有查到相关节点中不匹配的器件等
8	其他不匹配的电路图器件	同上
9	器件类型不匹配	电路验证和版图验证文件要求的器件类型不同，这可能是由于两种验证版本不同导致；如果电路图未验证，则可能是电路图器件类型填错
10	器件的尺寸（W 或 L）不匹配	器件绘制错误
11	MOS 电路可逆性错误	MOS 电路连接关系不对
12	衬底连接不匹配	衬底电位未加或电路中连错
13	器件的电源连接不匹配	连线错误，或者多电源
14	简化多个并联 MOS 器件为单个 MOS 器件时出错	验证选项未开或由验证文件编译原因造成，非正式错误
15	过滤多余的器件时出错	同上

虽然知道了这些错误类型，但在实际验证过程中有时候错误提示并不一定能反映真正的原因，有一些错误类型产生的原因不一定只有一种，一个错误也可能同时导致几个 LVS 报错，这就需要进行进一步的判断。

为了能够提高效率快速解决验证问题，需要了解 LVS 的原理，电路和版图匹配验证是如何做到的呢？在很多版图物理验证工具中，LVS 的验证方法实际上是通过验证电路与版图的网表（Netlist）来完成对比验证的，也就是电路与版图中各条连线、端口，以及各个元器件数目、类型，和这些元器件端口的连接关系是否一致，从而判断版图与电路图是否匹配。所以没有端口的版图走线系统就不能识别元器件的连接关系，甚至不能判断元器件，当然 LVS 就会无法通过，而在 LVS 报告中报错描述上往往会有所偏差，所以利用 LVS 工具对版图中每个元器件进行查看和端口分析对 LVS 检查是很重要的，特别是遇到一些不太好判断的错误时，这个工作就显得尤为重要。了解了每个版图元器件网表连接关系，对于 LVS 的错误将更加明了，便于分析判断和修改。一旦所有元器件连接关系都修改正确，那么 LVS 基本上也就能通过了。

在 Diva 工具中，可以通过单击 artistLVS 底部的 info 按钮来查看版图及电路的网表来判断两者的对应关系，进而来分析 LVS 中出现的问题。如图 5.62 所示，在"Display Run Information"对话框中单击相应的"Netlist"按钮就可以查看其网表情况，第一列字母代表类型，t 代表端口，n 代表连线，器件以"/+数字"来表示；第二列数字为每个连线的代号；第三列为名称；第四列为端口类型。MOS 器件的 D、G、S、B 分别代表漏极、栅极、源极、衬底 4 个端口，在它下方一行是这些端口对应的连线代号，最后是器件尺寸参数。

从版图网表和电路网表的对应关系中可以更直观和准确地分析和判断 LVS 中的错误，从而加快错误修正的速度和效率，在以后的 LVS 验证工作中也需要经常参照网表文件进行分析判断。

5.6　CMOS 或非门版图绘制

 扫一扫看 CMOS 或非门版图绘制操作视频

 扫一扫看 CMOS 或非门版图绘制教学课件

采用跟以上与非门相同的方法，完成或非门的版图绘制，如图 5.63 所示。版图验证过程与以上所介绍的与非门也类似，这里不再重复。

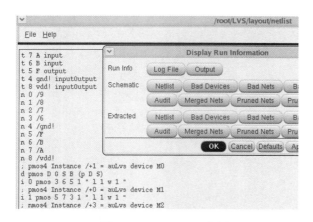

图 5.62　LVS netlist 分析

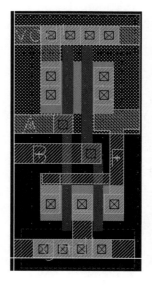

图 5.63　或非门的版图

思考与练习题 5

（1）在 Cadence 系统中输入逻辑图的高效率的方法是什么？

（2）MOS 场效应管版图设计主要包括哪些步骤？

（3）版图中关于 Pin 端口标签的添加有哪几种方式？

（4）采用 Diva 进行版图 DRC、LVS 验证的步骤通常包含哪些？

（5）针对复杂单元，如何在版图中进行合理布局以减小芯片面积？

（6）试解读一个典型工艺的各项设计规则，并从中列举出版图设计中最常用的部分规则。

（7）试对照 LSW 窗口所列工艺层次与工艺文件中所列层次。

（8）针对某一个实际版图进行 DRC、LVS 验证。

第6章

CMOS 复合逻辑门的版图设计与验证

在第 5 章中学习了反相器、与非门和或非门等基本逻辑门的版图设计与验证之后，本章讲述由这些基本逻辑门构成的复合逻辑门的版图设计，并采用 Dracula 对版图进行验证。

6.1 CMOS 复合逻辑门的电路设计

6.1.1 三端和四端 MOS 器件

在前面的课程中所绘制的 MOS 器件都是具有栅（gate）极、源（source）极、漏（drain）极的三端器件。电学上对于 MOS 器件，也就只用到这 3 个极。而在实际集成电路应用中，除了上述 3 个端口外，还需要考虑衬底电位这一因素。衬底电位的不同，也会影响 MOS 器件工作的状态。栅极电压不是指栅极电位（电势），而是栅极和底层衬底之间的电势差，所以栅极电压的表达式为

$$V_{\text{GSUB}}=V_{\text{G}}-V_{\text{SUB}}$$

注意：V_{GSUB} 是指栅极和衬底之间的电势差，要和栅源电压 V_{GS} 区分开来。

MOS 器件的工作和 V_{GS} 有关，那么除了 V_{G} 以外，还需要给出衬底电位 V_{SUB}，这样才能得到确定 MOS 器件状态的 V_{GSUB}。在不同的衬底电压情况下，即使对栅极加同样的电压，MOS 器件的导通状态是不同的。

例如，一个阈值电压为 0.9 V 的 NMOS 器件，当栅极加上 1.0 V 的电压时，如果衬底为 0 电位，则 MOS 器件导通；如果衬底电位为 0.5 V，那么 MOS 器件就关断了。可见衬底电位对 MOS 电路的影响极为重要。

在 Cadence 系统中，MOS 器件有一种四端 MOS 器件，它们的 Cell 名称分别是 pmos4 和 nmos4，它们的图形、参数和电学性能都和前面所用的三端 MOS 器件是一样的，不同之处在于这两个 MOS 器件的 symbol 上比三端 MOS 器件多出一个引脚，这个引脚正对栅极引脚，即衬底引脚，主要就是通过这个引脚来给衬底提供电位。四端 MOS 器件的选用及参数设定如图 6.1 所示。

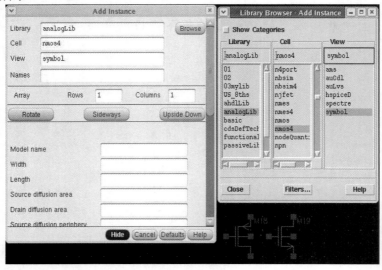

图 6.1 四端 MOS 器件的选用及参数设定

在数字电路中，对于四端 MOS 器件衬底的要求是当 NMOS 器件栅极加上高电平时，

MOS 器件能够保证导通；当栅极加上低电平时，MOS 器件能够保证截止。PMOS 器件栅极加上高电平时，MOS 器件保证截止；栅极加上低电平时保证导通。这就需要在绘制电路原理图时给 MOS 器件的 symbol 的第四个端口（衬底端口）一个正确的电位。NMOS 器件是高电平导通，所以一般衬底电位应该比较低才能保证 MOS 器件导通，如果衬底电位比较高，那么很可能在栅极加上了高电平后 MOS 器件还是关断的，因为 V_{SUB} 过高的话，V_{GSUB} 则会低于阈值电压，MOS 器件就关断了。PMOS 器件则正好相反，衬底应该加上高电位。

　　而对于需要衬底接低电位的 NMOS 器件，为了保证所有 NMOS 器件都正常工作，可以给所有的 NMOS 器件衬底一个统一的最低电位，在电路中最低电位就是地电位（GND）了。同理，需要衬底接高电位的 PMOS 器件可以统一把 PMOS 器件衬底连接到电源电压（VDD）上。以 CMOS 与非门为例画出电路图，如图 6.2 所示。

　　既然 MOS 器件的衬底需要接正确的电位，前面所画的三端 MOS 器件衬底是如何定义电位的呢？如果没有定义，那么 MOS 器件的工作状态就无法确定，Cadence 软件又是如何对衬底无电位定义的 MOS 器件进行仿真的呢？

　　实际上三端 MOS 器件并不代表 MOS 器件衬底电位无定义，而是默认所有 MOS 器件衬底电位连接在该 MOS 器件的源极，自然此时 $V_{GSUB}=V_{GS}$，同样能保证 MOS 器件导通。

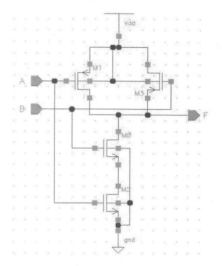

图 6.2　用四端器件完成的与非门电路

既然衬底电位全部一致，自然可以在元器件 symbol 中省略衬底端口。这样在电路图绘制界面绘制电路原理图时，可以省去连接衬底导线的麻烦，电路中导线省略了，整个电路结构也就更加简洁了。如果要将三端 MOS 器件衬底接地，则只要将 instance 属性的 bulk node connection 的值设为 VDD 或 GND 即可。但要注意的是，省略不等于没有，在绘制版图时，器件的衬底还是要加上相应电位的。

　　另外，对于用平面工艺制作的集成电路，由于衬底或阱区只能是同一电位，所以实际上集成电路中的 MOS 器件衬底都只能连接到电源或地的，而不能连接到非地或电源电位的源端，所以三端 MOS 器件的衬底只是在器件（Instance）和网表中连接到源端，在仿真和版图中，则被默认连接到电源或地。

6.1.2　复合逻辑门的初步设计

 扫一扫看复合逻辑门的初步设计教学课件　 扫一扫看复合逻辑门的初步设计微课视频

　　通常构成数字电路的电路逻辑都是先由逻辑关系表达式给出的，如反相器表达式为 $F=\overline{A}$、与非门为 $F=\overline{AB}$ 等。有了逻辑关系还要通过电路的形式表达出这些逻辑关系。而对于电学信号来讲可以根据电路的导通与关断将信号分为高电平和低电平两种，而一分为二的电学信号正好符合用二进制代码表达的逻辑关系，那么在数字电路中就可以通过高、低电平分别代表逻辑关系中的"0"和"1"，从而实现逻辑关系的电路构建。

在数字电路中越是复杂的逻辑关系实现的功能就越强，所以一般数字电路中不仅仅包括了第 5 章所介绍的基本逻辑门，还包括了由这些基本逻辑门组成的复合逻辑门。下面以一个具体的例子来介绍复合逻辑门的设计。

$$F = \overline{(A+B+C)} + \overline{(A+B+D)}$$

首先确认要完成这个逻辑函数需要用到 4 个输入和 1 个输出，那么是不是确认后就可以直接来做了呢？不妨直接来做一下。根据前面介绍过 CMOS 电路的画法，先用 3 个 NMOS 器件并联和 3 个 PMOS 器件串联共同组成 A、B、C 3 个端口的或非关系，得到如图 6.3 所示的电路。

采用同样的方法完成 A、B、D 3 个端口的或非并联关系，再把 ABC、ABD 这两个 3 输入或非门的输出端作为下一级或非电路的输入组成或的关系。至此完成的是 $F = \overline{(A+B+C)} + \overline{(A+B+D)}$ 的逻辑关系，所以还需要再添加一个反相器来完成 $F = \overline{(A+B+C)} + \overline{(A+B+D)}$ 的逻辑关系，最终得到如图 6.4 所示的电路。

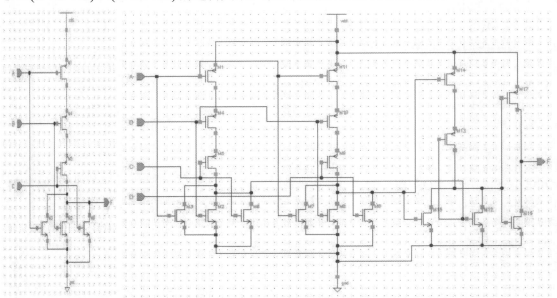

图 6.3 三输入与非电路　　　　图 6.4 由 18 个 MOS 器件构建的复合逻辑门电路

6.1.3 复合逻辑门的优化设计

 扫一扫看复合逻辑门的优化设计教学课件　 扫一扫看复合逻辑门的优化设计微课视频

虽然逻辑表达式不是很难，但用 CMOS 电路来表述的话已经是比较复杂的了，整个电路一共用到 18 个 MOS 器件，连线就更多了。这个电路的确能完成要求的逻辑关系，但在设计电路时，应该找到一种最简单的方法来完成逻辑电路设计，用最少的元器件来完成逻辑功能，这是设计电路的一个大原则，也是在进行集成电路设计时需要时刻注意的问题，因此下面对以上复合逻辑门进行优化设计。

要想使电路最简单，必须首先对逻辑函数进行如下化简。

根据反演律：

$$F = \overline{(A+B+C)} + \overline{(A+B+D)} = \overline{(A+B+C) \cdot (A+B+D)}$$

再根据分配律得到：

$$F = \overline{(A+B+C)} + \overline{(A+B+D)} = \overline{(A+B+C) \cdot (A+B+D)}$$
$$= \overline{[(A+B)+C] \cdot [(A+B)+D]} = \overline{(A+B)+CD} = \overline{A+B+CD}$$

原式就可以变为

$$F = \overline{(A+B+C)} + \overline{(A+B+D)} = \overline{A+B+CD}$$

这样就把一个相对复杂的逻辑关系变为一个简单的逻辑关系，对于化简后的逻辑关系再进行电路设计，得到如图 6.5 所示的电路，这是一个与或非门，根据其电路结构，可命名为 aoi211。本章后续内容将以 aoi11 电路为例进行介绍。

图 6.5 中一共用到了 8 个 MOS 器件，比没有化简的电路减少了 10 个 MOS 器件，大大减少了元器件的数目。随着元器件数目的减少，连线自然也相应减少了许多。逻辑关系的化简，一来可以简化电路，减少使用元器件的数目，达到节约成本的目的；二来也可以减少因元器件过多而引起的寄生效应。所以在设计逻辑电路之前，首先要做的工作是化简，找到一种最简单的逻辑关系来搭建电路。

电路建完，还需要对电路进行验证，根据逻辑关系可以写出真值表，如表 6.1 所示。

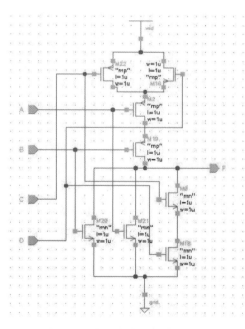

图 6.5 化简后的复合逻辑门电路

表 6.1 组合逻辑电路真值表

输	入			输 出
A	B	C	D	F
0	0	0	0	1
0	0	0	1	1
0	0	1	0	1
0	0	1	1	1
0	1	0	0	0
0	1	0	1	0
0	1	1	1	0
1	0	0	0	0
1	0	0	1	0
1	0	1	0	0
1	0	1	1	0
1	1	0	0	0
1	1	0	1	0
1	1	1	0	0
1	1	1	1	0

 扫一扫看 CMOS 版图衬底电位实现、LSW 设置电子教案

扫一扫看 CMOS 组合逻辑电路版图绘制电子教案

6.2 CMOS 复合逻辑门的版图绘制

6.2.1 MOS 器件的衬底电位版图实现

从前文可以知道集成电路工艺中三端 MOS 器件的衬底都是默认应该接地或接电源电压

的，那么在版图设计中也必须按照电路要求，将衬底接地或接电源电压。

NMOS 器件的衬底即是圆片本身，而 PMOS 器件的衬底则是 N 阱区域。按照电路 NMOS 器件衬底接地，PMOS 器件衬底接 VDD，那么在版图上就需要在圆片的 P 型衬底上加上地电位，而在 N 阱区域要加上 VDD，以符合电路要求。

首先来看一下 NMOS 器件衬底电位的画法。因为需要在衬底上加上地电位，所以必须要通过金属引线将电位引入 P 型衬底上，在版图中，用于金属与底层材料连接的图层依然是接触孔。但不是在版图中画上一个接触孔再加上金属线就代表金属和衬底进行连接了。错误的衬底电位添加如图 6.6 所示。

如果按照图 6.6 中的连接方法，似乎是通过引线将金属线和衬底连接了。但在绘制版图时需要考虑到实际的工艺情况。接触孔的制作必然是在完成了晶体管的制作之后，并淀积了一层介质层后在介质层上再进行光刻、刻蚀等步骤完成的。那么在版图中此时的黑色背景区域不再代表衬底，而是代表场氧化隔离区域。如果按照图 6.6 的版图画法，就是将金属连接到了场氧化隔离区域而不是连接到衬底。这个错误也是初学者比较容易犯的错误。

理论上，如果接触孔刻蚀能够将介质层和场氧化隔离区域全部刻蚀掉的话，这个接触孔是能够将金属和衬底进行连接的。但从工艺知识中可以知道，刻蚀工艺有其相应规范，如果是刻蚀介质层的，那么工艺过程中会严格控制刻蚀溶液（或气体）及刻蚀时间，以使所有接触孔的深度、质量相同，而不可能进行多层不同深度的接触孔刻蚀，自然无法实现一次将介质和场氧化隔离区域同时刻穿。在绘制版图时也无法将金属和接触孔直接放置在版图上。那么如何正确地画出将金属引向衬底呢？

实际上只要在接触孔上加上有源区即可。加上了有源区以后就代表衬底和金属层之间就只有介质层存在，而不再有场氧化隔离区域，此时再制作接触孔，就能够直接将金属和衬底进行连接了。此处的有源区和前面制作元器件所使用的有源区是有所区别的，主要是它们的用途不同，前面有源区的作用都是用来制作元器件的，可谓是真正的有源区，此处却是作为防止场氧化隔离区域形成金属和衬底的接触来使用，其作用在版图中更加类似于一种"伪接触孔"。

有了有源区还必须要对有源区进行掺杂，在版图上也就是需要在有源区上叠加一层选择性掺杂区。此处的有源区、选择性掺杂区、制作器件的有源区、选择性掺杂区分属版图的不同区域，所以它们在工艺上是可以同时制作的。制作器件时，覆盖有源区的掺杂是 N 型选择性掺杂，因为要制作的器件源漏区域必须要和衬底是不同类型的。在制作"伪接触孔"时不能选择 N 型选择性掺杂，而是应该选择 P 型选择性掺杂，因为此时的有源区是作为接触来使用的，而不是器件。既然是接触，当然要求做到欧姆接触，如果还是采用 N 型掺杂，就会在有源区和 P 型衬底之间形成寄生二极管，产生整流效应。

P 型衬底和 P 型选择性掺杂区域类型是相同的，不会存在 P 型衬底和 N 型选择性掺杂区域形成的寄生二极管，那么在制作有源区后，能否不进行 P 型选择性掺杂而直接开孔连接引线呢？通常衬底和阱区都是低浓度掺杂区域，金属和半导体接触存在功函数差，当二者接触形成统一费米能的时候，会引起半导体表面能带弯曲，这样一来就又会形成寄生二极管。

金属-半导体欧姆接触的常用方法就是对半导体进行高浓度掺杂。所以在绘制版图时，P 型选择性掺杂虽然和衬底是同类型杂质，但也不可省略。完成后的衬底电位的"伪接触

孔"如图 6.7 所示，通常简称为衬底接触。

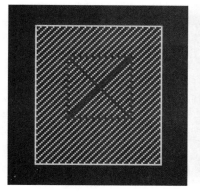

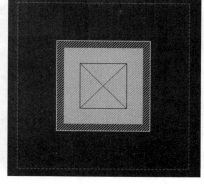

扫一扫看 MOS 器件的衬底电位版图实现教学课件

扫一扫看 MOS 器件的衬底电位版图实现微课视频

图 6.6　错误的衬底电位添加　　　图 6.7　正确的衬底电位添加图形

对于 PMOS 器件来讲，它的衬底则是 N 阱区域，因此所加接触孔通常简称为阱接触。那么衬底电位就需要加在 N 阱区域上，绘制方法和 PMOS 器件的"伪接触孔"类似，区别在于此时这个"伪接触孔"是放置在 N 阱区域内，而不是黑色背景区域内。另外，选择性掺杂区也由 P 型改为 N 型。

6.2.2　LSW 图层的添加和修改

扫一扫看 LSW 图层的添加和修改教学课件

扫一扫看 LSW 图层的添加和修改微课视频

要进行版图设计，离不开 LSW 图层选择，到目前为止前面所画过的版图在图层选择时都选用现成的库图层。

对于不同的工艺厂商，它们所给出的图层定义、图层类型及名称也不尽相同，有的厂商甚至没有给出显示文件（display.drf），此时就需要设计者自行设置图层。

设计图层时应注意：图层名称要和验证工具中的相应层次名称相同，否则验证出错。

1．图层编辑操作

进入图层编辑操作方法：在 CIW 界面选择"Tools"→"Technology File Manager"→"Edit Layers"菜单命令，选择相应的库，选中需要修改的图层后进行编辑。

图层编辑（LPPE）界面如图 6.8 所示。

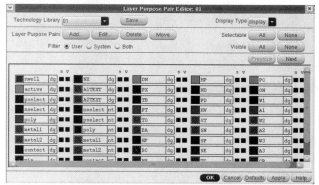

图 6.8　图层编辑（LPPE）界面

在图层编辑（LPPE）界面中首先要选择相应的库，不同的库对应的 LSW 文件也不一定相同。选择好库后，LPPE 界面也会相应发生变化。LPPE 中可以进行以下几种操作。

1）添加层次（Add Layers）

在 LPPE 界面中单击"Add"按钮，在打开的 Add Layer Purpose Pair 界面中进行图层的添加，如图 6.9 所示。

在"Layer Name"文本框中输入图层的名称，这里要注意，图层名称不能随便填写，一定要和工艺文件一一对应，在版图验证的文件中验证规则就是根据图层名称来进行识别和处

图 6.9　Add Layer Purpose Pair 界面

理的，所以此处如果图层名称有错误或根本不存在于验证文件中的话，会导致版图验证失败。当然也可以通过修改验证文件来达到统一图层的目的，但这种方法不推荐。

第一个 Abbrv.：该图层的缩写，这里可以根据需要来填写。

Number：图层编号，这个编号对应于每个图层，是唯一对应的，如果编号被占用就必须使用未被用过的编号，不能重复。

Purpose：图层使用目的，一般都是 drawing1，即绘图图层。但版图验证时需要用到其他种类的图层，如果有需要可以通过其下拉菜单进行修改。常用的 Purpose 有 drawing、net、pin 等。

第二个 Abbrv.：图层使用目的缩写。

Priority：图层优先级，图层优先级决定图层在 LSW 中的排列顺序，这个优先级不和图层对应，但可以进行修改和设置，以改变图层的优先级。但要注意的是系统默认优先级越高的图层越是处于版图底层，也就是说优先级低的图层可以覆盖优先级高的图层，这点和工艺制造顺序是一样的，所以在设置 LSW 时应该按照工艺制造顺序来安排优先级。

下面的选项分别是 Selectable（可选）、Visible（可视）、Valid（合法）等。通常需要使用的层次在这里都要进行选择。

Display Resources：图层显示资源，这里可以让创建图层选择图层资源。这些图层资源可以通过单击"Edit Resources"按钮进行编辑。但要注意，图层显示资源是固定的，所以不是特殊情况，不同图层不能选取相同的图层显示，否则在绘制版图时容易混淆。

如果对图层资源不满意，可以在 Add Layer Purpose Pair 界面中单击"Edit Resources"按钮，进入图层资源编辑界面，对图层资源进行修改，这在后续内容中将作详细介绍。

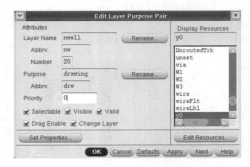

2）编辑层次（Edit Layers）

选择图 6.8 中的某一层，如 nwell，然后单击"Edit"按钮，打开如图 6.10 所示的窗口。

图 6.10　Edit Layer Purpose Pair 界面

在图 6.10 中可通过单击"Rename"按钮来修改该层次的名称和类型（purpose），也可以改变层的颜色等，方法也是单击"Edit Resources"按钮，在打开的界面中进行修改。除了以上添加和编辑层次外，LPPE 编辑器窗口中还可以进行删除、移动层次等操作，这里不再作具体介绍。

2．下载新的工艺文件

以上针对 LPPE 的编辑完成之后可以形成一个新的工艺文件，方法是选择"Technology File Manage"菜单中的"Dump"选项，打开如图 6.11 所示的窗口。

选择"Technology Library"为正在编辑的库名；在"Classes"选项组中，选中"Select All"复选框；在"ASCII Technology File"文本框中输入要保存的新的工艺文件名。

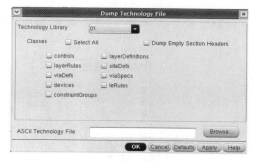

图 6.11　生成新工艺文件界面

需要补充说明一下，在 3.2 节中介绍新建库时所选择的工艺文件 0.5 μm.tf 是由加工线提供的标准工艺文件，而图 6.11 所示新的工艺文件是设计者根据自己对版图层次、颜色等要求进行修改后重新生成的。

3．设置有效层次

第 5 章的图 5.19 LSW 窗口显示了 nwell 等层次，这些层次是所选择工艺的一部分层次，而其他层次是可以通过设置使它们变成有效的，方法是选择 LSW 窗口中的"Edit"菜单中的"Set Valid Layers"选项，打开如图 6.12 所示的窗口。

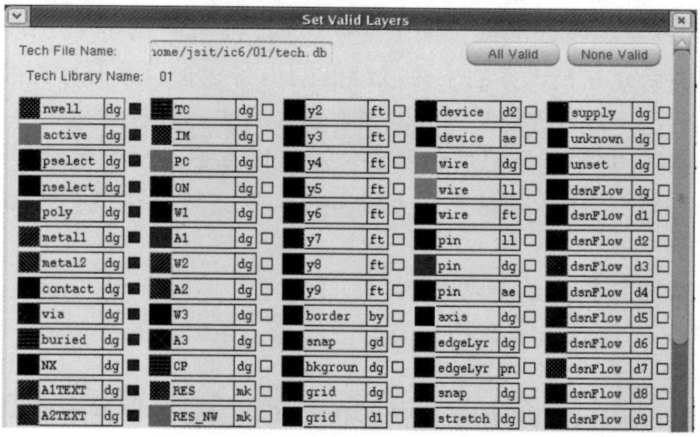

图 6.12　设置有效层次界面

在图 6.12 中，凡是在 LSW 窗口中显示的层次，其后面白色方块内都是实心的，而annotate、wire 等层次，后面白色方块内是空心的，也就是没有设置，因此在 LSW 窗口中，这些层次不显示，通过选中这些层次的白色方块内容，可以使它们显示在 LSW 窗口中。

4. 编辑图层资源

上面提到如果对现有的图层资源如颜色、填充方式等不满意，可以进行修改，即进行图层资源的编辑。方法是在图 6.9 添加图层界面或图 6.10 编辑图层界面中单击"Edit Resources"按钮，打开如图 6.13 所示的图层资源编辑界面。

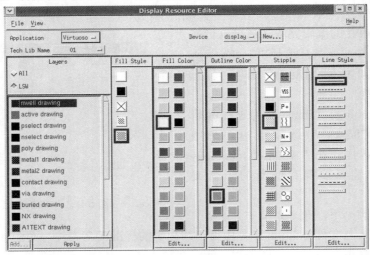

图 6.13　图层资源编辑界面

如果版图设计过程中针对 LSW 窗口中的层次只是简单修改一下颜色属性，不作上面所讲述的添加、编辑层次等操作，那么一种便捷的方式是选择 LSW 窗口中"Edit"菜单中的"Display Resource Editor"选项，打开如图 6.13 所示的图层资源编辑界面。

进入图层资源编辑界面后，首先要在"Tech Lib Name"中选择对应的库，对应的工艺库是不会根据之前的图层编辑库的选择而改变的，所以需要手动选择一次。

图 6.13 所示的图层资源编辑界面中可以修改的内容包括以下几个。

Layers：显示 LSW 中的图层。要修改图层显示，首先需要在这里选择需要修改的图层。

Fill Style：图层填充类型，分别是边框型、满格填充型、×、条纹型、边框+条纹型。

Fill Color：填充颜色，指的是填充图案的颜色，这条只有在填充类型中选择了满格和条纹或条纹+边框后才有效。

Outline Color：如有边框则选择边框颜色。

Stipple：条纹类型，这条只有在填充类型中选择了条纹或条纹+边框后才有效。

Line Style：线条类型，边框线条的类型。

一般 Display Resource Editor 中提供的颜色和图案都是足够使用的，如果不满意，也可以自行单击对应选项下的"Edit"按钮，进行自定义修改。

方法为，选定需要修改的某一个层次，然后针对以上内容根据自己的喜好进行选择，之后单击窗口下方的"Apply"按钮完成设置。设置后选择"File"菜单中的"Save"选项进行保存，保存的就是扩展名为 drf 的显示文件。

上面描述了很多显示文件和工艺文件的修改和设置方法，其实对于一个成熟的工艺，

加工线都会提供工艺文件和显示文件供用户使用，通常不需要进行修改。

例如，本书在讲述版图设计过程中采用了 0.5μm 工艺，加工线提供了一个扩展名为 drf 的显示文件，用户可以根据需要直接在版图编辑过程中把该文件调用进来。

方法如下：在图 6.13 所示的窗口中，选择"File"菜单中的"Load"选项，打开如图 6.14 所示的窗口。

在图 6.14 的窗口中，选择加工线提供的默认显示文件 default.drf，就可把加工线提供的各个版图层次的颜色设置加载到版图编辑工具中。

调用显示文件后可以退出 Display Resource Editor 窗口，方法如下：选择"File"菜单中的"Exit"选项，弹出提示是否要保存的信息框，如图 6.15 所示，因为现在用的是加工线提供的标准显示文件，因此单击"NO"按钮即可。

图 6.14　调用显示文件窗口

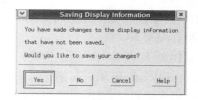

图 6.15　是否要保存的提示信息

扫一扫看 aoi211 版图的布局布线方法教学课件

扫一扫看 aoi211 版图的布局布线方法微课视频

6.2.3　复合逻辑门版图的布局、布线方法

复合逻辑门版图的绘制相比反相器、与非门和或非门等基本逻辑门来说更为复杂，在进行版图绘制过程中随着电路的元器件增多、连线增多，需要考虑的问题也更加繁多，不仅要考虑元器件的布局、布线能否布通，还要考虑芯片使用面积，以及如何合理使用各种材料进行布线，能不能使用单层金属布通等问题。这样就有必要系统地来考虑版图的布局、布线问题。

平面布局是一个单纯的总体轮廓设计，它确定了所有模块将如何相互联系及信号将如何在这些模块之间流动。一个好的平面布局不仅能够节省时间，还会使信号流更为有效，特别是在平面布局十分复杂、到处都要布线的情况下。

一般来讲，布局主要有以下 3 种思路。

（1）引线驱动布局：根据总体输入/输出信号、电源和地来安排平面布局。一个好的引线安排可以减少寄生参数，并帮助掩模设计者绘制出一个干净利索的版图。引出方案决定了内部模块间布线的复杂程度。

（2）模块驱动布局：根据模块之间的连接来安排平面布局。

基本原则有 3 个：力图使模块之间的接线尽可能短；力图避免在芯片上到处布线；尽可能找到某种对称性来布线（对称的版图可使芯片工作得更好，且减少工作量）。

平面布局是先从引线开始还是先从模块布置开始，这要视情况而定。这取决于它们中哪一个更为重要。如果比较在意内部模块相互间的联络，那么内部安排将决定引线位置；如果更担心引线间如何相互作用和连接，那么引线就将决定如何在内部放置模块。制订一个好的引线方案和好的模块布置是一个需要反复的过程。

（3）信号驱动布局：根据前后级信号来安排器件（模块）的平面布局。平面布局要考虑的第三个问题是高频或射频电路信号如何流向每一个模块。对称性是电路最需要考虑的因素。在完成芯片平面布局时一定要记住一件事，那就是布线。信号、电源、时钟、屏蔽及保护环节等都要占用空间，要根据情况决定电路块之间的距离，要为电源地线和地信号留出空间，要为特殊的匹配（差分信号、对称）和噪声方面的考虑（额外的隔离技术）留有余地。

6.2.4　根据电路绘制复合逻辑门版图

根据图 6.5 所示的电路原理图绘制复合逻辑门 aoi211 的版图，如图 6.16 所示，具体过程此处不再详细展开。

从图 6.16 中可以看出，通过优化元器件布局，在 18 μm×18 μm 面积内，通过单层金属线将复合逻辑门 aoi211 的版图布通。根据电路及工艺条件，通过"伪接触孔"将 P 型衬底接 GND，N 阱区接 VDD，完成衬底接触，从而为衬底添加相应的偏置电位。

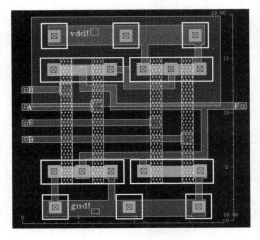

图 6.16　复合逻辑门版图

6.3　CMOS 复合逻辑门的版图验证

第 5 章介绍基本逻辑门版图验证时采用的工具是 Diva，该工具虽然简便易用，过程完整，但是对于较大规模的版图验证速度很慢，全定制及半定制流程中的较大规模版图可以采用 Dracula 工具进行版图验证，因此本章将采用 Dracula 对复合逻辑门的版图进行验证。

Dracula 工具集是 Cadence 公司除 Diva 之外另外一个专业的集成电路版图验证工具集。相比其他的版图验证工具，Dracula 具有运算速度快、功能强大，能验证和提取较大电路的特点，一般在交付制版之前都用 Dracula 验证产品来发现设计错误，但 Dracula 工具的缺点是验证过程要相对复杂一些。

Dracula 由以下几个主要模块组成，其中大部分在第 1 章中已经作了简单介绍。

（1）DRC：用于检查版图的几何尺寸是否满足 IC 芯片制造过程中根据工艺确定的规则或约束条件，包括图形的宽度、图形间的距离、图形间的套准间距等。

（2）ERC：用于检查版图的连接是否违反电气方面的规定，包括节点间的短路和开路、有无浮空的节点或元器件等。

（3）LVS：用于版图和电路图的一致性对照检查，也就是检查版图和电路逻辑图在节点及其连接、元器件及其参数等方面是否匹配。作为 LVS 一部分的 LVL（Layout Versus Layout）用于两份版图数据的一致性对照检查；而作为 LVS 另一部分的 SVS（Schematic Versus Schematic）用于两份电路图的一致性对照检查。

（4）LPE：用于从版图中提取元器件的参数（如 MOS 管的沟道长度、沟道宽度、源漏区的周长、面积等）、寄生电容、寄生二极管等。

（5）PRE：用于从版图中提取寄生电阻。

（6）InQuery：用于观察 Dracula 运行后产生的出错信息的芯片级结果分析工具，也就是通常所说的出错信息反标注工具；该工具必须在 Cadence 提供的框架结构 Design Framework-II(DF-II)下运行。在运行 ERC、LVS、LPE、PRE 之前，应完成元器件的提取，即从版图中提取元器件、元器件的参数及元器件间的连接关系。

用 Dracula 进行版图验证的过程如图 6.17 所示，包括如下步骤。

（1）建立规则文件。规则文件常称为规则命令文件，在运行 Dracula 版图验证之前就必须写出。规则文件是根据版图设计规则编写的。

（2）编译规则文件。对于编写完成的规则文件，用 PDRACULA 预处理器进行编译。

（3）运行 Dracula。

（4）如果 Dracula 发现验证的错误，它会产生错误报告和出错的数据库，包含可以用来消除版图或电路中错误的信息。纠正错误后重新进行验证工作，继续消除错误直到获得正确的版图。

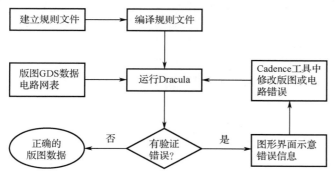

图 6.17　Dracula 版图验证过程

如果 Dracula 发现验证的错误，它会产生错误报告和出错的数据库，其中有的还包含可以用来消除版图中错误的信息。和 Diva 一样，纠正错误后需要重新进行验证工作，继续消除错误直到获得正确的版图。在这个流程中所不同的是在于前期的准备工作，在运行 Dracula 之前需要准备版图 GDS 文件及电路 Netlist 网表等文件，而在 Diva 中做的版图提取工作则不需要再做，版图的网表提取工作会在 LVS 中一并完成。

6.3.1　版图 Dracula DRC 验证

DRC 要验证的对象是版图数据，而版图数据一般是通过两种方法得到的：一种是用 virtuoso 等版图编辑工具手工绘制，这在模拟设计中较为普遍；另一种是用 Cadence 公司的 SE、Synopsis 公司的 Astro 等自动布局布线工具由网表文件自动产生。现代集成电路设计中由于电路规模较大且较容易实现 CAD，所以版图多为自动布局布线工具产生。版图数据文件是可以直接交给半导体加工工厂生产的，但是在交付厂商之前必须做 DRC 验证，这是为了保证版图数据的正确性。加工工厂会根据工艺定义很多的设计规则，只有版图数据满足厂家所有的设计规则才可能被正确地绘制出。一般说来，设计规则有很多，如最小间距、最小孔径等。不符合厂家提出的设计规则要求的版图在工艺线上是不可能被正确生产出来的。

用 Dracula 进行版图验证的过程如图 6.18 所示。

扫一扫看版图 Dracula DRC 验证微课视频

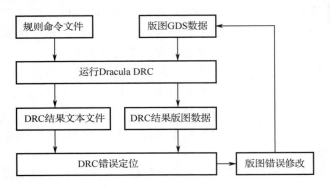

图 6.18　用 Dracula 进行 DRC 的过程

Dracula DRC 是 Dracula 物理验证系统的组成部分，它对版图几何图形进行检查，确保版图数据的正确性。Dracula DRC 也能够检查版图中的电气规则错误，如开路、短路和悬浮的节点。此外，它还能检测出无效的器件和错误的注入类型、衬底偏置、电源和地连接等，能孤立出短路发生的区域，从而避免了寻找全局信号之间短路的耗时过程。

用 Dracula 做 DRC 的输入文件有两个，一个是版图文件，为 GDSII 或其他格式，另一个是规则命令文件。

规则命令文件告诉 DRC 工具怎样做 DRC，这个文件十分重要，通常由加工厂家提供，或者由版图设计人员根据流片厂家提供的版图设计规则自己编写。

版图设计人员在做 DRC 验证时必须要对工艺设计规则有比较清楚的了解，因为如果不了解工艺设计规则，就算看到验证结果报错，也不知道该怎么去修改版图。因此通常会把加工厂提供的设计规则进行消化和整理。表 5.3 所示的是 0.5μm 工艺的设计规则，在第 5 章进行版图设计时已经提到过。

下面利用 Dracula 工具对 CMOS 复合逻辑门电路进行设计规则验证。

1. 复制验证文件

Dracula 进行物理验证后会生成很多相应的可执行文件、报告文件等内容，如果不预先进行安排，那么内容会比较凌乱，不方便查看和管理，这里统一在相应的设计 Cell 下创建 DRC 和 LVS 验证专用的文件夹。在 Teminal 中，用 cd 命令转至复合逻辑门 aoi211 的文件夹下，用 mkdir 命令创建名为 ddrc、dlvs 的两个新文件夹，以备 Dracula 工具做 DRC 和 LVS 使用，创建完成后可用 ls 命令进行查看。当然这个工作也可以用图形界面来完成，但这里还是建议用命令方式进行操作。完成之后首先将相应的 drc 规则文件用 cp 命令复制到

ddrc 文件夹中，如图 6.19 所示。

2. 修改 DRC 验证文件

完成了验证文件的复制后，还需
要修改验证文件中的一些信息。回到
Terminal 输入"vi 验证文件名称"，
利用 vi 命令对验证文件进行编译，如
图 6.20 所示。

图 6.19 创建验证文件夹并复制规则文件

在这里主要需要修改的有两处，
一处是 indisk 之后需要改为刚才生成的 GDS 文件名称，注意要连扩展名一起写全；还有一
处是将 primary 后改为 GDS 文件中的单元名称，这里是 aoi211。如果单元命名和 GDS 文件
命名比较混乱，那么这里容易填错，所以在以往的操作中做到规范命名是很重要的。其余
的选项如无特殊要求不需要进行修改。完成修改后保存文件并退出 vi 命令。

3. 生成版图 GDS 文件

除了规则文件以外，Dracula 工具运行 DRC 还需要版图信息，它由版图的 GDS 文件提
供，GDS 文件可在 Cadence 中生成。首先在 CIW 界面主菜单中选择"File"→"Export"→
"Stream"选项，如图 6.21 所示，此命令可以将完成的版图转换成 GDS 文件。当然，如果
已经有了 GDS 文件也可以用 import 命令生成 layout 版图，方法类似，这里不再详细演示。

图 6.20 修改验证文件信息

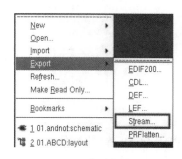

图 6.21 "Stream"选项

选择"Stream"选项后会打开 Stream Out 对话框，如图 6.22 所示。

图 6.22 Stream Out 对话框

在"Stream File"文本框中输入完整的路径及 GDS 文件名称，当然这里的文件名可以任意取，但为了便于管理和识别，还是和单元名称一致命名为好。在"Library"下拉菜单中选择相应的单元所在的设计库（这里是 01 库），在"Toplevel Cell"下拉菜单中选择需要验证的单元，在"View"下拉菜单中选择相应的视图类型，当然这里是 layout（该单元的版图视图）。这些设置都完成以后单击"Translate"按钮进行 GDS 文件的生成（Cadence 5.1 中过程类似，最后是单击"OK"按钮进行生成）。完成 GDS 的生成工作后，系统会弹出生成报告，告诉设计者转换 GDS 文件是否生成成功。

4．Dracula 预运行

到这里完成了运行 Dracula 的文件准备工作，接下来需要运行 PDRACULA 来生成执行相应验证的可执行文件。在 Terminal 中输入 PDRACULA 命令之后会切换到 PDRACULA 输入模式，如图 6.23 所示。这里注意 PDRACULA 需要大写输入。

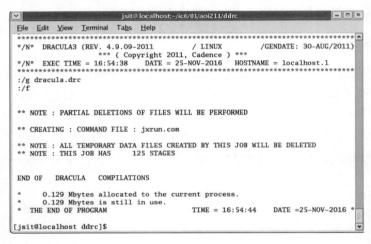

图 6.23　执行 PDRACULA

PDRACULA 是个预处理器，它完成 3 个任务：检查规则文件 csmc06.lvs 中有无语法错误；编译规则文件并存储到 jxrun.com 文件中，jxrun.com 文件包含命令指令，这些命令指令用于执行 Dracula 工作任务；从主库至运行目录建立符号连接，并将它放入 jxrun.com 文件中。

在 PDRACULA 命令中输入"/g　验证文件名称"，Dracula 工具获取验证文件，完成后输入"/f"完成 PDRACULA 操作。如果验证成功，则在 Terminal 中会提示生成名为"jxrun.com"的批处理文件。

5．执行 DRC 验证

在 Terminal 中输入"./jxrun.com"执行已有可执行文件（在 UNIX 系统中只需要输入"jxrun.com"即可）。输入完成后，Dracula 工具会按照设计规则文件指定的规则进行 DRC 验证，此时需要等待一段时间。当验证完成后，在 Terminal 中会显示整个验证的情况和信息，在末尾还会显示"THE END OF PROGRAM"，即表示验证完成，如图 6.24 所示。

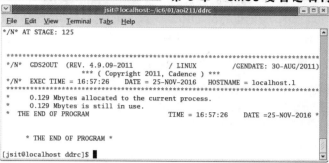

图 6.24　完成 Dracula DRC 验证

6. 显示和修改 DRC 错误

完成验证后要进一步了解错误信息，需要进入 Layout Editing 窗口，选择菜单栏中的"Launch"→"Dracula Interactive"选项。

运行这个命令前，版图窗口菜单栏中只有 Tools、Options 等 13 项，如图 6.25 所示。

图 6.25　运行 Dracula Interactive 命令前的版图编辑窗口菜单

运行 Dracula Interactive 命令后命令菜单变为 17 项，增加了 DRC、LVS 和 LPE 等项，如图 6.26 所示。

图 6.26　Dracula DRC 菜单

选择新增的"DRC"菜单，其下拉菜单中会出现 DRC 的相应命令。当然，此时下拉菜单中只有"Setup"一项可选，其余选项都是灰色（不可选择）。在 DRC 菜单中，"Setup"用来选择执行 DRC 验证的路径，其余命令在完成 Setup 后才有效。后续的操作中，一些窗口也可以从这里打开。

选择"Setup"选项，打开 DRC Setup 窗口。在"Dracula Date Path"文本框中输入完整的 DRC 验证路径，如图 6.27 所示。

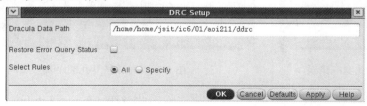

图 6.27　DRC Setup 窗口

在图 6.27 中单击"OK"按钮完成 DRC 设置，此时，系统会打开 DLW、Rules Layer Window、View DRC Error 等窗口，如图 6.28 所示。

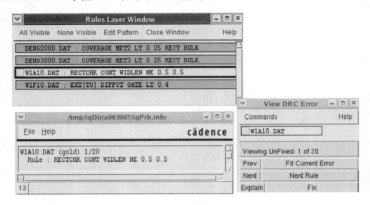

图 6.28　DRC 错误菜单

在 DLW 窗口显示执行验证的各个层次；Rules Layer Window 窗口中显示 DRC 检查出来的错误，以及这些错误所违反的对应设计规则的简报；View DRC Error 窗口中显示当前选定种类错误中的具体错误，并可以通过该菜单进行错误定位、描述、修正等工作。

这里首先看 Rules Layer Window 窗口，此处显示的即是违反设计规则的错误大类，该窗口中显示的描述开头是违反设计规则中的类型及该错误所在的文件，如 W1A10 意为接触孔规则中的第 10 条规则，后面是简单描述，意为接触孔宽度为 0.5 μm。如对简单描述不太确定，可去相应的规则命令文件中查找该条的对应描述。在图 6.28 中一共有 4 大类错误，这里要提到的是第一条、第二条为误报错，即检查 2、3 层金属覆盖，在本章中未用到 2、3 层金属，故此处 DRC 检查报错，这两条可以忽略。

在初始时，Rules Layer Window 窗口中所有错误类型都是灰色，不会显示在版图中，选择第三条错误，此时在 View DRC Error 窗口中会显示违反此条设计规则的错误总数及当前所在错误是第几个，单击"Explain"按钮会弹出相应的错误解释。单击"Fit Current Error"按钮在版图中会放大显示当前错误所在处，并高亮显示，如图 6.29 所示。

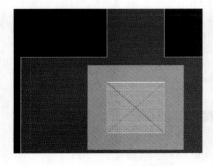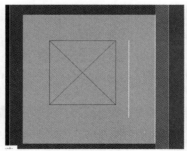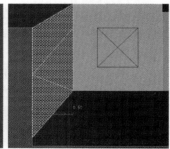

图 6.29　接触孔宽度错误　　　　　图 6.30　有源区开孔间距及金属间距错误

单击图 6.28 中的"Fix"按钮高亮显示会清除，此时在 Layout Editing 中将版图修改正确，然后单击"Next"按钮修正下一处错误，全部修正完成后单击"Next Rule"按钮，对

下一条错误进行修正。

下一条错误"W1F10.DAT：EXT[TO] DIFFCT GATE LT 0.4"同样违反了接触孔设计规则，有源区接触孔距多晶栅的最小间距必须大于 0.4 μm，用同样的方法进行修正，如图 6.30 所示。

全部修正完成后，重复第二步操作，将修改完成的版图导出 GDS 文件（覆盖前面的 GDS 文件）。回到 Terminal 中重新输入"./jxrun.com"执行 DRC 检查，直至错误完全消除为止。当然在进行修改操作时，由于修改的原因有时候会引入新的错误，还是需要逐个把所有错误修改正确。全部修改正确后，在 Rules Layer 中除了误报错，其他错误完全消除，如图 6.31 所示。

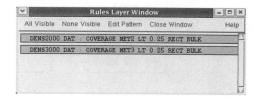

图 6.31　完成 Dracula DRC 验证结果

6.3.2　版图 Dracula LVS 验证

扫一扫看 CMOS 组合逻辑电路版图 Diva & dracula LVS 验证电子教案

扫一扫看版图 Dracula LVS 验证教学课件

对完成 DRC 验证的版图接下去可用 Dracula 工具做 LVS 验证。LVS 是 Dracula 系统的关键部分，在集成电路中应用此工具可以保证版图和电路逻辑图的一致性。LVS 验证能找出两种设计表述之间的任意差异，并且产生明确的报告供设计者分析。运行了 LVS 能提高流片的成功率，节约设计成本。

电路逻辑图是用器件符号和连线画成的，在电路图中只有器件符号和线段，而版图则完全是一些不规则的多边形，因此电路图和版图图形的性质完全不同，两者之间没有可比性。但是，如果先从版图中提取器件信息并产生器件的网表，再从电路逻辑图中产生一个网表，然后对这两个网表进行比较就不存在任何问题了。

LVS 验证的整体流程和 DRC 比较类似，但准备的文件除了 GDS 文件、验证文件以外，还要准备电路原理图的网表文件，其流程图如图 6.32 所示，具体包括以下几个步骤：

（1）电路图网表准备。要运行 LVS 验证必须把电路逻辑图转变为晶体管级网表，通常电路图可能只有逻辑功能（如与非、或非、与或等）而没有提供所用的晶体管，但逻辑图在 Cadence 中生成一种电路描述语言（circuit description language，CDL）格式的网表。再由 Dracula 工具的逻辑网表编译器 LOGLVS 将电路图的 CDL 描述转换为晶体管级网表，这种网表适合 LVS 使用。

（2）版图设计和网表的产生。同 DRC 一样，LVS 也需要一个规则命令文件，在规则命令文件中读入版图数据。版图数据通常采用 GDSII 格式。在 LVS 规则命令文件的开头把顶层版图单元名及其 GDS 文件写进去。在运行 LVS 过程时，规则命令文件中的操作运算模块将进行版图设计，即结合具体的工艺和版图的结构识别出版图中的元器件和连接关系。识别的方法是利用层与层之间的逻辑拓扑关系及 inside、enclose 等命令建立识别层、器件的连接关系和器件的电极。例如，用"与"逻辑功能来寻找 MOS 晶体管，只要有多晶层在有源区上，即多晶和有源区相"与"，产生的公共区域就是一个 MOS 晶体管。这样就可以提取出版图中的各种基本元件，并把提取的器件转换成用于 LVS 的网表，而该网表与电路图中生成的网表相同，都是晶体管级的。

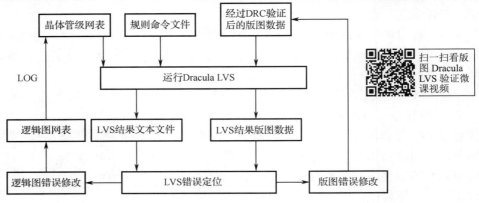

图 6.32　LVS 验证的流程图

（3）LVS 的比较。利用版图和电路图网表，LVS 比较版图和电路图在晶体管级的连接是否正确。比较从电路的输入和输出开始，进行渐进式搜索，并寻找一条最近的返回路径。当 LVS 找到一个匹配点，就会给出匹配的器件和节点一个匹配的状态；当 LVS 发现不匹配时，就停止该器件的搜索。在 LVS 搜索完全部路径之后，所有器件和节点都被赋予了匹配的状态，通过这些状态就可以统计出电路与版图的匹配情况。对于比较中出现的错误则输出报表或图形。

（4）LVS 结果生成和错误定位。运行 LVS 后会产生两种格式的结果文件，一种就是普通的文本文件，用文本编辑器可以打开，可以根据该文件中的具体提示来定位 LVS 错误；另外一种是 LVS 版图数据，用于读入跟上节介绍的 DRC 类似的 Dracula 图形交互界面，在该界面中定位错误。

（5）LVS 结果的修改。造成 LVS 错误的有可能是版图方面的问题，也可能是逻辑图方面的问题。针对问题分别进行修改，然后重新运行 LVS，直到所有错误都修改完成。

接下去还是以 aoi211 为例，具体介绍 LVS 的过程。

1．复制和修改验证文件

创建文件夹已经在 DRC 验证中创建完成，这里只要完成验证文件的复制，然后对该文件进行修改，如图 6.33 所示。这一步同样用 vi 命令进入并完成。

这里需要修改的地方同样是 indisk 和 primary，具体参照 DRC 文件修改，其余部分不用修改。

2．GDS 文件复制

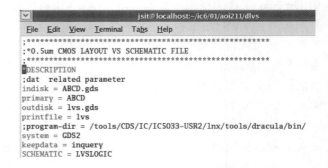

图 6.33　修改 LVS 验证文件

同样，LVS 也需要版图的 GDS 文件。由于前面做 DRC 时已经生成了版图的 GDS 文件，所以这里可以直接从 DRC 文

件中复制过来。当然，如果还是用 Stream Out 生成也可以。

3．schematic 电路原理图 Netlist 准备

相比 DRC 验证，Dracula 在做 LVS 验证时需要多用到一个文件，那就是电路图的网表文件。因为要做电路与版图对比验证，所以需要电路图的信息。在 Dracula 中，电路图信息以 CDL 格式表示。

电路图的 Netlist 也可以在 Cadence 中导出。在 CIW 界面的菜单栏中选择"File"→"Export"→"CDL"选项，打开 Netlist 网表导出对话框，如图 6.34 所示。

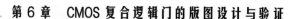

图 6.34　CDL 输出界面

在图 6.34 中，按照以下要求进行设置

在"Library Name"文本框中输入单元所在库的名称。

在"Top Cell Name"文本框中输入单元名称，注意大小写不能写错。

在"View Name"文本框中输入 schematic。

在"Output CDL Netlist File"文本框中输入文件名称。

在"Run Directory"文本框中输入完成的 LVS 验证文件夹路径。

设置完成后单击"OK"按钮，系统会弹出完成菜单，组合逻辑电路的电路原理图网表就生成了。如果弹出的是失败菜单，则会在导出 CDL 的当前目录 /home/jsit/ic6/01/aoi211/dlvs 中产生一个 si.log 文件，用 vi 编辑器打开这个文件，可以看到失败的原因。针对失败原因，进行相应修改后，重新导出 CDL。

在 CDL 成功导出后，此时在 Terminal 中查看 dlvs 目录下应该包括验证文件、网表和 GDS 文件，如图 6.35 所示。

图 6.35　LVS 文件准备

4．编译电路 netlist 文件

在 Terminal 中输入"LOGLVS"命令，注意大小写。此时 Terminal 中进入电路网表编译操作，输入命令"cir 网表文件名"按 Enter 键，输入需要编译网表文件；之后在 Terminal 中输入转换编译命令"con 单元名"，这一步是对网表文件中的单元进行编译，以便后面 Dracula 工具使用，如图 6.36 所示。这里要注意的是 con 命令后的单元名称是前面生成电路 Netlist 中的单元名称，实际上也就是电路 schematic 原理图的

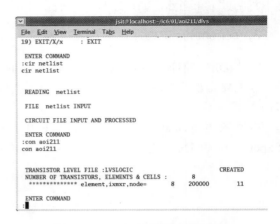

图 6.36　LOGLVS 编译电路网表

单元名称，正常情况下都是和版图相同的单元名称，但也不排除有不同的情况，主要是看电路单元是否和版图在一个单元内，这里还是要强调设计电路原理图和版图需要保持相同的 Cell Name，这是在设计中需要保持的良好习惯，防止出现一些不必要的错误和问题。

执行 cir 和 con 命令后，Terminal 中分别会有提示，提示完成网表文件的读入和编译结果。此时可以输入命令"sum"来查看并确认编译结果。确认无误后输入命令"x"退出网表编译。

5．Dracula 预运行

在 Terminal 中输入"PDRACULA"，在 PDRACULA 命令中输入"/g　验证文件名称"，Dracula 工具获取验证文件，完成后输入"/f"完成 PDRACULA 操作。如果成功，在 Terminal 中会提示生成名为"jxrun.com"的批处理文件；如果有问题，则 Terminal 中会有相应的提示，按照提示正确操作即可。

6．执行 LVS 验证

在 Terminal 中输入命令"./jxrun.com"，输入完成后 Dracula 工具会按照设计规则文件指定的规则进行 LVS 验证，此时需要等待一段时间来完成验证。

7．显示和修改 LVS 错误

这里的进入方法和 DRC 验证类似，首先打开 Dracula Interactive，然后选择 LVS 菜单，如果之前已经运行过 DRC，则不需要重复选择"Dracula Interactive"选项。

同 DRC 菜单一样，其下拉菜单中的命令在"Setup"选项未选之前也是灰色不可选的。选择"Setup"选项打开 LVS 设置对话框，如图 6.37 所示。同 DRC 一样输入完整的 LVS 验证执行路径后，单击"OK"按钮。

输入 LVS 路径后，在 Layout Editing 界面会打开 View LVS 窗口，利用此窗口可以对 LVS 错误进行高亮显示、错误解释、连线识别、器件识别等操作，如图 6.38 所示。整个菜单分为 3 部分：错误显示，连线、器件选择，高亮选项。

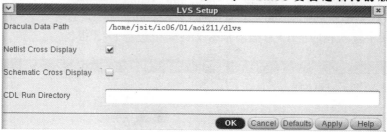

图 6.37　LVS Setup 窗口

图 6.38　View LVS 窗口

在"Error Hilite"选项组中可以进行 LVS 错误查找、解释及定位。在 Net、Device Pick 中可以选取相应的连线或器件进行高亮显示连线名称、器件端口、器件类型显示，如图 6.39 所示。

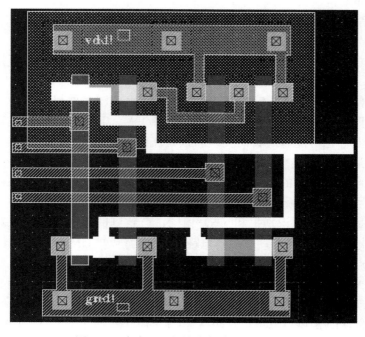

图 6.39　高亮显示版图中的连线及器件

在 LVS 下拉菜单中选择"Show Discrepancy Report"选项，打开 LVS 报告窗口，如图 6.40 所示，在其中输入相应的 LVS 输出报告文件即可查看 LVS 报告。

图 6.40 LVS 报告文件选择窗口

LVS 报告文件都是以 lvs 为扩展名的文件，文件名是在 LVS 验证文件中进行设置的。LVS 报告格式主要由以下 6 部分组成。

（1）FILTER（layout）summary：将 80 列打印行分为两部分，前 40 列是电路图部分，后 40 列为版图部分，中间以冒号（:）隔开。本部分打印版图一边的统计摘要。

（2）REDUCE（layout）summary：对 REDUCE 选项列表。由于这些选项和电路图一边是相同的，它们在 REDUCE（schematic）部分不重复。

（3）FILTER（schematic）summary：打印电路图一边的统计摘要。

（4）REDUCE（schematic）summary：对电路图边的简化统计列表。

（5）Main LVS report body：是 LVS 报告的核心。

（6）Repeat summary：是 LVS 报告的结尾部分，重复报告主体部分的摘要，可以迅速浏览 LVS 的结果。

当列表显示 LVS 发现的错误时，遵循下列报告排列。

（1）匹配和不匹配器件数。

（2）电路图部分和版图部分：在 LVS 报告中，位于行中点的冒号（:）将行分为左右两部分，左边为电路图部分，右边为版图部分。

（3）匹配节点识别：版图节点和电路图节点都使用电路图的节点名。

（4）不匹配电路图节点识别：若在电路图中找到的节点没有对应的版图节点，就在这些节点前加问号，如?A、?B 和?C。

（5）匹配器件的识别：把匹配的器件并排列表，电路图器件列在冒号（:）左边，版图器件列在右边。两种器件都由内部产生唯一的器件编号，后面紧跟器件类型和可选的器件子类型。电路图器件也可能有逻辑门类型和该特殊门内的器件名。版图器件有自然单位的 X 和 Y 地址。然后 LVS 按连接到匹配器件的节点列表。

（6）不匹配电路图器件的识别：若找到的电路图器件版图中没有对应的版图器件，就在器件号前加问号（?），在版图器件一边为***** UNMATCHED *****。

（7）不匹配版图器件的识别：和（6）相同，若找到的版图器件没有对应的电路图器件，仍然在器件号前加问号（?），对应的电路图器件为***** UNMATCHED *****。

（8）连接节点表。

Dracula 中 LVS 使用节点和器件的扩展名识别错误的电路图节点、器件或子电路，也识别较高级别的门或部件的功能块。

对于版图器件，LVS 以自然单位打印 X 和 Y 的位置，而且，LVS 的错误类型能产生图示输出，在某些情况下，它比列表（如表示阵列的重复错误）能更直接指出错误。

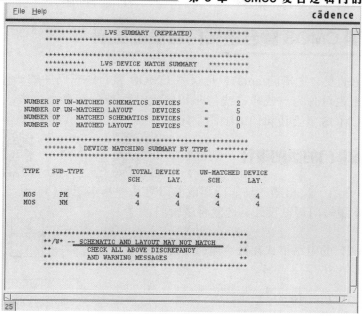

图 6.41 LVS 报告文件选择窗口

从图 6.41 的摘要描述中可以看到，LVS 匹配失败。返回报告前段查找原因为器件匹配但器件节点不匹配，如图 6.42 所示。

从图 6.42 中可知电路与版图的器件的节点不匹配，根据报告描述的器件"？DEV1"等用 View LVS 工具找到相应版图中的器件图形区域，发现版图中的线路节点无名称，这主要是由于版图中未按照电路原理图要求添加相应端口造成的。回到版图用 A1TEXT 图层添加相应的 Label 和 Pin，完成后重新导出版图 GDS 文件到 LVS 验证运行目录，在 Terminal 下重新运行 jxrun.com 命令，完成后再观察 LVS 报告。

这里要注意的是，如果仅仅是版图有改动，只要修改后导出 GDS 重新运行 jxrun.com 即可；如果是电路原理图做了改动，则需要重新导出 CDL 生成 Netlist 文件，并重新运行 jxrun.com。如果 LVS 修改完成，在 LVS 报告文末会显示"SCHEMATIC AND LAYOUT MATCH"，并给出列表报告，如图 6.43 所示。

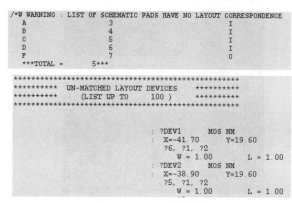

图 6.42 LVS 报告解读

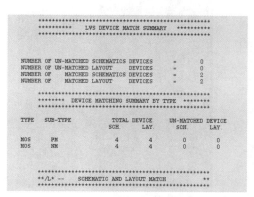

图 6.43 修改正确后的 LVS 报告

6.4　其他类型 CMOS 复合逻辑门的版图绘制

前几节所介绍的复合逻辑门 aoi211 是众多 CMOS 复合逻辑门中的一种形式。CMOS 复合逻辑门总的来说可分为与或非、或与非和异或门/同或门等几个大类。这里再补充介绍一下其他几种 CMOS 复合逻辑门的版图设计。

6.4.1　与或非门的版图设计

在第 5 章中介绍了反相器、与非门和或非门等几种基本逻辑门，通过使用串并联规则，基于这些基本逻辑门可以设计其他复合逻辑门，如与或非门。

与或非门 aoi21 的电路形式在数字电路中经常用到，其逻辑式为：

$$F = \overline{AB + C}$$

aoi21 的逻辑图如图 6.44 所示。

图 6.44　与或非门 aoi21 逻辑图

以此类推，aoi31 实现的逻辑表达式为 $F = \overline{ABC + D}$；aoi22 实现的逻辑表达式为 $F = \overline{AB + CD}$；aoi211 实现的逻辑表达式为 $F = \overline{AB + C + D}$，在 6.2、6.3 节中介绍了该逻辑门的版图设计与验证，此处不再赘述。

下面给出 aoi 21 的版图设计结果，如图 6.45 所示。

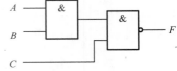

6.4.2　或与非门的版图设计

按照以上同样的分析思路，或与非门 oai21 的逻辑表达式为：

$$F = \overline{(A + B)C}$$

下面给出 oai21 的版图设计结果，如图 6.46 所示。

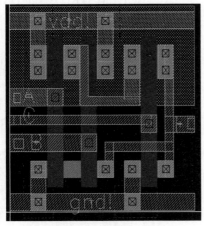

图 6.45　与或非门 aoi21 版图

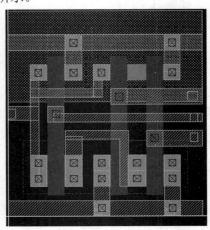

图 6.46　或与非门 oai21 版图

思考与练习题 6

（1）在版图绘制中，MOS 器件的衬底需要连接什么电位？同类型的 MOS 器件衬底电位是否相同？为什么？

（2）版图中如何实现 MOS 器件的衬底电位连接？能否直接在版图背景区域绘制接触孔并连接金属？为什么？

（3）在自己所建库的 LSW 中分别添加名为 metal3、类型为 Net 和 Pin 的图层，要求显示位置在 LSW 中的 metal2.net 之后、contact.net 之前，Display Resource 分别选择 y0 flight 和 y1 flight，metal3.net 要求图形为红色竖线条纹加红色边框，metal3.pin 要求红色实心图案。

（4）版图设计中通常有哪几种布局考虑？

（5）基于 Dracula 进行版图 DRC、LVS 验证分别包含哪些步骤？

（6）完成 $F = \overline{(A+B)} + \overline{(B+C)}$ 电路的版图绘制，并要求整体版图控制在 17 μm×17 μm 面积之内。

（7）针对工艺线提供的一个典型工艺层次显示文件，在版图设计过程中有效调用。

（8）用 Dracula 工具完成 $F = \overline{(A+B)} + \overline{(B+C)}$ 版图验证，并排除所有版图错误。分别通过 Diva 及 Dracula 验证。

（9）对前面反相器版图、与非（或非）门版图用 Dracula 工具进行 DRC 及 LVS 验证。

第7章

CMOS D 触发器的版图设计与验证

在前两章中学习了基本逻辑门、复合逻辑门的版图设计与验证后，本章介绍集成电路中最常用的单元——CMOS D 触发器的版图设计，并采用 Calibre 对版图进行验证。

7.1　CMOS D 触发器电路设计

扫一扫看
CMOS 电路的
symbol 视图
建立微课视频

前两章介绍的基本逻辑门、复合逻辑门等都是集成电路的一些基本单元电路，电路结构更复杂一些的还有触发器、加法器、运算放大器等单元电路。在大规模集成电路中这些基本单元电路都会被反复用到，在使用这些基本单元电路的时候，设计者更加关心的是这些电路的输入/输出端口和整个电路特性，而不是这些电路的具体电路结构。因为在使用的时候认为这些电路都已经是成熟完善的电路，只需要使用这些单元电路而不是对它们进行分析。因此随着集成电路规模的增大，电路的层次化设计就显得非常重要。本节以 D 触发器的电路设计为例，介绍电路设计层次化的概念。

扫一扫看与非门结
构 CMOS D 触发器
原理及 Schematic
绘制电子教案

7.1.1　CMOS 电路的 symbol 视图建立

扫一扫看
CMOS 电路
symbol 视图的
建立教学课件

电路设计层次化的一个显著特点是用一个简单的符号（包括输入/输出）来代替整个电路结构。这个符号也就是常用的电学符号。例如，基本逻辑门中的反相器电路，它的电学符号如图 7.1 所示。

对于大规模集成电路设计者来讲，当要调用反相器时，使用反相器的电学符号就对反相器的输入/输出一目

图 7.1　CMOS 反相器电学符号

了然，不再需要去考虑分析内部的电路。当需要用到大量的单元电路去构建一个整体项目时，使用单元电路的电学符号比完全使用晶体管电路简洁明了许多，便于设计并理清思路，也便于用户对电路进行分析解读。

在 Cadence 系统中，以上反相器的电路符号就是它的除电路图、版图等之外的另一种视图形式——symbol。

为了能够在设计电路时使用单元电路的 symbol，必须先创建单元电路的 symbol 视图。下面以基本逻辑门——与非门为例介绍单元 symbol 视图的创建过程。

在创建完与非门的晶体管级 schematic 视图后，选择菜单栏中的"Create"→"Cellview"→"From Cellview"选项，如图 7.2 所示。

显示视图从 schematic 转变为 symbol 的对话框，选择 OK。此时会打开 Symbol Generation Options 对话框，如图 7.3 所示。

在图 7.3 中，根据 schematic 电路的 Pin 设定，将所有用到的输入/输出 Pin 都列了出来，这些 Pin 在 symbol 中的摆放位置是按照左边输入、右边输出的次序摆放的，所以在"Left Pins"文本框中显示的是 A、B，在"Right Pins"文本框中显示的是 F。在"Top Pins"和"Bottom Pins"文本框中是空的，虽然 schematic 图中还有 VDD 和 GND 两个引脚，在 symbol 视图中如果不专门设置"Top Pins"和"Bottom Pins"的话，系统就默认该单元的 VDD 和 GND 等同于整体电路的电源电压和地电压，所以此处可以不设置。如果在调用过程中这个单元电路的电源电压和地电压不同于整体电路，那么就必须在 symbol 中标出"Top Pins"和"Bottom Pins"，以便提供正确的电压给单元电路。单击"OK"按钮打开

Symbol Editor 界面，如图 7.4 所示。

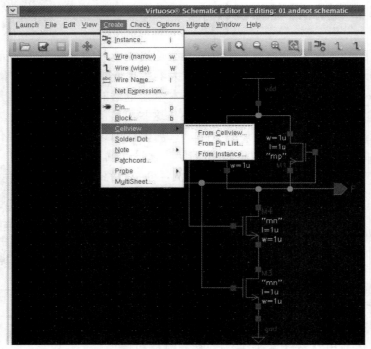

图 7.2　电路 symbol 文件的生成

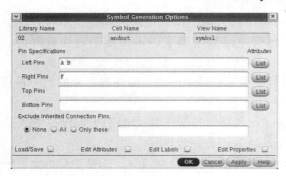

图 7.3　设定 symbol 的 Pin 端口

图 7.4　系统根据生成的原始 symbol

在图 7.4 中，共有以下 5 部分。

（1）选择框（Select Box）：即外围的红框，当 symbol 建立完成后，对该 instance 的选取范围就是该红框所规定的范围，在红框范围内都可以选中 instance，如果去除此框，则选择范围变为图形框。

（2）图形框（Symbol Shape）：即绿色框体部分，单元电路的 symbol 具体图形即由图形框来显示，若单元电路的电学符号不是四边形框体，可以修改或通过创建新的图形来更改。

（3）引脚（Pins）：可以看到 symbol 的引脚是根据 schematic 图自动生成的，这里不需要去修改，只需要将这些引脚移动到合适位置即可。

（4）单元名称（Part Name）：若不填写，则[@partName]会自动根据 Cell 名称来填写。

（5）标示名称（Instance Name）：此选项直接删除即可，通常标示名称在设计电路时都需要设计者标注或系统自动标注，而不需要 symbol 的自带标注。

按照与非门电路的电学符号，调用菜单中的"Create"→"Shape"命令来编辑图形框，在"Shape"菜单中分别有线条（Line）、矩形（Rectangle）、多边形（Polygon）、圆形（Circle）、椭圆（Ellipse）和弧线（Arc）等 6 个图形选项，选择需要的图形完成与非门电路电学符号图形，如图 7.5 所示。

确认无误后保存，保存后的与非门 symbol 便可以作为 instance 在其他电路设计中被调用了，这就是电路设计的层次化概念。

关于逻辑门 symbol 的建立可以参照 5.1.2 节中介绍电路图绘制那样采用简单的办法：将已有库中单元的 symbol 直接复制就可以了。如图 7.5 中的与非门 symbol，可以直接将 Cadence 自带的 sample 库中的 nand2 单元的 symbol 复制过来，如图 7.6 所示，而不用采用以上办法一步一步创建。

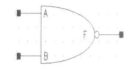

图 7.5　修改后的与非门 symbol

图 7.6　sample 库中与非门的 symbol

7.1.2　电路设计的层次化

扫一扫看电路设计的层次化教学课件　扫一扫看电路设计的层次化微课视频

在完成与非门、反相器等基本逻辑门的 symbol 视图建立后，就可以进行电路的层次化设计了，这里以 CMOS D 触发器这个相对复杂一点的单元为例进行介绍。

在逻辑图编辑工具中选择"Add Instance"选项，同第 5 章图 5.9 所示的器件添加界面中调用 analogLib 库中的 PMOS 管一样，调用以上所建立的与非门，如图 7.7 所示。

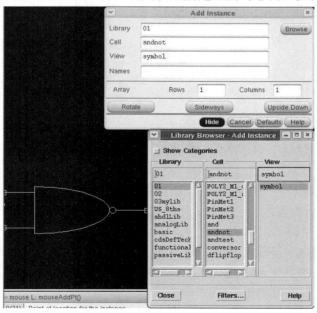

图 7.7　symbol 的调用

用同样的方法再调用反相器，最终形成图 7.8 所示的 CMOS 门级 D 触发器。

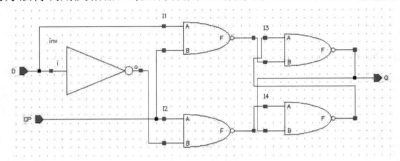

图 7.8　CMOS 门级 D 触发器

在图 7.8 中，与非门、反相器都以 symbol 形式出现，不再用管子级的电路图来表示。

这里再把用晶体管级元器件构建的 CMOS D 触发器的电路图也画出来，如图 7.9 所示，以便比较。

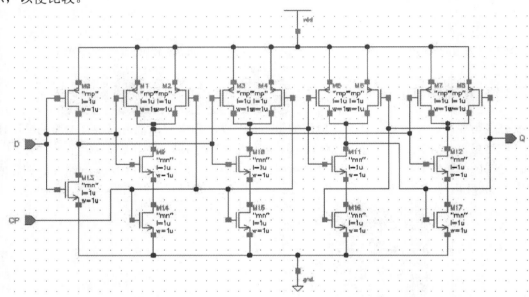

图 7.9　CMOS 晶体管级 D 触发器电路

图 7.8 和图 7.9 表达的电路是完全一样的，但显然用电学符号构建的图更加简洁明了，便于理解，也方便设计者从大局上对设计进行把握。因此用电路符号来搭建电路体现了电路层次化设计的概念。

事实上所有单元电路都可以用一个具有输入/输出端口的电学符号来表示，包括 D 触发器本身在被其他电路调用的时候也是作为一个电学符号来使用的，如图 7.10 所示。

图 7.10　CMOS D 触发器符号

现在的电子电路设计都是用层次化方法进行设计，即在最底层的晶体管级画出不同的单元 schematic 和 symbol，组成了门级电路；由各种门级电路组成加法器、触发器、编（译）码器、运算放大器等高一个层次的电路，由这些电路再组成计数器、振荡器、555 电路等功能更复杂的电路，层层向上，顶层电路只用几个单元就能构成总体框图了。

另外，构造某一层的电路时，层次比它低的单元都可以作为 Instance 进行反复调用，此时在某个单元作为 Instance 调用时只能在该单元的 View 中选择 symbol，而不是 schematic。

扫一扫看低级电路层次视图 Descend View 的观察教学课件

扫一扫看低级电路层次视图 Descend View 的观察微课视频

7.1.3 低级电路层次视图 Descend View 的观察

当使用门级以上的 symbol 绘制的 schematic 完成后，设计者所能看到的只是一个最终的顶层电路，如果设计过程中需要确认下级子电路结构，那么如何观察甚至改变下级子电路呢？还是以 D 触发器构建的电路为例，以在 Schematic Editor 界面中选择"Edit"→"Hierarchy"选项，然后选择"Descend Edit"或"Descend Read"选项来进行下级电路的编辑和检查，如图 7.11 所示。

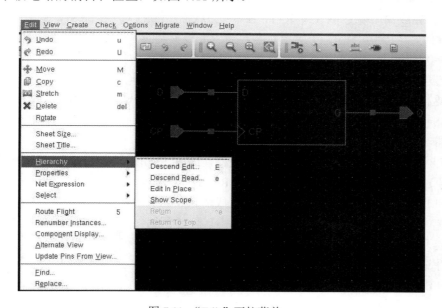

图 7.11 "Edit"下拉菜单

在图 7.11 中，只用了一个 D 触发器，和前面绘制的晶体管级电路不同，在图 7.11 中没有出现 VDD 和 GND，但并不是代表这个电路中不需要电源和地，只不过是在门级以上 schematic 电路绘制中可以省略。选择"Descend Eedit"或"Descend Read"选项，打开 Descend 对话框，此时有 3 个选项分别是：New Tab（新建电路图显示）、Current Tab（当前电路图显示）和 New Window（另建窗口显示）。默认的是 Current Tab，即用当前电路图显示下级电路。单击"OK"按钮后进入下级门电路视图（见前门级电路图），如果还需要进一步观察某个门电路结构则可继续选择"Descend View"选项来进行晶体管级电路编辑或检查。

如果想要回到上级电路则可以选择"Edit"→"Hierarchy"→"Return"选项来回到上一级电路，如在晶体管级电路的某个门中选择此选项则会回到门级电路视图。如果想回至最顶层电路则可以选择"Return To Top"选项直接回到顶层视图。值得一提的是在门级以上电路中，如果需要用到单个晶体管或其他元器件，同样也可以将这些元器件添加进schematic 图中。也就是说在 schematic 图中门电路和晶体管电路是可以共存的，彼此并不冲突。

在完成电路层次化设计概念的介绍后，接下来针对本章中的 CMOS D 触发器具体介绍两种不同形式的电路结构。

扫一扫看与非门构建 CMOS D 触发器的电路原理教学课件

扫一扫看与非门构建 CMOS D 触发器的电路原理微课视频

7.1.4 与非门构建 CMOS D 触发器的电路原理

触发器是数字电路中最常用的信号存储基本单元，它能够做到在有源情况下的信号输入、输出与信号存储功能。触发器由于结构和功能的差别又分为 RS 触发器、JK 触发器、D 触发器、T 触发器等多种。其中又以 RS 触发器为最基本的触发器。

基本 RS 触发器由两个与非门输入、输出端交叉连接而成，主要有 4 种状态：可以通过"R=1，S=0"完成输出端 Q 置 1；"R=1，S=0"完成输出端 Q 置 0；"R=1，S=1"保持输出端 Q 不变（存储）；"R=0，S=0"不确定状态。在 RS 触发器的 4 个状态中，其中有个不确定状态，即"R=0，S=0"的状态是不需要的状态，应该尽量避免这种情况的出现。而 D 触发器则是在 RS 触发器的基础上加上了一个反相器，反相器的输入、输出端分别接 RS 触发器的 R 端和 S 端。这样由于反相器的作用就避免了"R=0，S=0"的情况。同时为了数据存储，还需要有"R=1，S=1"的情况，为此在 RS 触发器和反相器的基础上再加上 CP 控制即可完成基本的 D 触发器电路。

如图 7.8 所示，I3 和 I4 组成基本 RS 触发器，I1 和 I2 引入输入信号和 CP 控制信号。inv 将输入信号 D 分别反相后传给 I1 和 I2，完成 R、S 信号设置。当 CP 为 0 时，无论 D 信号为什么，I1 和 I2 的输出都为 1，对于 I3 和 I4 组成的触发器来讲，此时由于 R、S 都为 1，触发器状态保持，即完成存储功能。当 CP 为 1 时，I1 和 I2 的输出则随 D 信号和反相器 inv 的输出变化而变化，此时 I3、I4 完成正常的置 0、置 1 功能。

CMOS D 触发器状态表如表 7.1 所示。

表 7.1 CMOS D 触发器状态表

CP	D_n	Q_{n+1}
0	0	Q_n
	1	Q_n
1	0	0
	1	1

7.1.5 传输门与反相器构建的主从边沿触发器

在以往的数字电路课程中往往是用上述与非门构建的触发器为例来进行学习，在实际芯片电路设计中往往用的是另外一种电路结构的触发器，这种触发器用简单的反相器/与非门和传输门构成，同样完成了信号触发、翻转等功能，从性能上来讲，这种触发器的信号延迟更小，也不存在信号竞争的情况，是比较理想的触发器选用电路。

1. CMOS 传输门

在大部分集成电路制造工艺中，MOS 器件源、漏区域的物理结构是完全一致且对称的

结构（即所谓的源、漏区域不分，当 MOS 器件处于电路工作时源、漏区域还是要分的），这种结构给 MOS 器件的应用带来了灵活性。基于这种特性，MOS 器件在集成电路中，可以利用其双向导通性而作为一个控制信号传输的开关来使用。当 MOS 器件作为这种用途时就可作为一种单独的门电路，称为传输门。

传输门分成单管传输门和 CMOS 传输门两大类。

单管传输门是指由单独的一个 NMOS 或 PMOS 管组成的传输门，这种传输门的缺点是信号在传输过程中会产生偏差。为克服以上缺点，出现了 CMOS 传输门。

CMOS 传输门电路图 schematic、电路符号 symbol 如图 7.12 所示，其中 symbol 采用跟 7.1.1 节中相同的方法建立。

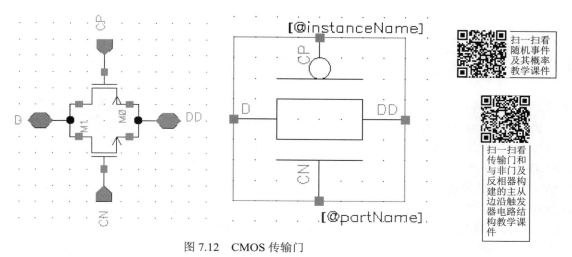

图 7.12　CMOS 传输门

CMOS 传输门由一个 NMOS 器件和一个 PMOS 器件的源、漏极共接组成，其中 PMOS 器件的栅极信号与 NMOS 器件栅极信号相反。CMOS 传输门克服了 NMOS 和 PMOS 单管传输门输出电压偏移的问题，用一对互补信号使传输门能够工作正常，又由于 NMOS 器件和 PMOS 器件并联的接法，输出信号无论是高电平还是低电平都能保证输入和输出电压一致，而不会发生输出电压偏移。

CMOS 传输门的工作情况同样分传输高电平和传输低电平两种情况考虑。当传输高电平信号时，NMOS 器件截止，PMOS 器件工作，输入、输出电压相等；当传输低电平信号时，PMOS 器件截止，NMOS 器件工作，输入、输出电压相等。

2. 传输门和与非门/反相器构成的 CMOS 锁存器

利用 CMOS 传输门、与非门/反相器可以构建触发器的基本单元——锁存器。图 7.13 为一种传输门、与非门和反相器构建的带低电平复位功能的锁存器电路。

最上方的两个反相器 I2、I3 将输入 CK 信号转化成一对互补信号 CP、CN，提供给 CMOS 传输门 TRAN（这是图 7.12 中传输门的 symbol 视图）来使用，这里以 CP 和 CN 表示互补时钟信号。下方由两个反相器、两个传输门和一个与非门电路共 4 个单元门电路组成了一个 CMOS 锁存器。

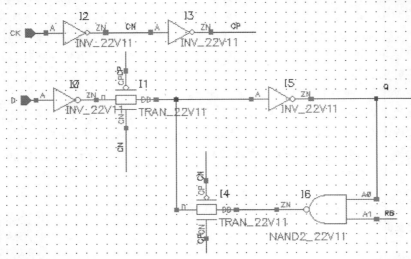

图 7.13 带低电平复位的锁存器电路

扫一扫看
CMOS D 触发
器的功能仿真
操作视频

当输入端 RB 为低电平时，输出 Q 恒为零，即执行复位操作；当 RB 为高电平时，执行正常的锁存功能：当 CK 信号为低电平时，传输门 I1 开启，输入信号 D 经过两个反相器 I0 和 I5 达到输出 Q；当 CK 信号为高电平时，传输门 I1 截止，此时输入信号无法传递到下一级；但传输门 I4 导通，输出信号在 I4～I6 3 个单元之间保存，即执行"锁存"功能。

上面的电路也可以略加变化，将 I6 变为或非门，则可实现输出信号置 1 的功能，这样的锁存器就称为带置位端锁存器。当然保持 I6 与非门不变，如果将 I5 变为与非门，则锁存信号可由外部信号控制置 1 或置 0，这种锁存器称为带置位复位端的锁存器。

3. 上升沿触发的 CMOS 主从边沿触发器

根据上述锁存器电路可以构成主从边沿触发器，如图 7.14 所示，图中，I2、I3 产生一对互补控制时钟信号，这里以 CP 和 CN 表示。当低电平复位信号 RB 有效时，输出恒为零，触发器进入复位状态；当 RB 无效时，触发器进入正常数据输入和保持状态：当 CP 信号为低电平到达时（上升沿），传输门 I1、I7 导通，I4、I8 关断。

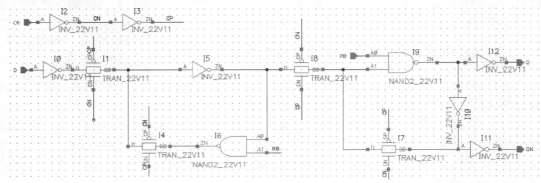

图 7.14 主从 CMOS 边沿触发器

此时第一个锁存器构成的主触发器完成信号 D 的传输工作，第二个锁存器构成的从触发器信号保持，输出信号 Q 不变；当时钟 CP 信号高电平到达时（上升沿），传输门 I1、I7 关断，I4、I8 导通，此时主触发器不再接收信号而进行信号保持，并将信号传输给从触发器，从触发器将信号经输出端输出，从而完成了信号 D 的传输。所以这种结构的触发器为时钟上升沿 D 触发器，当然只要将所有传输门信号反向，那么就成为下降沿触发，其原理是一样的。

以上传输门和与非门、反相器构成的触发器，工作延迟短，响应速度快，且结构简单，不会导致信号竞争冲突，在 CMOS 数字集成电路中被大量应用。

7.2　CMOS D 触发器和边沿触发器的版图设计

CMOS D 触发器的版图设计方法同前两章所介绍的逻辑门的版图设计方样一样，但实际操作过程中难度要大很多，原因是版图设计过程中要考虑两条最重要的原则：在满足工艺设计规则的前提下，电路性能尽量最优、版图面积尽量最小，关于这点在第 1 章中已经作过介绍。由于 D 触发器的管子数目较多，因此如何采取合理的布局以达到这两条原则是 D 触发器版图设计的重点，也是难点。

接下来具体介绍图 7.8、7.14 所示的两种
D 触发器的版图设计。

扫一扫看由与非门构成的 CMOS D 触发器的版图设计操作视频

扫一扫看与非门构建 CMOS D 触发器的版图设计教学课件

7.2.1　CMOS D 触发器的版图设计

图 7.8 所示的 CMOS D 触发器由 4 个与非门和一个反相器组成，版图设计时最简单、直接的办法是将这 5 个单元依次排列，保证这些单元的电源线、地线在同一高度，然后进行这些单元之间的版图连线。

完成的版图如图 7.15 所示。从图 7.15 的版图结构可以看出，这是一种"偏平"状的版图形式，典型特点是，顶部为电源线、顶部为地线；上半部分设计 PMOS 管、下半部分设计 NMOS 管；有源区从左往右为一个长条形，多晶从这一长条有源区上跨过形成管子。整个版图的高度是确定的，宽度根据触发器中所包含的单元从左往右延伸，是可以变化的。

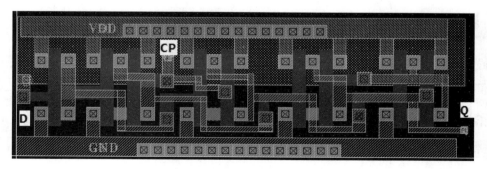

图 7.15　与非门构建 CMOS D 触发器的版图

7.2.2 CMOS 边沿触发器的版图设计

相比于以上与非门构建的 CMOS D 触发器，图 7.14 所示的传输门、与非门/反相器构成的边沿触发器的版图设计更为复杂，原因是单元更多、信号连接更为复杂。尤其是对于一个版图设计新手来说，如何合理地进行图 7.14 中各个单元的版图布局，能够确保连线走通，并且面积尽量小是一件非常困难的事情。因此参照图 7.16 所示的同类产品中触发器的版图布局，加以吸收和运用就显得非常重要了。

从图 7.16 所示的一个上升沿触发器的实物版图来看，为实现最小的版图面积，版图中应用了不少多晶连接，另外一铝的连接也非常紧凑，整个触发器的版图面积较小。

参照以上实物照片，最终完成的图 7.14 所示边沿触发器的版图如图 7.17 所示。

图 7.16 边沿触发器的实物版图

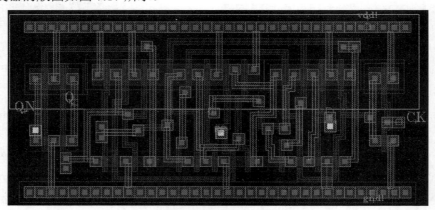

图 7.17 设计完成的边沿触发器的版图

7.3 基于 Calibre 工具进行触发器版图验证

触发器版图完成后，接下来进行版图物理验证部分，这里将采用和前两章不同的验证工具——Calibre 来进行版图的物理验证。

7.3.1 Calibre 工具的特点与支持产品

如果说 Diva 验证工具简便易用，Dracula 工具验证完备且效率较高的话，那么 Calibre 工具则同时兼具两者的优点。和前面所用的两种验证工具不同，Calibre 并不是 Cadence 公司的产品，它是 Mentor Graphics 公司所推出的一款版图验证软件，此软件包括设计规则检查（DRC）、版图与原理图一致性检查（LVS）、电气规则检查（ERC）、版图寄生参数萃取（LPE）等验证功能。

除了上述这些功能外，Calibre 最大的特点是验证引进了 Hierarchy 的理念，也就是所谓的"层级"的处理方法。其原理其实很简单，举例来说，假设一个单元被调用了上万次，如果这个单元本身就有一个错误，如果从"打平"的角度看，也就是在 Dracula 看来有上万个错误，其实从"层级"（Hierarchy）的角度看只有一个单元错误。大大缩减了查错时间。Hierarchy 验证的优点是显而易见的，一下子很多问题都迎刃而解。从而轻松解决在 Dracula 来看是很困难的问题，如连线短路（short）之类的问题。

Calibre 的工作模式有图形模式（graphical user interface，GUI）和指令模式（command line）两种；其中图形模式可以单独启动，也可与 Virtuoso 等软件相连接，其操作界面皆相同。在 Terminal 中输入命令，即可进入 Calibre 图形界面。具体方法是在 Terminal 中输入"calibre –gui"命令，如图 7.18 所示。

另外，Calibre 同前面两款验证工具一样，也可以和 Cadence Virtuoso 嵌套使用，能在 Layout Editing 界面直接调用"Calibre"验证菜单，如图 7.19 所示。

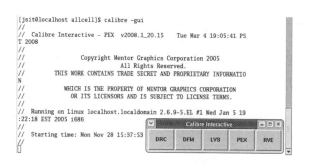

图 7.18　在 Terminal 中用命令单独启动 Calibre

图 7.19　版图编辑工具中启动 Calibre

指令模式则是类似于 Dracula 的操作方式，采用命令行模式能够快速输入控制命令，快速执行，其结果精确稳定。对于规模较小的版图应用图形模式则操作比较方便、用户界面友好、命令高度简化、通俗易懂，直观的图像化接口便于初学者使用。

正是因为如此 Calibre 工具在版图物理验证方面备受青睐，目前几乎成为市场上主流的验证工具，被各个设计公司所使用。某公司不同产品对验证工具的支持如表 7.2 所示。

表 7.2　不同产品对验证工具的支持

工 艺 线 宽	工 艺 类 型	Calibre	Assura	Diva	Dracula
0.13 μm	Mixed-Signal/RF	√			
0.16 μm	Logic	√			
	Mixed-Signal/RF	√			
0.18 μm	Logic	√			
	Mixed-Signal/RF	√	√		
	Flat cell	√			
	Mixed-Signal	√			√

续表

工 艺 线 宽	工 艺 类 型	Calibre	Assura	Diva	Dracula
0.5 μm		√			√
0.35 μm	Mixed-Signal	√			√
		√			
0.6 μm		√			√
	HV	√	√	√	√
		√	√	√	√
	BCD	√	√	√	

从表 7.2 可知大多数的产品支持 Calibre 物理验证，特别是在较小线宽产品中 Diva 和 Dracula 验证都不再支持，因此在本项目中采用 Calibre 工具对 CMOS D 触发器标准单元版图进行验证。

7.3.2 触发器的 Calibre DRC 验证

同 Dracula 验证类似，使用 Calibre 验证版图 DRC 同样需要准备验证文件，当然这个文件通常也会由工艺厂方面提供，除了验证文件，Calibre 也需要版图的 GDS 文件。如图 7.20 为 Calibre DRC 验证流程示意图。

Calibre 进行 DRC 的流程和 Dracula 一样会产生很多文件，因此同样也创建一个文件夹给 Calibre 使用，以免文件管理混乱。在 Terminal 中输入"mkdir"命令来创建，这里建议将验证文件夹创建在所设计的单元文件夹内。区别于

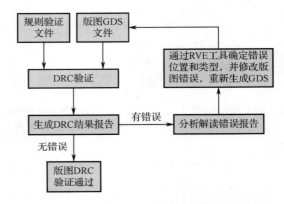

图 7.20　Calibre DRC 验证流程示意图

Dracula 验证文件夹，可命名为 cdrc，当然后面进行 LVS 同样需要一个专门的文件夹，这里可以一并建好，如图 7.21 所示。

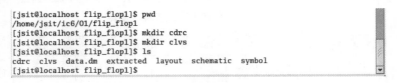

```
[jsit@localhost flip_flop1]$ pwd
/home/jsit/ic6/01/flip_flop1
[jsit@localhost flip_flop1]$ mkdir cdrc
[jsit@localhost flip_flop1]$ mkdir clvs
[jsit@localhost flip_flop1]$ ls
cdrc clvs data.dm extracted layout schematic symbol
[jsit@localhost flip_flop1]$
```

图 7.21　在正确路径创建验证文件夹

接下来在 Layout Editing 界面选择菜单中 Calibre—Run DRC 启动 Calibre，启动完成后会弹出 Calibre DRC 验证窗口，如图 7.22 所示。

在图 7.22 中，一共有两个窗口，Calibre Interactive 窗口为 DRC 验证主界面，Load Runset File 窗口是 DRC 运行设置文件读取窗口，如果没有 DRC 运行设置文件，这里直接单击"Cancel"按钮即可。

图 7.22 中的 DRC 主窗口左侧分别有 Rules、Inputs、Outputs、Run Control、Transcript、Run DRC、Start RVE 等选项，这些选项用不同颜色的进行区分，红色代表此项设置尚未完成，绿色代表设置已经完成，当红色的选项完成全部设置后，标题颜色会变绿，代表设置已经完成，要进行 Calibre DRC 验证必须要所有设置完成方可进行。当然 LVS 设置也和 DRC 比较类似，需要所有设置变为绿色才完成。此外有时还会有灰色选项，灰色代表不需要设置。

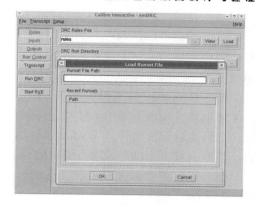

图 7.22　calibre DRC interactive 界面

首先在"Rules"选项中，在右侧"DRC Rules File"文本框中输入 DRC 验证文件的地址和文件名，再在"DRC Run Directory"文本框中输入运行 DRC 验证的完整路径，如图 7.23 所示。

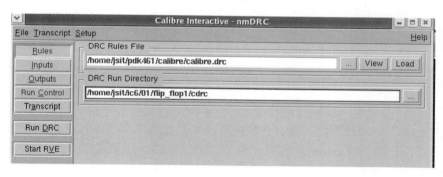

图 7.23　完成 Calibre DRC Rules 的设置

其中，DRC 验证的完整路径也就是刚才新创建的文件夹路径。在这两个设置完成后，Rules 选项就会成绿色，代表设置完成，如图 7.23 所示。

接下来是"Inputs"选项的设置。在"Inputs"选项中值得一提的是 Calibre 特有的 Hierachical DRC 运行模式，通过这种方式运行 DRC，Calibre 可以层次化检查设计规则，对每个单元版图只进行一次分析和判断，而不是打开方式把所有图层打散来进行设计规则检查，这样的检查方法充分利用设计数据的层次化关系，从而减少错误和加快 DRC 运行速度。对于百万晶体管级以上的大规模集成电路，层级化验证通常会比打平验证要快几个数量级，这个验证速度优势是非常明显的。同时对于 DRC 错误显示，也只会显示一处，如果一个单元被调用 1 万次，用打开方式检查则会有 1 万个错误，Calibre 的验证优势更是显而易见的。

在"Inputs"选项中，设置"Run 为默认的 DRC（Hierarchical），在"Layout"选项卡的"File"文本框中可以输入版图 GDS 文件及完整路径。这里版图的 GDS 文件可以和 Dracula 中一样，通过 Stream Out 从版图导出。

不同于 Dracula 工具的是，Calibre 也可以自行从版图中导出 GDS 文件，不需要设计者专门再去做一次 Stream Out 导出 GDS 文件。如果需要 Calibre 自行导出版图 GDS 文件，可以选中"Format"后的"Export from layout viewer"复选框使其点亮，生成的 GDS 文件名称即上方在"File"文本框中输入的名称，执行 DRC 时 Calibre 将自动导出版图 GDS 文件。

在"Top Cell"文本框中输入版图单元名称。

最后是"Area"选项，如果选择此选项则可以对版图做区域 DRC 验证，而不是全部验证，选择此选项后会打开 Waiting for layout 对话框，此时可在版图中进行需要验证区域的选择，当然一般"Area"选项不要去选择，因为小单元验证肯定是要做全部验证的。

当上述设置全部完成后，"Inputs"选项会变成绿色，代表"Inputs"选项设置完成，如图 7.24 所示。

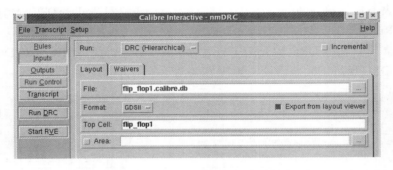

图 7.24　完成 Calibre DRC Inputs 设置

完成"Inputs"选项设置后，所有选项应该没有红色选项存在，代表已经可以运行 DRC 了。"Outputs"和"Run Control"选项一般不要进行修改，这里不做介绍。"Transcript"选项会记录 DRC 运行过程与相关信息，如果 DRC 运行出错可以参看此处错误信息。

另外，Calibre DRC 还可以进行设计规则选择性验证，即只做部分规则验证而不是验证全部规则，方法是在菜单栏中选择"Setup"→"Select Checks"选项，打开设计规则选择对话框，在其中选择相应规则即可实现设计规则选择性验证，如图 7.25 所示。

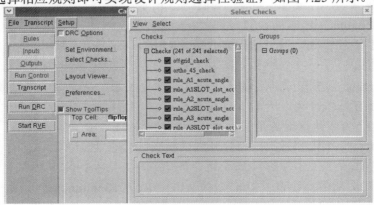

图 7.25　DRC 设计规则验证选择

全部设置完成后，选择"Run DRC"选项运行 DRC。

运行完成后，会打开 RVE 窗口显示 DRC 摘要报告，如图 7.26 所示；从该报告中可以了解到验证路径等相关信息，这个窗口中的内容只需要简单浏览一下即可；另外打开的窗口就是 DRC 的验证结果，如图 7.27 所示。

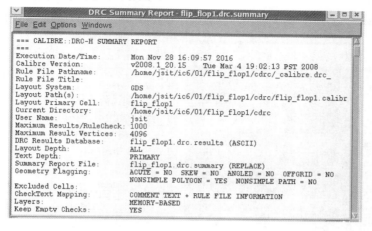

图 7.26　DRC 摘要报告

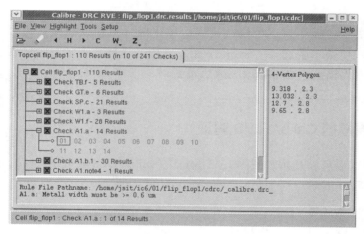

图 7.27　DRC 验证结果

在图 7.27 中，红色的×即代表 DRC 错误，Calibre 会根据设计规则将错误分类，从图 7.27 中可以看到一共有 10 条违反设计规则的错误，包括了违反了阱、栅、P 有源区注入、孔、金属 1、金属 2 和金属 3 等规则。

以上错误分为两大类，其中一类是误报错误，如上述错误中违反金属 2 和金属 3 规则的错误就属于误报，这是金属覆盖百分比问题，在前面 Dracula 验证中已经提到，可以忽略；另外一大类是指确实违反了设计规则的错误，这些错误必须进行修改。这里以第六个错误——违反金属 1 规则为例进行说明。

单击第六个条目前的"+"可以看具体违反金属 1 设计规则的错误个数和所在。图 7.27 中违反该条设计规则的错误共有 14 处，单击其中具体某一处错误，右侧窗口会显示该错误的具体坐标，在下方窗口则会显示具体错误信息，从图 7.27 中可以看到，下方显示了规则来源文件，以及错误具体描述：金属 1 的宽度不小于 0.6 μm。

双击该错误（这里是"01"），在 Layout Editing 中会跳至该错误所在，并高亮放大显示该错误，如图 7.28 所示，在上方菜单栏中可以进行清除高亮显示，显示当前、下一个和前一个错误等操作。

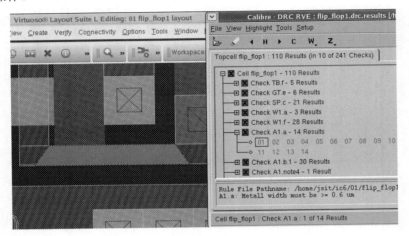

图 7.28　DRC 错误高亮显示

根据 RVE 提示在版图上逐个修改错误，每完成一个错误修改，可以在 RVE 中右击"01"，在弹出的快捷菜单中选择"error fixed"选项，这样就表示这个错误已经修改完成，红色的"01"会变为绿色。全部修改完成后重新运行 DRC，直至错误完全消除。

扫一扫看触发器的 Calibre LVS 验证教学课件

扫一扫看触发器的 Calibre LVS 验证微课视频

7.3.3　**触发器的** Calibre LVS **验证**

DRC 验证通过后可以开始版图的 LVS 验证。Calibre LVS 验证的流程示意图如图 7.29 所示。

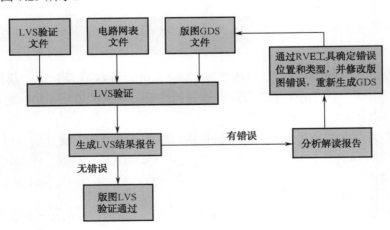

图 7.29　Calibre LVS 验证的流程示意图

相比于 DRC 验证，LVS 验证还需要多准备一个电路网表文件，在 Dracula 验证中电路

网表可以通过"Export"→"CDL"命令从电路原理图导出，Calibre 验证中也可以采用手动导出电路网表的方法，但和 GDS 文件的准备一样，Calibre 也可以自动生成电路网表。

LVS Interactive 窗口与 DRC 验证窗口类似，但也有一些差别。Calibre LVS Interactive 窗口如图 7.30 和图 7.31 所示。

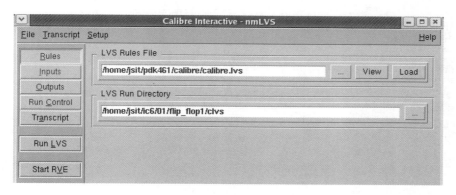

图 7.30　Calibre LVS Interactive 窗口（1）

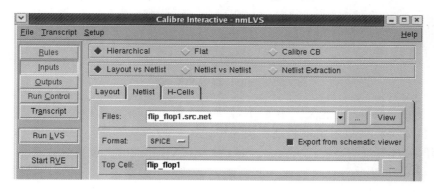

图 7.31　Calibre LVS Interactive 窗口（2）

图 7.30 是 Calibre LVS 的"Inputs"选项，从选项名称可以看到，除了 LVS 以外，还可以选择做 NVN，即网表对比，并且和 Diva 工具一样能提取版图网表，这两个功能这里不做介绍，有要用到的可以按照要求去选择使用。

"Input"选项卡中除了"Layout"之外，还有"Netlist"，在"Netlist"选项卡中输入电路网表信息。同样，在"Netlist"选项卡中选中"Export from schematic vierer"选项，即可让 Calibre 自动导出电路网表文件，而不一定非要手动导出电路网表文件。

"H-Cells"选项卡是使用 Hierarchical 模式做 LVS 时才需设定的，否则不需额外去设定。在 Hierarchical 模式下最常见的设定是 Automatch，一般是在 Layout 所用的 Cell Name 与 Schematic 的 Cell Name 不一致的情况下，方需设定"H-Cells"。

完成设置后选择"Run LVS"选项，和 DRC 运行一样，完成后会打开摘要报告和 RVE 窗口，如图 7.32 所示。

在 LVS RVE 窗口中，左侧窗口分 Input Files 和 Output Files 两大部分，其中 Input File 有规则文件和电路网表，Output File 有版图网表、版图提取报告和 LVS 报告。通过该窗口可以查看电路和版图网表。右侧窗口分为两部分，上半部分显示了 LVS 错误分类和数目，当单击错误分类中的 Discrepancy 时，下半部分窗口将显示该错误的具体描述，这些描述实际上在 LVS 摘要报告中含有，这里只不过将错误描述按照具体错误分别显示而已。

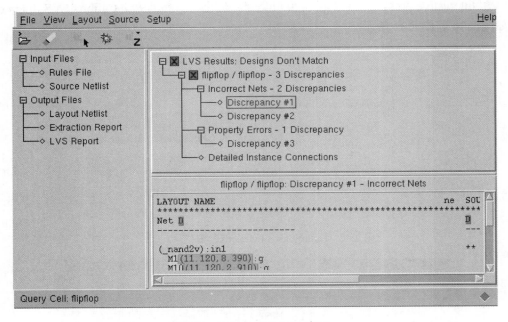

图 7.32 Calibre LVS RVE 窗口

LVS 错误的排查和纠正也要利用 RVE 来完成，由于 LVS 错误种类繁多，但版图错误类型和验证工具无关，大致的错误类别在前文中已经列举。至于细分到每个具体错误，这里无法一一举例，故只以两个错误为例来说明 Calibre LVS 错误的大致修改方法。

在图 7.32 中可以看到 LVS 结果一共有两大类，共 3 处错误。一类是线网连接错误，此类错误一共两处；一类是器件参数错误，此类错误 1 处。

先看第一个错误描述，如图 7.33 所示。

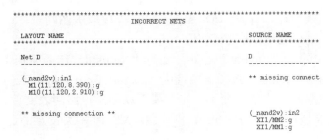

图 7.33 连线错误

在版图中连接名为"in1"的与非门中 M1 和 M10 的栅极连线"D"和电路中连接的器件不一致。这里可以双击 M1 和 M10 名称使其在版图中高亮显示，如图 7.34 所示。

同样双击 RVE 错误描述中的 D 信号线，或者版图网表中相应连线，可以在版图上高亮显示该连线，如图 7.35 所示。通过高亮后可以和电路或网表进行对比，看错误是如何造成的。

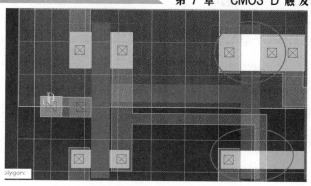

图 7.34　高亮显示后的版图错误器件

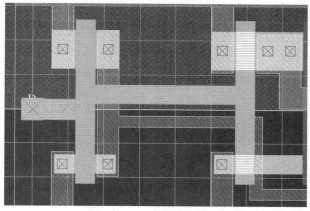

图 7.35　高亮显示后的版图错误器件及连线

再来看电路图。在电路图中 D 信号连接了与非门的 A 输入端，通过底层电路视图，B 输入端连接的 NMOS M0 的源端接地，而版图中相应的 D 信号连接的 NMOS 的源端接地，故此处显示 LVS 错误。同类型的第二个错误是 CP 信号线连接错误，原因和 D 信号线连接错误是一样的。原理图中的 D 信号连接关系如图 7.36 所示。

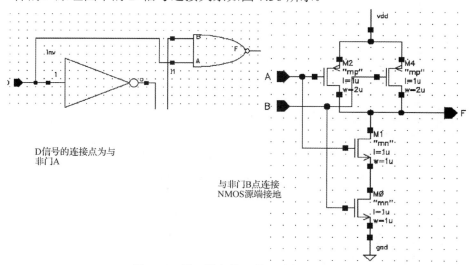

图 7.36　原理图中的 D 信号连接关系

第三个错误显示为版图中 M0 管（P 管）的宽 W 为 2 μm，而在电路中与之对应的 M0 管（P 管）的宽为 1 μm。这个是器件尺寸错误，同样用 RVE 找到相应器件修改尺寸即可。这样就把所有的 LVS 错误纠正完成了。版图中元器件尺寸参数错误如图 7.37 所示。

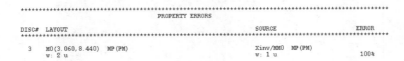

图 7.37　版图中元器件尺寸参数错误

当然如果版图或电路比较难以区分，也可以通过观察网表进行对比分析，如图 7.38 所示。

图 7.38 中，电路网表中左侧按照电路拓扑、单元类型及器件类型进行分类，从中可以很快找到对应的单元和元器件。右侧则详细显示各个器件、单元电路的网表连接关系和参数，一目了然。

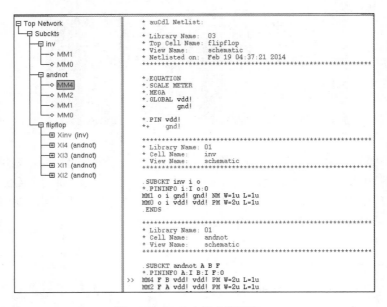

图 7.38　RVE 中的电路网表

如图 7.39 所示，版图网表同样标示了各个器件的名称、类型、连接关系和尺寸，所不同的是这里多了"AS""AD"等参数，AS 代表 MOS 器件源端面积，AD 代表 MOS 器件漏端面积；PD 代表 MOS 器件漏端外围长度，PS 代表 MOS 器件源端外围长度。

如果网表单元器件比较多也可以通过 RVE 中菜单栏的查询菜单来找到对应的元器件，如图 7.40 所示。具体查询方法按照提示要求来做，这里就不再展开了。

全部 LVS 错误修改完成后重新做 LVS 验证，结果如果正确则 RVE 中不会再有错误提示，而是显示"Designs Match"，代表电路与版图完全匹配。在 LVS 报告中也会以"√"和笑脸标志，如图 7.41 和图 7.42 所示。

图 7.39　RVE 中版图网表

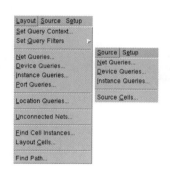

图 7.40　单独查找菜单

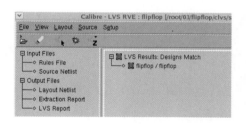

图 7.41　完全正确的 RVE

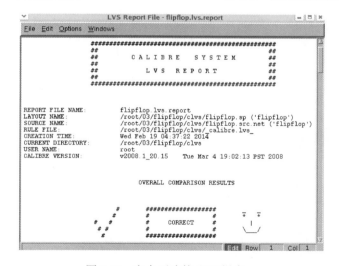

图 7.42　完全正确的 LVS 报告

　　以上触发器的版图验证也可采用 Diva 和 Dracula 来做，这里不再详述。这里有一点要提及，有时候会出现用某一种验证工具做物理验证时能够通过，而其他工具却会出错的情况。例如，在 Dracula 和 Calibre 中出现的金属假错，用 Diva 验证就没有出现，这主要是由于工具中所用的验证文件不同，某些验证条款未在 Diva 验证文件中出现的缘故。

思考与练习题 7

（1）PMOS 传输门传输输入电压为 VSS 或 GND 时，能否使输出电压达到 VSS 或 GND？

（2）什么是电路设计的层次化？观察不同层次的逻辑该如何操作？

（3）用反相器与传输门构建门级主从上升沿 D 触发器电路，并进行验证；绘制该触发器的 symbol。

（4）Calibre 验证工具与之前所用 Diva、Dracula 验证工具相比有什么优点？

（5）Calibre DRC、LVS 的验证步骤分别包含哪些？

（6）触发器的版图设计与基本逻辑门的版图设计相比需要注意哪些事项？

（7）绘制主从上升沿 D 触发器的版图。

（8）采用 Calibre 对以上所绘制从上升沿 D 触发器的版图进行验证。

第8章

标准单元版图设计

在第 5~7 章中，基本逻辑门、复合逻辑门和触发器的版图设计采用的方法都称之为全定制版图设计。本章介绍另外一种设计方法——半定制版图设计。在半定制版图设计中，基于标准单元的版图设计是最基本也是最重要的一种方法。本章介绍基于标准单元版图设计的一些基础知识，为本书第 2 个模块中的项目化版图设计做好准备。

扫一扫看
标准单元
版图绘制
电子教案

8.1 标准单元及布局布线基本原理

目前，集成电路制造工艺已经进入超深亚微米和纳米时代，与此相应的是芯片规模也越来越大，因此芯片的设计也越来越复杂。前面几章介绍的全定制设计虽然能够提高设计的性能、减小芯片的面积，但设计周期会很长，所以主要采用这种方法来进行模拟电路的设计，而针对呈几何级数增长的数字电路，这种方法显然已经不再适用，需要采用一种利用可重复使用 IP 库的设计方法，这种方法可以缩短设计周期，保证设计一次成功，从而降低芯片成本。标准单元库是 IP 库中最基本、使用最广泛的一种。

所谓基于标准单元的设计就是针对一个指定的工艺，只需要设计和验证一次单元，然后就可以重复利用这些标准单元多次，并且使用的是自动布局布线（auto matic placement and routing，APR）工具，不再是人工考虑芯片设计中的各种因素，从而分摊了设计成本，缩短了设计过程并使设计自动化，因此基于标准单元的设计在现代集成电路中被普遍采用。

基于标准单元设计的前提是有一个标准单元库。形象地来讲，标准单元对于 APR 工具来说就像砖与墙壁，标准单元就是一块块砖，当然这些砖可能大小不一致，但规格统一，APR 的工作就是将这些砖统一堆砌在一起，如图 8.1 所示。

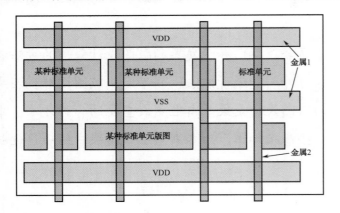

扫一扫看 CMOS D
触发器标准单元版
图绘制（一）电子
教案

扫一扫看 CMOS
D 触发器标准单元
版图绘制（二）电
子教案

图 8.1　标准单元与 APR 示意图

在基于标准单元进行超大规模集成电路版图设计中，以上两项工作一项由人工完成，一项由计算机完成，不可避免地需要人机进行互通，因此单元版图的绘制并不是那么随意的，而是需要考虑到后续 APR 的。为了后续 APR 能够顺利完成，单元版图的绘制会有一定的要求和限制，为了 APR 能够布通，按照一定的限制条件绘制完成的版图通常都能够实现接口通用且结构规则，这也就是为什么以上单元被称为标准单元的原因。当然标准单元版图绘制过程中设计规则和电路的对应仍然是始终要考虑的。

8.1.1　标准单元库的基本概念

扫一扫看
两种基本
布线原理
教学课件

扫一扫看
两种基本
布线原理
微课视频

所谓标准单元库是集成电路设计过程中所需的单元符号库、单元逻辑库、版图库、电路性能参数库、功能描述库、器件模型参数库等的总称。在整个集成电路设计过程中，从系统级描述、逻辑综合、逻辑功能模拟，到时序分析、验证，直至版图设计中的自动布局、布线，都必须有一个内容丰富、功能完整的标准单元库的支持。由此可见标准单元库是 IC 设计的基础，为整个设计流程的各个阶段提供支持，对集成电路的性能、功耗、面积和成品率等都是至关重要的。

标准单元库的建立必须考虑多方面的因素，其中重要的一点与布线工具及布线原理有关，目前有两种常用的布线原理；当然标准单元库的建立还需要遵循一定的原则。这些内容将在后续逐一介绍。

为了确保标准单元库在后续不断被使用过程中能够适应各种具体情况，在标准单元库建立的过程中需要考虑一些因素，概括起来主要是电压、温度和工艺偏差 3 个方面。

上面已经提到，使用这些标准单元版图库的工具是 EDA 工具中的 APR 工具，目前采用比较多的是 Synopsys 公司的 ICC、Astro，Cadence 公司的 Innovas 等。不管是哪一家公司的哪一种布局布线工具，其最基本的原理只有两种：基于网格的布线和基于设计规则的布线。

8.1.2 两种基本布线原理

1．基于网格的布线器

所谓基于网格的布线就是把器件布局在标准网格上并用工具进行自动布线，保证按照电路的逻辑完成所有单元的摆布和单元之间正确的连接。典型的布线软件都是基于网格的。

标准网格就像一个个平面正方形塑料块拼装在一起，在开始布线前先定义 X（水平方向）和 Y（垂直方向）的网格线，然后采用自动布线工具，将每一层铝线布在网格线上，从一个网格交叉点到另一个网格交叉点，如图 8.2 所示。

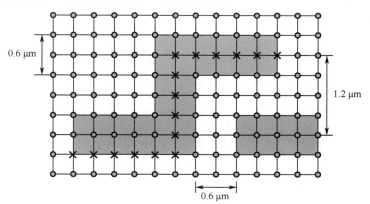

图 8.2 基于网格的布线

在这种布线方法中，网格大小的选取是有讲究的。以 D508 项目所采用的 0.5 μm 工艺为例。图 8.2 中打阴影的第一层铝线 metal1 最小线宽为 0.6 μm，每两条铝线的最小线间距也是 0.6 μm，那么两根一铝线中心距为 1.2 μm（每根一铝线的一般宽度为 0.6 μm，两根一铝线的间距为 0.6 μm），因此在这种工艺中要使用基于 1.2 μm 的网格。

通常来说先确定所使用工艺中的最小线宽和最小线间距，然后才能确定将使用多大的网格。最小线宽越宽，线间距越大，所使用的网格就越大。

基于网格的布线器布线时完全依赖这些网格，从中可以看到基于网格的布线器有两个限制：一个是布线的宽度是固定的，无法改变；另外一点就是只能将器件对称地分别布在网格线上，不能随心所欲地进行设计，必须符合网格布线的以上规则。

集成电路工艺中的每一层铝层的规则是有可能不同的，因此基于网格的布线通常无法在不同的布线层使用不同大小的网格布线，主要原因是连接不同层布线的通孔的放置是一件很困难的事，试想在一种网格的上面再设计一个稍微大一点的另一种网格，会发现两层的网格交点几乎没有一个是重叠在一起的，从而造成不同铝层几乎无法连通的。因此所有铝层上的网格必须使用同一种尺寸，这样造成的另外一个问题是必须要使用所有铝层上最大的设计规则，包括铝层的条宽和间距，从而极大地浪费芯片面积。

为解决以上问题，就出现了另一种布线器。

2．基于规则的布线器

基于规则的布线器中，每一层布线都是用实际的设计尺寸来替代固定尺寸。这样就能得到紧凑得多的布线，因为 metal 1 的线宽和间距可能与 metal 2 的线宽和间距并不相同。有些层次布线的压缩余地可能更大，它们可以有更紧凑的网格间距，从而节省版图空间。

既然可以用多层铝线来布线，那么自然会想到是否可以全部采用第一次铝线来进行芯片中所有的布线呢？这个当然不行，因为要使用同一层铝线连接成千上万个器件，很快会发现布线的阻塞，从而造成布线无法完成。为了使这么多器件的版图能够布线布通，必须使用多层布线。

以一个采用两层铝工艺的项目为例，该项目可用两层铝进行布线，在第一层铝线（metal1）布线时只能精确地沿着网格线来布线，在第二层铝线（metal2）布线时也要使用同样的方法，那么一定会在某些地方要离开 metal1 层进入 metal 2 层中。如果在两层铝层中都使用网格来布线，并对布线不加以约束随意布线的话，第一和第二铝层就会造成走线上的冲突。

有一个比较好的方法可以较好地解决这个复杂的问题，那就是在第一铝层布水平线，在第二铝层布垂直线，如图 8.3 所示。

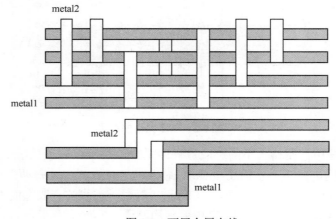

图 8.3　两层金属布线

若要改变布线方向，只需改变铝层布线即可，即在从一点到另一点布线时，首先在第一铝层布水平线，然后通过通孔连到第二铝层布垂直线。水平线、垂直线因在不同的掩膜版上，所以不会形成交叉。在某些特殊情况下，也可以不完全按照这种做法，如图 8.3 中的两个平行的一铝线在垂直方向仅移动 1 或 2 个网格，这个时候就不需要采用二铝层来布线，而是直接都用一铝层来布线。

实物芯片中的金属走线如图 8.4 所示。从图 8.4 中可以看到金属 1 与金属 2 基本都是呈现水平垂直行走，也有个别地方有例外，但总体的走线原则是确定的。在绘制标准单元版图时需要根据金属层设计规则来设计版图，这样后面的 APR 才能够正常进行。

8.1.3　为满足布局布线要求需遵循的规则及网络概念

根据工艺条件在标准单元绘制过程中，版图的长/宽尺寸、输入/输出端放置位置等都有严格的规定，而不是和前面几章介绍的那样可以任意设定和放置，这就是为了满足布局布线要求而需遵循的规则。由于标准单元的绘制是为了能够适应后期的 APR，所以这些规则主要指金属及通孔的设计规则。下面以一个实际单元为例讲述这些规则。

图 8.5 是一个反相器逻辑图，输入标为 A，输出标为 Y；电源线 VDD 在上，地线 GND 在下；PMOS 管 P1 宽长比为 2.4/1，NMOS 管 N0 宽长比为 1.8/1。图 8.6 是不考虑布局布线要求相关规则的反相器版图，其实就是采用第 5 章中所介绍的全定制方法所设计的。

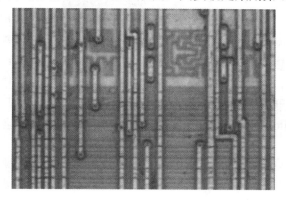

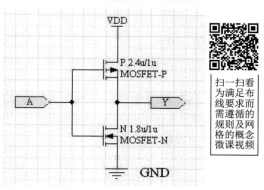

图 8.4　实物芯片中的金属走线　　　　图 8.5　反相器单元的逻辑图

如前面所描述的那样，为满足布局布线规则，输入和输出 A、Y 必须位于单元的中心，并且不能随便地布线，必须像所有走线一样布在网格上。因此将网格放在反相器的版图上，如图 8.7 所示，其中很多个虚线方框就是网格。

从图 8.7 中可以发现在添加网格后，A 和 Y 连接很方便，因为 A 和 Y 都位于网格上。

跟图 8.2 相比，图 8.7 中只是画出来几个虚线布线网格，其实这些网格就是图 8.2 中 X 方向（水平方向）和 Y 方向（垂直方向）的网格线交叉点，也就是说图 8.7 中的虚线方框是满足水平方向相关规则的网格线和满足垂直方向相关规则的网格线的交叉点。

必须用同样的方法将标准单元中的所有连线都放在网格上，要确保所有版图上走线、单元和交叉点等都遵守这些规则，否则就不能保证能通过自动布线系统的执行。

如果没有将部分单元器件精确地定位在网格上，只是稍稍偏了一点。自动布线器在布线时认为有足够的空间可以布下一根线，实际上线可能与该器件连接在一起了，发生这种错误时不得不对内部器件重新布局。因此标准单元的输入和输出端一定要在网格上，这就是标准单元库的最基本的规则。

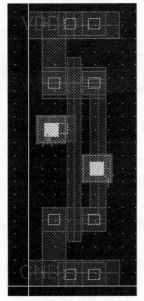

图 8.6　反相器单元的版图

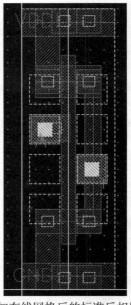

图 8.7　添加布线网格后的标准反相器单元版图

　　总之，在 APR 中金属布线是沿一定的网格进行布线的，金属不是可以任意行走的，利用网格布线的好处是在有限空间内能够准确整齐且最大限度地布通连线，而且各个单元电路功能不同，门数不同，版图大小也就不同，对于不同大小模块的电路单元版图通过网格布线就能够做到统一布通。这些网格之间的间距称为 pitch。在绘制标准单元时，单元的尺寸大小、输入/输出 Pin 点的放置都要根据 pitch 来进行设计，以便后期 APR 能统一拼接各个单元并完成连线。

　　另外，通过以上例子可以得出这样的结论：水平方向的相关规则最终对某一个单元来说就是对单元高度的要求；而垂直方向的相关规则对某一个单元来说就是对单元宽度的要求，而单元宽度最终总是一个固定的网格间距的整数倍。下面具体介绍单元高度和网格间距这两个尺寸如何确定。

8.1.4　网格间距的确定

　　在上面的介绍中可以了解到为满足布局布线工具的要求，标准单元的建立过程中最重要的是如何确定网格间距。

　　pitch 的选择也是至关重要，选取适当的 pitch 值对 APR 的影响是相当大的，通常 pitch 值越大版图绘制就越简单，APR 也越容易布通，但带来的坏处是芯片面积变大；pitch 值越小，布线会相对困难，版图绘制也会增加难度，但芯片面积会缩小，节约成本，相比同类产品，当然也更有竞争力。

　　在 pitch 选择中也要遵循设计规则，pitch 既然是布线网格的间距，那么自然要遵循连线载

体层（金属层）及和这些金属层相关通孔的设计规则。例如，金属层最小间距为 0.5 μm，此时如果将 pitch 设定为 0.3 μm，那么显然这种情况下设计出来的版图是无法通过 DRC 验证的，无法通过 DRC 验证也就意味着设计错误，因为违反工艺条件的版图根本无法生产出来。

根据金属最小线宽、间距及通孔的最小间距等设计规则，pitch 的取值一般有 3 种情况，分别是 line on line、line on via、via on via，如图 8.8 所示。

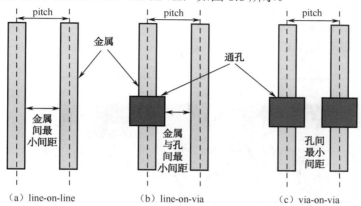

图 8.8　三种 pitch 尺寸的选取

由于不同金属层线宽及其间距都有不同的最小宽度，所以网格的 pitch 需要根据每层金属层的设计规则来选取，因此网格的纵向和横向 pitch 通常是不等的。如果要使所有的网格都采用同样的尺寸，那么只能统一地采用芯片上尺寸要求最大的那个工艺层上的尺寸。

虽然上面介绍了 3 种 pitch 尺寸的选取方法，但实际上 pitch 的选取很少选用 line on via 的情况，更多的是选用 via-on-via 情况，以保证能够满足设计规则而不出错。以 0.5 μm 工艺为例，假定工艺设计规则中，第一层金属间最小间距为 0.6 μm，金属最小线宽为 0.6 μm，接触孔（工艺库中调用，包含金属层）大小为 0.5×0.5 μm^2，第一层金属包接触孔 0.3 μm，接触孔间最小间距是 0.5 μm，如果采用 line on line，则网格水平方向：

$$pitch = 0.3\ \mu m + 0.6\ \mu m + 0.3\ \mu m = 1.2\ \mu m$$

此时如果在某条金属上添加接触孔，那么接触孔到附近金属的间距就变为

$$space = 0.6\ \mu m - 0.25\ \mu m = 0.35\ \mu m$$

显然，0.35 μm 的间距违反了设计规则中金属与接触孔最小间距的原则。

如选取 via on via 的方法，则有：

$$pitch = 0.25\ \mu m + 0.5\ \mu m + 0.25\ \mu m = 1.0\ \mu m$$

在此情况下，无论如何添加接触孔或连线，都不会违反设计规则，当然带来的结果从数字上就可以看出，pitch 增大了，自然版图也相应变大。

在 pitch 确定后，标准单元版图高度必须是水平网格 pitch 的倍数，标准单元版图宽度必须是垂直网格 pitch 的倍数。

8.2　标准单元的建立原则

 扫一扫看 CMOS
标准单元版图
calibre DRC 验证
电子教案

 扫一扫看 CMOS
标准单元版图
calibre LVS 验证
电子教案

上面多次提到标准单元版图绘制过程中除了需要遵循设计规则外，还必须考虑其他一

些为满足布局布线而需要遵循的原则，下面具体介绍这些原则。

8.2.1　标准单元的高度和宽度原则

扫一扫看标准单元的高度和宽度原则教学课件

扫一扫看标准单元高度和宽度原则微课视频

如果标准单元库中每一个单元的高度都不同，并且电源线和地线宽度也有别，如图 8.9 所示，即使所有的单元都对齐网格，布线也会非常困难。因此，为了布线方便就要求标准单元库中所有的门都必须是同一个高度，并且所有单元的电源线、地线宽度都保持一致。一个符合要求的固定单元高度决定了整个库的性能。

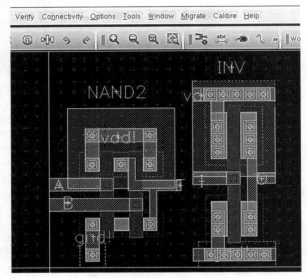

图 8.9　不同高度的版图单元

从图 8.9 中可以看到这两个单元的宽长比都不大，意味着这两个单元的驱动能力都有限，如果一个设计中需要较大的驱动，即需要有较大宽长比的管子来驱动大的负载，那么只能使单元变宽，以放置较大宽长比的管子，但不能改变单元的高度。

采用高度固定且电源线和地线宽度都相同的库最大的优点是当把所有的逻辑门一个挨着一个地摆放时，可以让每一个单元与它相邻的一个单元恰好对接，这样就不必专门连接电源线和地线，它们自动就连在一起了。因此高度固定且电源线和地线宽度相同的方法保证了能把所有这些单元互相并排放置，因而 DRC 不会出现问题，也是整个数字版图领域非常通用的技术。

标准单元版图高度必须是水平网格 pitch 的倍数，一般为 7 倍、8 倍、9 倍等。也有些特殊的会用到 10 倍以上，这主要看产品用途、器件性能和制造工艺要求等因素。倍数越大意味着版图尺寸越大，版图越容易绘制，但成本自然也随之增大。所以低倍 pitch 设计的标准单元是比较困难的，但也是比较昂贵的，一般这种标准单元版图都会受到知识产权法保护，可见设计难度是比较大的。

在建立标准单元库时，首先选择所有单元中单元高度最高的一个（如触发器），在设计完成该单元后，根据其大致高度，再结合一铝 pitch 的大小决定整个标准单元库高度。当然这个过程有可能需要做多次重复，最终敲定一个比较合适的高度。

例如，首先建立一个触发器的版图，如图 8.10 所示。这个版图有可能有多个不同高度的版本。

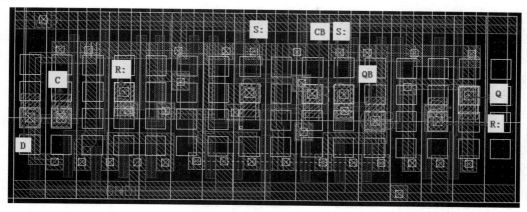

图 8.10　标准单元库中所建触发器样板

图 8.10 中所示的触发器样板是一开始建的，有一个单元高度和宽度，但这个单元高度有可能需要调整，原则是尽量确保该触发器的面积最小。在这个确认触发器高度的过程中需要一些版图设计经验。

从前面几章的版图设计可知，由于电路结构不同，每个单元电路用到的器件数目和类型也各不相同，带来的结果是各个不同单元的版图面积必然会有所差异。而在一套标准单元库版图绘制中所有单元版图的高度必须统一，那么唯一可以改变的就是版图的宽度。

所以在标准单元版图绘制中非常重要的一点就是高度固定，宽度可变。采用高度固定的库的优点就是如果将所有的门挨个摆放，电源线、地线就很容易布线。宽度的改变也是要根据垂直 pitch 的倍数来进行改变的，只不过此时不像高度一样限定 pitch 倍数。

在 Cadence 中如果确定了标准单元的高度和宽度，那么可以在菜单中选择 "Create" → "P&R Objects" → "P&R Boundary" 选项来进行标准单元边界的创建，放置位置可参照 Layout Editing 中的坐标点来进行放置。这里要注意的是这个 Boundary 就是后续 APR 中单元放置的边界，在 APR 布局中各个标准单元版图是按照 Boundary 相互拼接的，所以版图中所有图层不能超过这个 Boundary，应至少留出 1/2 pitch 的间距，否则物理验证会产生 DRC 错误而通不过。

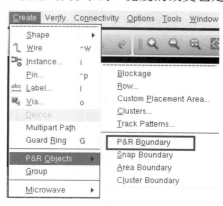

图 8.11　P&R Boundary 设定

8.2.2　标准单元的其他原则

1．共用 N 阱原则

在这里还有一些特殊图层的绘制，是可以超出设定边界的。这些图层通常是一些共用区域，如 N 阱区、电源线和地线等，有时候这些超出边界的版图还是必需的。以 N 阱区为例，典型的 CMOS 工艺通常都有一个关于 N 阱区间距的规则，这个间距要求很大，而其仓图层的间距要求要比 N 阱区的间距小得多，此时超出边界的阱区在拼接时就连在一起形成了一个大的 N 阱区，从而避免了 N 阱区间距规则这个会导致加大版图面积的问题，如图 8.12 所示。当然绘制的时候还是要遵循设计规则，也不是可以任意超出边界的，通常超出边界部分仍然是按照 pitch 倍数来绘制。

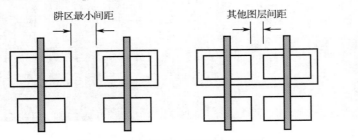

图 8.12　通过共用 N 阱区减小面积

2. 单元间隔原则

上面提到把相邻的单元紧挨一起放置，不需要另外连线就可以把电源、地线和 N 阱等相互对接起来，从而形成一长条标准单元的单元行。但是这样做有可能出现的问题是相邻单元内部的器件也会对接起来，从而造成这些器件的设计不满足设计规则，但另一方面为了节省芯片面积，又不能使标准单元内部的器件距离该单元的边界太远，因此在标准单元建立时必须要考虑单元间隔原则。

目前常采用的单元间隔原则有两种，一种称为一半网格间隔原则，即让标准单元内部所有的连线都处于网格上，并且使相互对接单元的边沿落在网格线的中间，即处于半个网格的位置上，这样就能保证铝层相互之间正好能保持所需要的最小间距。由于单元可以在各个方向上进行对接，所以每一个标准单元的上、下、左、右每一边都应当落在半个网格位置上。另外一种称为一半设计规则间隔原则，即保证两个对接单元之间的某一条设计规则，如有源区间距或铝层间距等在单元边界至少要留有一半以上的该设计规则最小间距。

例如，假设设计规则规定两条铝线的间距是 0.6 μm，那么保证每个单元内部的铝线距离每个单元的边界为 0.3 μm，即最小间距的一半，那么两个单元放在一起时就能保证 0.6 μm 的铝间距，因此只要保证单元内部的铝线保持跟网格齐边，就能保证两个单元对接时铝线之间有 0.6 μm 的距离。

实际建立标准单元时并不是都能够满足上面提到的两种间隔原则的，如有时会发现该单元比半个网格还略宽一些，无法满足一半设计规则原则。在这种情况下，就需要把单元放大一个网格（如某个单元宽度比 3 个 pitch 单元宽一点，但不到 4 个 pitch 宽度，这时就必须用 4 个 pitch 单元作为该单元的宽度），让每一边都宽松一些，这样会造成面积上的一些浪费，这也是建立标准单元库必须要付出的代价。

3. 布线通道原则

图 8.13 是一个两层铝布线的例子，其中在每一个标准单元中都是 VDD 在上、GND 在

下；第一条标准单元行（row1）VDD 在上，GND 在下；但第二条标准单元行（row2）VDD 在下，GND 在上，即进行了上下翻转动作，目的是为了使 GND 与第一条的 GND 可以紧挨在一起，共用一根地线；同样的第三条标准单元行（row3）VDD 在上，GND 在下，和第二条共用一根电源线；用二铝线把电源线、地线交错连接在一起，即 VDD 和 GND 分别在单元行的末端相互连接起来，这种方式通常称为"背靠背"布线。

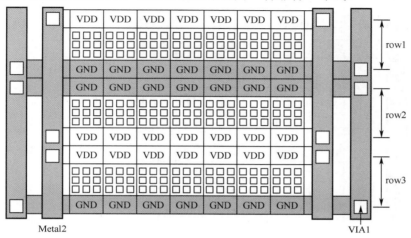

图 8.13　两层铝布线例子

以上这种布线方式有时会遇到一些问题，如对于有些触发器单元，由于建该单元时前后两级的 R 端和 S 端没有在标准单元内部连接，需要在标准单元之外进行相连；另外还有可能有其他信号线的走线，但如果触发器内部没有空间可以进行走线。这时需要考虑标准单元库的布线通道原则，即在标准单元的上下各留出一些空隙，也就是所谓的布线通道，以便以后在这些通道内进行其他走线。把预留了布线通道的标准单元排列成行和列，如图 8.14 所示，这样在标准单元的上下各形成了了一个长长的空间，等待进行某些铝层布线。另外，有了这个布线通道，第二条单元行不再需要像图 8.13 中那样进行隔行翻转，因为电源和地线都已经被布线通道隔开了，即有了单元之间的这些通道，就可让标准单元保持 VDD 在上、GND 在下的原样。

4. 设置输入/输出 Pin 的位置

单元尺寸定下来以后，还需要设置输入/输出 Pin 的位置，后续的布线连接的节点就是这些输入/输出 Pin 端口。如前文所述，金属走线是按照网格来走线的，因此为了布通走线，这些输入/输出端口就必须既要在水平网格线上又要在垂直网格线上，也就是说 Pin 端必须放置在网格交叉格点上。图 8.15 是两种相同边界尺寸的网格绘制方法，在网格格点上摆放 Pin 端口（简称 Pin 点）。

图 8.15（a）所示的网格没有设置偏移量（offset），基于 Pin 点必须在网格格点上的原则，可以出的 Pin 点有 16 个。在图 8.16（b）中，虽然标准单元边界和面积不变，但由于网格水平和垂直方向都做了 1/2 pitch 的偏移设置，可以出的 Pin 点从 16 个变为 25 个。可见设置偏移量的绘制方式，可以出更多的 Pin 点，这给设计带来了很多方便，也便于后续的 APR 能够顺利布通。但要注意的是，并不是所有标准单元版图都是选择 offset 方式，这些标

准单元版图最后都是要进行拼接的，对于图 8.15（b）中边缘部分出的 Pin 点，如果 pitch 值选择比较小，那么很可能在拼接后出现 DRC 错误，因此 offset 的设置与否，要看版图绘制难度和是否会在拼接时引起 DRC 错误而定。

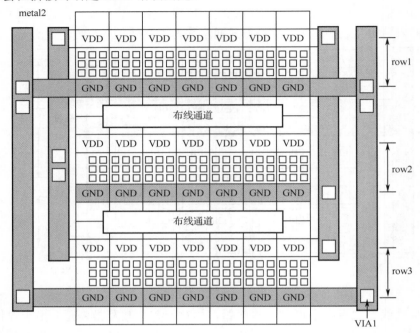

图 8.14　预留了布线通道的两层布线例子

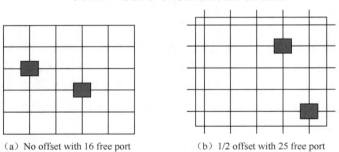

（a）No offset with 16 free port　　（b）1/2 offset with 25 free port

图 8.15　网格格点 offset 设置

在 Pin 点放置时，还需要考虑一些问题，以图 8.16 为例进行说明。

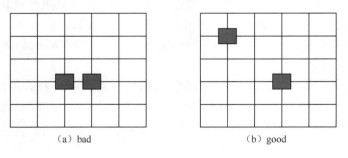

（a）bad　　　　　　　　（b）good

图 8.16　Pin 点放置好坏对比

图 8.16（a）中的两个 Pin 点放置比较靠近，且处于同一水平线，相对而言这种 Pin 点的 APR 布线容易出现问题，当大量这种单元需要布线时，很容易出现无法布通的情况。而图 8.16（b）中的两个 Pin 点错开，且离得较远，APR 布线则相对容易很多，APR 工具会利用 Pin 点之间的空余处把布线走通。

另外，在 D 触发器标准单元版图绘制过程中，由于受限于元器件尺寸和布线问题，在多晶和有源区大小及形状上做了一些改变，以方便进行布局布线。

5. 标准单元内衬底接触孔放置原则

一般每个标准单元内都要有衬底接触孔，否则在布线完成后还需要人工进行添加，会增加版图工作量。对电路性能要求较高的标准单元其衬底接触往往是一整条衬底接触。

因为标准单元的高度都是固定的，当遇到单元内管子宽长比比较大的情况时，可能无法添加一整条衬底接触，为了保证每个单元中有衬底接触，在建该单元时要遵循以下原则：在该单元边界的上下左右两边保证各有半个衬底接触，这样在布线时两个单元放置在一起就形成了一个完整的衬底接触。

以上这种办法是针对标准单元内没有空的地方放置衬底接触的，如果有的话，要尽量保证衬底接触不超出单元的边界，以便于布局布线工具的使用。

最后在补充说明一下标准单元版图绘制过程中需要考虑其他事项：

（1）为了能够让 APR 连接更加方便，标准单元内部原则上只使用金属 1 来做互连。

（2）涉及器件参数的尺寸是不能随意改变的，一定要严格按照电路规定的尺寸来画。例如，MOS 器件的宽、长，源、漏区域的扩散面积等。

（3）如果器件本身没有参数限制，那么在画版图时可以适当改变物理层次的外形，以方便布局布线。例如，多晶的长度、走向，有源区外形和面积，开孔位置、多少等。

（4）能够单层布线完成的要尽量单层布线完成，单层若是完不成的，再考虑多层布线，以节约成本。

（5）在布线时，可以利用多晶、有源区本身的导电性来进行布线。

（6）要考虑电路的电流电压特性来分析具体布线可否用多晶或有源区代替。

例如，在 0.5 μm 工艺中，pitch 选取按照 via on via 的情况，根据 metal1、metal2、contact 和 via 的设计规则尺寸，水平和垂直 pitch 都设定为 1.8 μm，Boundary 高度取 8 pitch，采用 1/2 offset 完成或非门组成的 CMOS D 触发器版图，如图 8.17 所示。

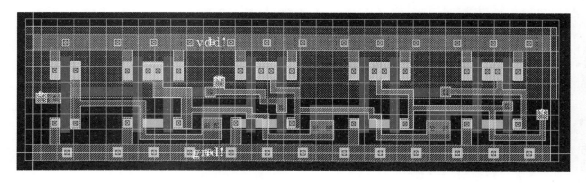

图 8.17　CMOS D 触发器标准单元版图

通常在数字集成电路设计中反相器、各种单元门、触发器等小单元电路的版图都可以做成标准单元的形式，从而形成一个全部为标准单元版图的标准单元库。

扫一扫看 CMOS 基准源电路分析电子教案	扫一扫看 CMOS 基准源电路设计电子教案	扫一扫看 CMOS 基准源 DC 仿真电子教案
扫一扫看基准源电路版图绘制（一）电子教案	扫一扫看基准源电路版图绘制（二）电子教案	扫一扫看基准源电路版图验证 calibre 验证电子教案
扫一扫看基准源电路版图验证 dracula&Diva 验证电子教案	扫一扫看集成电路设计内容复习电子教案	扫一扫看集成电路设计流程复习电子教案

思考与练习题 8

（1）基于网格的布线器和基于规则的布线器的区别是什么？

（2）一个标准单元库中的统一高度通常是由哪些单元决定的？

（3）什么是布线通道？为什么要预留布线通道？

（4）标准单元的端口引出有哪些注意事项？为什么要在标准单元内部放置衬底接触孔？

（5）建立标准单元过程中重要的一个环节是确定单元宽度，即放置已经确定的 pitch 的个数，这个过程中需要注意什么？

（6）针对某一个具体工艺，确定标准单元的 Pitch。

第9章

CMOS 集成电路 D508
项目设计准备

下面将通过 CMOS 集成电路 D508 项目设计，来介绍集成电路的版图设计方法和流程。在介绍过程中采用 Cadence 51 设计系统，突出与前面章节所采用的 Cadence 61 设计系统之间的差异，相似部分将不再重复。

D508 项目设计主要通过第 9~12 章来进行介绍：

第 9 章介绍 D508 项目版图设计的一些准备工作，包括该项目逻辑图的准备等，并且以一个反相器为例介绍版图设计的步骤和具体操作，在此基础上介绍层次化设计和利用 PDK 的高级版图设计技术；

第 10 章重点介绍 D508 项目的每一个模拟模块的版图设计，采用的是全定制设计方法；在此基础上形成 D508 项目模拟部分的总体版图；最后详细介绍 D508 项目 I/O 引脚及其相关单元的版图设计；

第 11 章介绍 D508 项目中所用到的所有标准单元的版图设计；

第 12 章介绍 D508 项目基于标准单元的布局规划、布线和该项目的数据结构。

9.1　D508 项目总体情况与设计策略

在前面的章节介绍中可以知道，集成电路版图设计主要包括全定制和标准单元设计两种方法；全定制版图设计主要针对一些模拟电路或基本电路单元，从底层的管子开始设计；而标准单元设计则主要针对大规模数字电路，基于预先设计好并经过验证的单元，采用 APR 工具完成版图。

为了较全面地介绍以上两种版图的设计方法，本书选择了一个既包括模拟电路，又有单元性很好的数字电路的典型数模混合集成电路——D508 来作为综合版图设计项目的素材。另外该项目基于目前行业内比较流行的触摸感应技术，采用了行业内典型的集成电路制造工艺。

9.1.1　D508 项目的基本情况

D508 是一个用来控制电动机驱动和 LED 显示的感应触发 CMOS 集成电路，该电路内置了一路高灵敏度的输入端，可以感应外部电容的改变来调整内部的检测振荡器的频率，从而实现感应触发。图 9.1 所示为 D508 电路的功能框图。

在图 9.1 中，深色阴影部分的模块为模拟模块，而其他为数字模块。表 9.1 为 D508 电路的引脚定义。

扫一扫看 D508 项目基本情况教学课件

扫一扫看 D508 项目基本情况微课视频

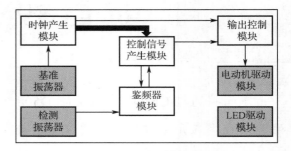

图 9.1　D508 电路的功能框图

表 9.1　D508 电路的引脚定义

序号	引脚名称	描　述	序号	引脚名称	描　述
1	ORI1	基准振荡器输出 1	8	MPC	电动机驱动输出
2	ORO1	基准振荡器输入 1	9	LED	LED 驱动输出
3	TG3	感应输入端	10	VDD	正电源电压
4	TG2	触发输入端	11	ORO2	检测振荡器输出 2
5	TB	手动触发输入	12	ORI2	检测振荡器输入 2
6	TEST2	测试端 2	13	TEST1	测试端 1
7	GND	负电源电压			

9.1.2　D508 项目的版图设计策略

扫一扫看 D508 项目的版图设计策略教学课件

扫一扫看 D508 项目的版图设计策略微课视频

D508 项目采用 CMOS 0.5 μm DPDM 工艺，工作电压范围为 2.0～5.5V。从图 9.1 中可以看到该项目包含了较多的模拟模块，这些模块需要采用全定制的方法进行版图设计；另外该电路的其他模块组成的数字部分电路有一定

规模，单元性很好，比较适合采用基于标准单元的版图设计方法来设计，因此 D508 项目版图设计的策略为采用全定制和标准单元相结合的方法。图 9.2 所示为 D508 项目的版图设计流程。

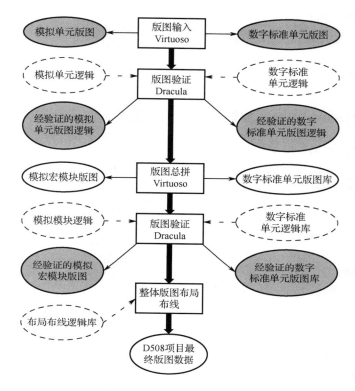

图 9.2　D508 项目的版图设计流程

在图 9.2 中，打深色阴影部分框内的工作属于标准单元的版图设计方法，而打浅色阴影部分框内的工作属于全定制版图设计方法。

9.2　D508 **项目逻辑图的准备**

版图设计都是基于逻辑图的，因此在正式进行 D508 项目版图设计前，先要把逻辑图准备好。

9.2.1　**逻辑图输入工具启动**

扫一扫看逻辑图输入工具启动及设计库建立教学课件

扫一扫看逻辑图输入工具启动及设计库建立微课视频

在 Cadence 启动目录——/home/angel/cds 下，输入 icfb &，出现图 9.3 所示的 CIW 窗口。

在第 3 章的 3.1 节中已经对 Cadence 6.1 系统的 CIW 进行了详细介绍，与这里 Cadence 5.1 系统下的 CIW 比较相似，因此这里不再重复介绍，只是以一个具体的例子来说明 Cadence 5.1 系统下如何进行逻辑（schematic）和符号（symbol）的输入。

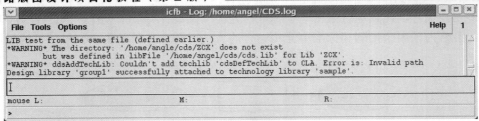

图 9.3　CIW 窗口

9.2.2　一个传输门逻辑图及符号的输入流程

扫一扫看一个传输门逻辑图及符号的输入流程教学课件

在进行某单元逻辑输入前需要新建一个设计库，同样这部分内容在第 3 章中有详细介绍，这里只给出与 Cadence 6.1 系统不同的地方。

在 Cadence 系统启动后，选择 CIW 窗口中的"File"→"new"→"library"选项，打开如图 9.4 所示的界面。

在图 9.4 中，在"Name"文本框中输入库名 D508SCH，选择路径为 /home/angel/cds/，选择"Attach to an existing techfile"选项，单击"OK"按钮，打开如图 9.5 所示的界面。

设置"New Design Library"为 D508SCH，而"Technology Library"可以设置为 Cadence 中自带的 sample，这样就在/home/angel/cds/目录下新建了一个名为 D508SCH 的库。

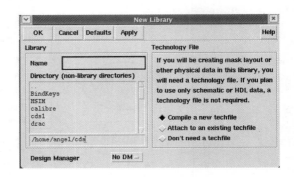

图 9.4　新建一个库的界面

在 Cadence 5.1 系统中，库路径信息只需要一个名为 cds.lib 的文件来保存即可。

接下来可以输入传输门的逻辑，方法同第 5 章 5.1.2 中介绍的类似。最终完成的传输门的逻辑图如图 9.6 所示。

扫一扫看一个传输门逻辑图及符号的输入流程微课视频

图 9.5　链接到一个已有的工艺文件

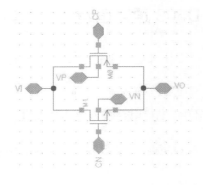

图 9.6　最终完成的传输门逻辑图

在传输门逻辑图输入完成后需要对它创建一个符号，即 symbol view，具体操作这里不

再详细叙述，最终完成的传输门符合如图 9.7 所示。

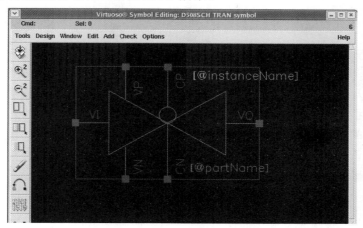

图 9.7   最终的传输门符号图

注：图 9.7 所示的传输门符号与第 7 章图 7.12 中所示的传输门符号不同，这个没有关系，前者未考虑传输门两个管子的衬底连接；另外只要能够说明单元的特征即可，单元的 symbol 并不一定只能是某一种形式。

9.2.3   D508 项目单元逻辑图的准备

采用跟以上传输门逻辑图输入和符号建立相同的方法，在 D508SCH 库中把 D508 项目所有的逻辑单元全部准备好。

1. 单元逻辑图输入的经验总结

（1）每个单元都有 schematic、symbol 两个最重要的属性，逻辑图输入过程中要学会看提示，一旦发现错误马上修正；而触发器 CP/CN 端口容易出现连接错误，务必注意。

（2）在进行单元逻辑输入时要有嵌套的概念，也就是说稍微复杂一点的单元是在简单的逻辑门基础上建立起来的，如触发器通常由传输门、与非门、或非门和管子组成，那么其中的传输门、与非门、或非门需要做成单元，而不再是单管。

（3）单元名称、引脚名称一定要规范，建议与 Candence 中已有的单元相同，以便减小后续工作量，如可以参照 Cadence 自带的 sample 库；另外 VDD、GND、Ipin、opin、iopin 则建议从 Cadence 自带的 basic 库中复制到用户自己输入逻辑图的目录中，然后调用。

（4）同样数字单元中的三端器件 pmos/nmos 可先从 Cadence 自带的 sample 库中复制到用户当前库；四端器件 pmo4/nmos4 可先从 Cadence 的 analogLib 库中复制到用户当前库。

（5）建单元时尽量在逻辑编辑工具中把端口名称显示出来，以避免名称和 text 不一致的问题。

（6）尽量使用已有库中的内容，如 sample 库、analogLib 库、basic 库、用户自己建的库，这样可以节省逻辑单元输入的工作量，但需要注意的是所调用的单元一定要放在用户自己的库中，可先把其他库中单元的逻辑复制到用户自己库中。

2．单元的宽长比设置原则

每一个单元在建立逻辑图的过程中都要输入参数，以便后续做电路模拟和版图验证，就像图 5.10 中对器件进行参数设置一样，这是逻辑输入的一项重要工作。在单元参数中，管子的宽长比是最重要的参数，也是版图设计所必不可少的，因此这里重点介绍宽长比的设置。

关于宽长比的设置需要遵循一定的原则，这样才能为后续的版图验证打下基础。下面以一个二输入端与非门的例子来说明宽长比的设置原则。

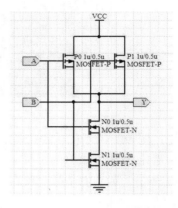

图 9.8　准备做 LVS 的 NAND2 单元逻辑图

1）NAND2 单元最常见宽长比的设置

图 9.8 是一个二输入端的与非门——NAND2，其中管子的宽长比设置如下：选中图中的 PMOS 管（注：由于 NAND2 为数字单元，其中管子的衬底是接固定电位的，也就是说 P 管衬底接 VCC 或 VDD，N 管衬底接 GND，因此不需要像前面介绍传输门逻辑图输入那样采用四端器件，只要采用三端器件就可以了），然后选择"Edit"菜单中的"Properties"→"Objects"选项，打开如图 9.9 所示的窗口。

注：为满足电路设计的要求，一个电路中的 NAND2 单元通常有几种类型的宽长比，如图 9.8 中所设置的 P 管、N 管均为 1/0.5，还有 2/0.5、3/0.8 等其他几种类型，但这几种类型的宽长比中肯定有一种是在电路中相对采用比较多的一种，假设 1/0.5 这种宽长比在 D508 项目中最多，也就是说 D508 项目中有很大一部分 NAND2 单元都采用了 1/0.5 这样的宽长比，那么这种宽长比就按图 9.9 的方式进行设置，而其他类型的宽长比再用下面介绍的另外的方式设置。

2）NAND2 单元其他类型宽长比设置

为了使后续工作能够顺利进行，NAND2 这个单元的符号在建立时也是需要注意的，图 9.10 是一个标准的 NAND2 单元的符号图。另外，以 D508 项目中的锁存器 LAT 来介绍 NAND2 单元其他类型宽长比的设置，该锁存器调用了两个 NAND2 单元，其逻辑图如图 9.11 所示。

图 9.10 中方括号中的两行是在建 symbol 时添加的 label，注意选择类型为 device annotate，如图 9.12 所示，其中设置"Choice"为 device annotate。

在图 9.11 中，假设调用名称（Instance Name）为 I0 的这个 NAND2 的宽长比就是以上设置好的最常见的宽长比 1/0.5，而另外一个调用名称为 I2 的 NAND2 的宽长比为 2/0.5（该 NAND2 的两个 P 管和两个 N 管的宽长比均为 2/0.5）。那么 I0 这个 NAND2 的宽长比就不需要设置，而宽长比为 2/0.5 的 NAND2 的宽长比可以按照以下方式设置。

图 9.9　NAND2 单元宽长比的设置

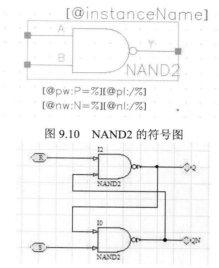

图 9.10　NAND2 的符号图

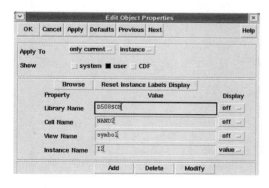

图 9.11　LAT 的逻辑图

在图 9.11 中选择这个 NAND2，然后选择"Edit"菜单中的"Properties"→"Objects"选项，打开如图 9.13 所示的窗口。

单击图 9.13 中的"Add"按钮，打开如图 9.14 所示的窗口，在"Name"文本框中输入 pl，即 P 管的沟道长度 L；在"Value"文本框中输入 0.5，即上面提到的宽长比为 2/0.5 的 NAND2 的沟长。

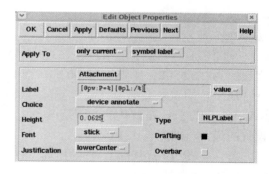

图 9.12　NAND2 的符号图建立选项

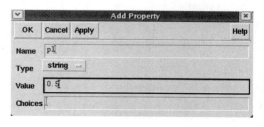

图 9.13　锁存器 LAT 宽长比的设置

图 9.14　LAT 中 NAND2 宽长比的设置

按照同样的方法，分别设置 pw、nl、nw 等，完成后的这个 NAND2 宽长比设置结果如图 9.15 所示。

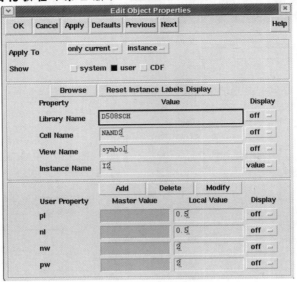

图 9.15　LAT 中 NAND2 宽长比设置完成

以上宽长比设置完成后的 LAT 的逻辑图如图 9.16 所示。

从图 9.16 可以看出，I2 这个 NAND2 的宽长比为 2/0.5（P、N 管均为 2/0.5），而 I0 这个 NAND 的宽长比没有显示，就表示这个 NAND2 的宽长比是默认的，即是图 9.9 中所设置的最常见的宽长比 1/0.5。

可以将图 9.16 中的 LAT 导出其 CDL 网表（CDL 网表是 Cadence 系统中的电路数据格式），来进一步查看这两个 NAND2 的宽长比。CDL 导出方法在第 6 章中已经详细叙述过，这里不再赘述。

以上操作步骤所产生的 CDL 网表如图 9.17 所示。

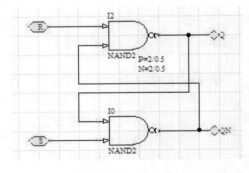

图 9.16　宽长比设置完成的 LAT 逻辑图

```
.subckt NAND2 Y A B pl=0.5u pw=1u nl=0.5u nw=1u
*.PININFO Y:O A:I B:I
MN0 Y A net6 gnd! n w=nw l=nl
MN1 net6 B gnd! gnd! n w=nw l=nl
MP1 vdd! B Y vdd! p w=pw l=pl
MP0 vdd! A Y vdd! p w=pw l=pl
.ends NAND2
*******************************************************************
* Main Circuit Netlist:                                          *
* Block: LAT                                                      *
* Last Time Saved: Apr 19 09:14:22 2014                          *
*******************************************************************
.subckt LAT Q QN R S
*.PININFO Q:O QN:O R:I S:I
XI0 QN Q S NAND2
XI2 Q R QN NAND2 pl=0.5 pw=2 nl=0.5 nw=2
.ends LAT
```

图 9.17　LAT 的 CDL 网表

从 9.17 中可以看到，I2 这个 NAND2 的宽长比为 2/0.5，而 I0 这个 NAND2 的宽长比采用的是子单元定义 subckt NAND2 中定义的默认的宽长比 1/0.5。通过以上方法就实现了 D508 项目中相同的 NAND2 单元、但不同的宽长比的调用和设置工作。

3．D508 项目所有的单元

图 9.18（a）、图 9.18（b）显示了 D508 项目的所有单元列表，这些单元都分别在 Cadence 系统中完成了逻辑图的输入，都放在名为 D508SCH 的逻辑库中，其中 pmos、nmos、diode、resistor、vdd、gnd 等分别是从 Cadence 自带的 sample 库和 basic 库中复制过来的。

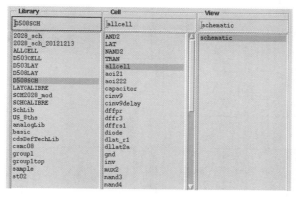

（a）D508 项目单元列表 1

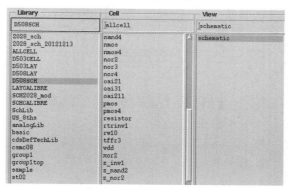

（b）D508 项目单元列表 2

图 9.18　D508 项目的所有单元列表

9.2.4　D508 项目总体逻辑图的准备

在以上逻辑图输入的介绍过程中主要以数字单元为主，而对于模拟单元和模块，方法是完全相同的，在下一章中会列出一些模拟模块，如上电复位模块、振荡器模块等。

在以上数字单元和模拟模块的逻辑图建立好之后，通过单元或其中模块之间的嵌套就可以完成 D508 项目顶层逻辑的输入。图 9.19、9.20 分别为 D508 项目的数字部分逻辑总图和模拟部分逻辑总图。

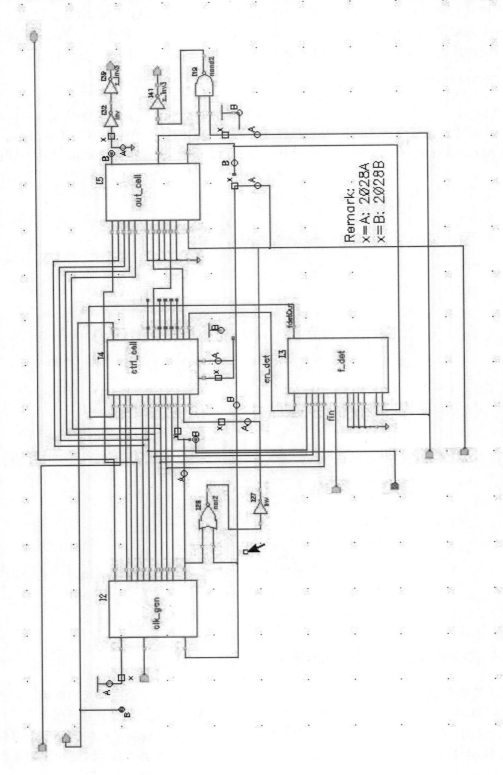

图 9.19　D508 项目数字部分逻辑总图

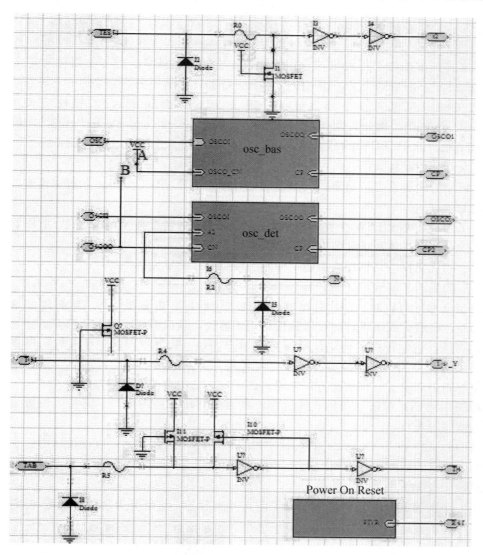

图 9.20　D508 项目模拟部分逻辑总图

9.3　D508 项目版图设计准备

在进行版图设计前需要做一些准备工作，如设计规则、工艺文件和显示文件等。

9.3.1　设计规则的准备

扫一扫看
设计规则
的准备教
学课件

扫一扫看
设计规则
的准备微
课视频

在 5.2.1 中详细介绍了版图设计规则的概念、几种主要的设计规则等，另外表 5.3 列出了 0.5 μm 工艺的主要设计规则。D508 项目就是按照表 5.3 所列出的规则进行版图设计的。

9.3.2 工艺文件的准备

工艺文件一般由加工厂提供，包括版图设计中的图层信息、符号化器件的定义及一些针对 Cadence 工具的规则定义，还有版图转换成 GDSII 时所用到的层号的定义等。

工艺文件中应包含以下几部分：层定义（layer definitions）、器件定义（device definitions）、层规则、物理规则和电学规则（layer，physical and electric rules）、布线规则（place and route rules）和特殊规则（rules specific to individual cadence applications）。

层定义部分主要包括：

（1）该层的用途设定，用来做边界线或是引脚标识等，有 Cadence 系统保留的，也有用户设定的；

（2）工艺层，即在 LSW 中显示的层；LSW 是版图编辑工具 Virtuoso 进行版图输入时需要用到的层次，具体后续章节中会作详细介绍；

（3）层的优先权，名称相同用途不同的层按照用途的优先权的排序；

（4）层的显示和属性。

器件定义部分可以对一些增强型器件、耗尽型器件、引脚器件等进行描述，这些器件定义好之后，在进行版图设计时可以直接调用该器件，从而减轻重复的工作量。

层、物理、电学规则的模块包括层与层间的规则、物理规则和电学规则。层规则中定义了通道层与阻塞层；物理规则中主要定义了层与层间的最小间距，层包含层的最小余量等；电学规则中规定了各种层的方块电阻、面电容、边电容等电学性质。

布线规则主要针对自动布局布线过程，在启动自动布局布线时，将按照该模块中定义的线宽和线间距进行。

将 GDS 文件导入 Cadence 的过程中可以填写一个工艺文件，以便使 GDS 文件导入 Cadence 后建立的版图库可以使用工艺文件中的相关定义和设置，这种方法在进行 GDS 数据导入过程中会经常用到。

对于一个新建的版图库，需要进行工艺文件的准备。这部分内容已经在第 3 章中有介绍，这里不再重复。

9.3.3 显示文件的准备

版图输入实际上是针对每一个需要输入的工艺层次，采用不同形状的版图元素进行放置、拼接而成的，而每一个需要输入的工艺层次都要进行一定的颜色等方面的设置，以便在版图输入时可以区分和选择，显示文件（display.drf）就是对 Cadence 系统中的各个版图层次的显示进行设置。由于显示文件与版图编辑是密切相关的，因此这里首先新建一个版图单元，然后基于打开的窗口进行显示文件的设置。

1. LSW 窗口打开

建立版图单元可以选择 CIW 窗口的"File"菜单，然后选择"New"→"cellview"选项，打开如图 9.21 所示的窗口。也可以在库管理器（Library Manager）的"File"菜单

中选择"New"→"cellview"选项，同样可以打
开图 9.21 所示的窗口。

图 9.21 中，在"Cell Name"文本框中输入版
图的单元名称 INV；在"View Name"文本框中输
入 layout；设置"Tool"为 Virtuoso；单击"OK"
按钮，打开两个窗口：一个就是版图编辑工具
Virtuoso 的界面，关于该窗口将在下一部分中作介
绍；另外一个就是与 Virtuoso 密切相关的 LSW 窗
口，如图 9.22 所示。另外，这个时候打开库管理
器，就会发现在 D508LAY 版图库中 INV 单元下
面增加了一个 layout 的视图格式（View），如图 9.23 所示。

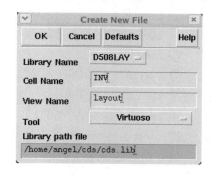

图 9.21　新建版图单元窗口

图 9.22　LSW 窗口

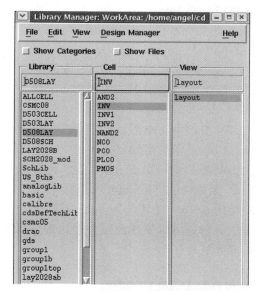

图 9.23　新建版图单元后库管理器增加内容

这里先针对 LSW 窗口介绍显示文件相关内容。

2. LSW 窗口内容

LSW 窗口中，从上向下依次包括以下内容。

（1）当前选中的层次；图 9.22 中是 nwelli，以一个黄色方框表示，drw 是表示这个层
次是画（drawing）版图需要用的。

（2）然后是工艺库名称，由于 D508LAY 版图库已经链接到了 CSMC 0.5 μm 工艺库
上，因此显示的工艺库名称为 csmc05。

（3）接下来是画版图需要用到的所有层次，这里分别介绍一下。

① nwelli是N 阱，PMOS管制作在N阱中。

② ndiffi是N型扩散区，也叫N型有源区（active），用来做NMOS管。

③ pdiffi是P型扩散区，也叫P型有源区（active），用来做PMOS管。

④ polyi是多晶层，主要用来做管子的栅极。

⑤ conti是接触孔contact。

⑥ met1i是一铝层。

⑦ via1i是一铝层和二铝层之间的连接孔，称为通孔。

⑧ met2i是二铝层。

⑨ padi是压焊点所在的层。

⑩ 其他还包括一些特殊器件上的标识层等。

（4）以上这些层次包括了 AV（all visible，设置各层都显示）、NV（no visible，只有选中的层次显示）、AS（all selectable，设置所有层都可以选择）、NS（none selectable，设置各层全不可选）等 4 个属性。这里重点介绍一下版图的可视化操作。

① 在 LSW 窗口中，右击 nwelli 层（如果当前编辑层正好为 nwelli，可任意选择另一层，如图 9.22 中的 ndiffi 层，因为当前编辑层已经可视，故而不能实现不可视），选中的 nwelli 层颜色变为灰色；在版图编辑窗口中，选择"Window"菜单中的"Redraw"选项，nwelli 层不可显示。

② 在 LSW 窗口中，单击"NV"按钮，除了当前编辑层之外，其他层均不可视且颜色为灰色；在版图编辑窗口中，选择"Window"菜单中的"Redraw"选项，只有当前编辑层可视。

③ 在 LSW 窗口中，单击"AV"按钮，在版图编辑窗口中，选择"Window"菜单中的"Redraw"选项，所有层均可视。

④ 在 LSW 窗口中，单击 ndiffi 层，设置当前层为 ndiffi 层，在版图编辑窗口中，选择"Window"菜单中的"Redraw"选项，可以对 ndiffi 层进行编辑。

注：同样是 0.5 μm 工艺，图 9.22 所示的 LSW 窗口与图 5.19 有所不同，其实 LSW 层次名称、颜色等都是可以修改的，关于这部分内容已经在第 6 章的 6.2.2 节中做过详细介绍，这里不再重复。

9.4 版图设计步骤及操作

按照 3.2 节中介绍的方法建立 D508 项目的版图库 D508LAY，并按照图 9.21 所示的方法新建一个版图单元 INV。

在正式介绍版图输入步骤前，先介绍一些基本设置。

9.4.1 版图输入基本设置

版图编辑窗的设置主要通过版图输入窗口 Virtuoso 中的 Option 菜单来实现，通过进行合理的设置，可以控制当前窗口的特征和正常运行。Option 菜单主要进行两部分内容的设置：Display 的设置，只影响当前的版图编辑窗口；另外还有 layout editor 的设置，这部分内容的设置会影响整个版图编辑窗口。

选择"Options"菜单中的"Display"选项，打开如图 9.24 所示的窗口。

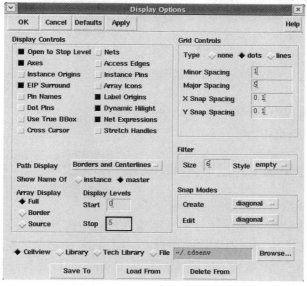

图 9.24　Display Options 窗口

在图 9.24 所示的窗口中主要设置以下内容。

（1）画图网格：其中最小网格间距（Minor Spacing）通常设置一个单位值；而最大网格间距（Major Spacing）通常设置成最小网格间距的倍数；另外还需要设置 X 轴移动最小间距（X Snap Spacing）、Y 轴移动最小间距（Y Snap Spacing）；这些值的设定的主要参考依据是工艺设计规则。从表 5.3 中列出的设计规则可以看到，都是小数点后 1 位，因此 X Snap Spacing 和 Y Snap Spacing 可以设置成 0.1；而 Minor Spacing 可以设置成 1；Major Spacing 可以设置成 1 的倍数。

（2）设置版图编辑时光标的跳动方式（Snap Modest），设置为 diagonal 表示可以走 45° 方向；设置为 orthogonal 只能走 90° 直角方向；而设置为 anyAngle 表明可任意方向拖动。

（3）显示控制部分（Display Controls）：包括打开到设定的最终层次（Open to Stop Level）、动态的高显状态（Dynamic Hilight）等；其中最重要的是显示层次（Display Levels），包括起始层次（Start）和最终层次（Stop），主要用于层次化设计中要显示到哪一层。

（4）针对几个重要库（文件）的设置保存和调用等，包括 CellView、Library、Tech Library 等，可以选择保存当前设置情况，也可以从其他文件调用相关的设置等。

选择"Options"菜单中的"Layout Editor Options"选项，打开如图 9.25 所示的窗口，其中主要设置以下内容。

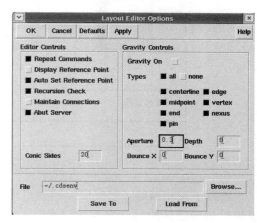

图 9.25　Layout Editor Options 窗口

（1）编辑器控制（Editor Controls）：包括重复上一条命令（Repeat Commands）、自动设置参考点（Auto Set Reference Point）、经过转变成多边形（Convert To Polygon）或合并（Merge）后变成几边形（Conic Sides）等。

（2）设置光标靠近版图编辑元素时即被吸到该版图元素边缘（Gravity Controls），包括版图元素的类型等。

（3）可把以上设置保存到文件中，也可以从文件中调用这些设置进入版图编辑器。

9.4.2 反相器逻辑和工艺层次之间的关系

扫一扫看反相器逻辑和工艺层次之间的关系教学课件

扫一扫看反相器逻辑和工艺层次之间的关系微课视频

在第 5 章中已经介绍过反相器的版图设计了，这里再介绍另外一种效率比较高的层次化的版图输入方式。在具体介绍这种方法之前，先对反相器的逻辑结构和工艺纵向剖面图作一个对应。图 9.26 中显示了反相器的逻辑图，由两个 MOS 管组成，这两个 MOS 管的沟道宽度均为 2 μm，而沟道长度均为 0.8 μm，也就是图中所示的宽长比（W/L）均为 2/0.8。接下来将要介绍的版图设计方法是基于逻辑图进行的版图设计的。

图 9.26 还把反相器中的管子和连接关系等用工艺剖面图来表示，其中 PMOS 管在 N 阱中，NMOS 管在 N 阱外（对于双阱工艺的话，NMOS 管就是在 P 阱中），这两个管子都是在 P 型衬底上生长起来的；这两个管子的源端 S 跟电源（VDD）、地（GND）之间分别由阱接触孔和衬底接触孔连接起来；当然两个管子的栅极 G 用多晶（poly）连在一起，连接输入信号 IN；而它们漏端 D 通过一铝连在一起，连接输出信号 OUT。

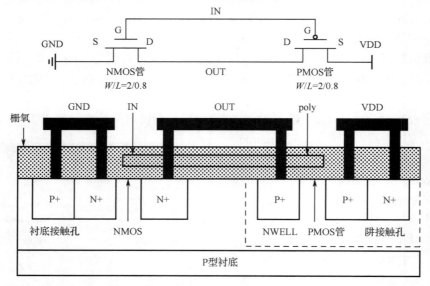

图 9.26　反相器逻辑图、纵向剖面图对应关系

理解了反相器的工艺纵向结构后，还需要把这种纵向的结构与组成 PMOS 管、NMOS 管和反相器连接的每一个工艺层次联系起来，这样才能够进行相关工艺层次的版图图形输入。图 9.27 把组成反相器的每一个工艺层次都一一例举出来，也就是进行一个分解工作，

使初学者能够对组成反相器版图的所有设计层次有一个比较清楚的认识。

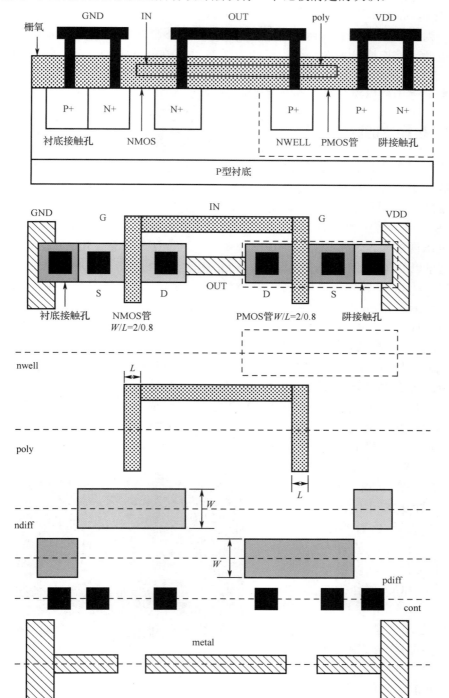

图 9.27　反相器电路版图中设计层次的分解

图 9.27 中首先需要一个 nwell 层，用于形成 PMOS 管；当然为了形成管子，必须要有

栅极 G，也就是 poly 这一层，poly 层的宽度就是管子的沟长 L，为 0.8 μm；接下来就是形成 PMOS 管和 NMOS 管的有源区——pdiff、ndiff，这两个有源区的宽度就是两个管子的沟道宽度 W，为 2 μm；为了把这两个管子连接起来（两个管子的漏端 D 连起来），同时将它们分别与电源、地连接起来（两个管子的源端 S 与 VDD、GND 相连），必须要有铝层（metal）；而有源区和铝层之间是需要一个接触孔（cont）层来连接起来的。

根据图 9.27 中的层次分解，就很容易进行版图输入了。

9.4.3 反相器的版图输入

从图 9.27 反相器版图设计层次的分解中可以看到总共有 6 个孔，这 6 个孔分成两种类型，一种是 P 型有源区接触孔，命名为 PCO，用于 PMOS 管中有源区和一铝之间的连接，也用于衬底接触孔，因为衬底也是 P 型的；另外一种是 N 型有源区接触孔，名为为 NCO，用于 NMOS 管中有源区和一铝之间的连接，也用于阱接触孔，因为是 N 型的阱。对于版图中多个重复出现的元素通常把它们建成一个单元，这样便于反复调用，提高版图输入的效率，因此这里以 PCO 为例，介绍版图基本单元的建立。

第一步：从 LSW 窗口中选择 cont 层，然后从 Virtuoso 界面的左侧工具栏中选择矩形工具，然后用鼠标在 Virtuoso 窗口中点两点，形成一个矩形的接触孔。

第二步：从 LSW 窗口中选择 pdiffi 层，然后从 Virtuoso 界面的左侧工具栏中选择矩形工具，然后用鼠标在 Virtuoso 窗口中点两点，形成一个矩形的 P 型有源区，大小为 1.1 μm×1.1 μm；然后把这个 P 型有源区放置在 conti 上，每边包住 cont i 0.3 μm。

第三步：从 LSW 窗口中选择 met1i 层，然后从 Virtuoso 界面的左侧工具栏中选择矩形工具，然后用鼠标在 Virtuoso 窗口中点两点，形成一个矩形的一铝层，大小为 1.1 μm×1.1 μm；然后把这个一铝层放置在 cont 上，每边包住 cont i 0.3 μm；由于大小跟 pdiffi 一样大，因此放上去之后与 pdiffi 是完全重合的。

最后形成图 9.28 中的 PCO 单元；图 9.28 中的白色十字线是原来表示 PCO 单元的原点的，可以选择放置在该单元的中心位置，以便于其他单元调用 PCO 时作为参考点。

用同样的方法建立 NCO 和 PLCO（多晶层与一铝层之间的接触孔）。

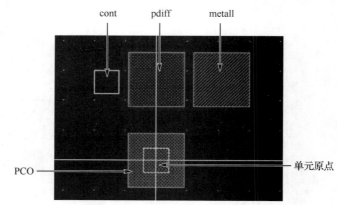

图 9.28　PCO 单元版图

下面画 PMOS 管的版图，分以下几个步骤：

（1）从 LSW 窗口栏中选择 pdiffi，然后从 Virtuoso 界面的左侧工具栏中选择矩形工具，然后用鼠标在 Virtuoso 窗口中点两点，形成一个矩形的 P 型有源区；矩形的宽度就是 PMOS 管的沟宽，也就是 W，为 2 μm（在图 9.26 反相器的逻辑图中已经标明了所有管

子的尺寸），用 Virtuoso 界面的左侧工具栏中的标尺量一下该矩形的宽度，如果不是 2 μm，则用 Virtuoso 界面的左侧工具栏中拉伸命令来调整。

（2）从 LSW 窗口栏中选择 poly1i，在 Virtuoso 界面的左侧工具栏中选择连线，然后用鼠标在 Virtuoso 窗口中点第一个位置，再在 Virtuoso 窗口中点第二个位置，就形成了栅极，栅极宽度可以改变。

（3）最后调用上面已经画好的 PCO 单元，方法是选择"Create"菜单中的"Instance"选项；这样就形成了一个 PMOS 管的版图。

按照以上相同的步骤画出 NMOS 管版图，再把它跟 PMOS 管连接起来：两个管子的栅极 G 通过多晶连起来，放置一个 PLCO 接触孔（PLCO 放置要考虑的设计规则是 PLCO 中的 poly 距 P 型、N 型有源区都要 0.1 μm 的大小，这就是场区上的多晶距有源区这条规则），作为反相器的输入 IN；而两个管子的漏端 D 通过一铝线（一铝线的宽度不能小于 0.6 μm）连起来，作为反相器的输出 OUT；输入、输出两根一铝线之间要保证 0.6 μm 的距离。

在 PMOS 管上方和 NMOS 管下方放置两个一铝线，作为电源线 VDD 和地线 GND，再把 PMOS 管的源端 S 跟电源线用一铝线连起来；把 NMOS 管的源端 S 跟地线用一铝线连起来；接着选择 Virtuoso 界面左侧工具栏中的"Label"选项，打开如图 9.29 所示的窗口。

在"Label"文本框中输入需要添加的名称，如 VDD，"Height"为该名称在版图中显示的大小，"Font"为字体，图 9-29 中选择的是罗马字体 roman，单击"Hide"按钮，VDD 标号就自动跟随鼠标指针移动，然后在 Virtuoso 中电源线的相应位置单击就完成了 VDD 的添加，同样为地线、反相器的输入、输出加上文字标号。

最后在 PMOS 管外围加一个 N 阱。阱的放置要保证距离阱外的 N 型有源区 2.4 μm 的距离，并且包住内部 P 型有源区 2.4 μm，并且在电源线、地线上加上阱接触和衬底接触孔，形成图 9.30 所示的反相器的完整版图，在图 9.30 中尽量使该单元的原点在左下角。

图 9.29　产生文字标号

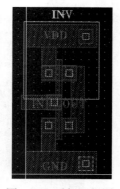

图 9.30　反相器版图

再强调一下反相器版图设计时是需要遵循的设计规则。

（1）最小延伸：主要指多晶硅必须伸出有源区的大小。

（2）最小宽度：在铝线画好后，添加接触时，可能会因为位置摆放问题导致最小线宽不符合要求。

（3）最小间距：不仅要注意各层自己的间距，如铝层与铝间间距，还要注意不同层之

间间距符合设计规则。

（4）最小包围：由于要满足内层的最小宽度及外层与内层的最小包围，因此在连接部分等处要求内层材料比原先宽度增加一些。

每个工艺的设计规则很多，不可能每换一个工艺就将新的工艺全部记住，应该了解最重要的规则，同时学会查找设计规则。

9.5　高级版图设计技术

以上介绍了一些版图设计的基本步骤，下面介绍两种高级版图设计技术。

9.5.1　层次化设计

集成电路版图是基于层次化的概念而构成的，即基于底层单元设计较高一层的单元，然后基于较高层单元设计更高一层的单元，如此一致嵌套下去，直到整个芯片的设计完成为止。采用层次化设计的优点是，如果低层次的单元有任何的改变，都会通过层级关系，自动地将改动传递到调用该单元的更高层次级单元中；其次，由于可以使用轮廓图显示，加快了版图显示刷新的速度。随着集成电路集成度和复杂度的日益增加，层次化设计显得越来越重要。

上一节已经画好了INV单元的版图，用同样的方法参照逻辑图输入一个NAND2的版图，现在要画一个AND2的单元，就是把NAND2和INV单元放在一起；通过这个简单的例子，来学习层次化设计的相关操作。

同样地，在库管理器中选择"File"菜单中的"New"→"Cell View"选项，在打开的Create New File窗口中设置"Cell Name"为AND2、"View Name"为layout、"Tool"为Virtuoso，然后单击"OK"按钮打开版图编辑界面，在该界面中利用"Create"菜单中的"Instance"选项，调用NAND2、INV两个单元，如图9.31所示。

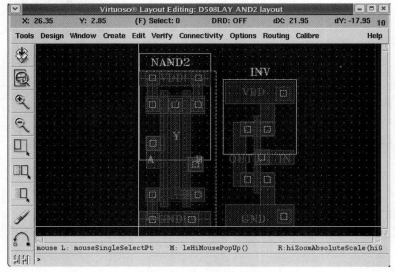

图9.31　AND2初始版图

从图9.31可以看出，NAND2和INV两个单元高度不同、阱的大小也不同及电源线、地线宽度不同；为了保证所建的AND2单元版图布局较合理，且面积最小，通常会把以上两个单元高度做成一致，并且电源线、地线宽度一致，阱大小也相同并连在一起。

方法一：记住以上两个单元的高度、电源线、地线、阱等的数值，然后选择"Design"菜单中的"Hierarchy"→"Descend Edit"选项，编辑窗口底部提示Point at the instance to descend into，单击其中某一个单元，就可以进入到该单元中进行修改，修改过程中参照另外一个单元的以上数值，图9.32所示是进入NAND2单元，按照INV单元的各个数值修改NAND2单元。

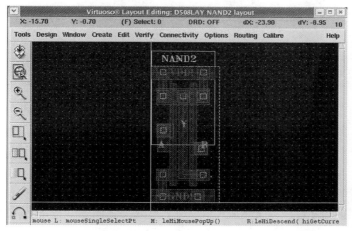

图 9.32　修改 NAND2 版图方法一

图9.32中Virtuoso编辑窗口顶部显示的是NAND2 layout。

这种方法的缺点是需要详细记录INV的高度、电源线和地线的宽度、阱的位置的数字，然后对照这些值修改NAND2版图，非常不方便，可能需要多次修改才能达到修改的目的。

方法二：选择"Design"菜单中的"Hierarchy"→"Edit In Place"选项，编辑窗口底部提示Point at a shape in the cellview to be edited-in-place，同样单击NAND2，版图编辑窗口如图9.33所示。

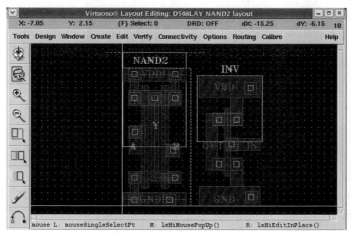

图 9.33　修改 NAND2 版图方法二

图9.33中Virtuoso编辑窗口顶部同样显示的是NAND2 layout，但编辑窗口中显示的是两个单元的版图，这时就可以在编辑窗口中参照INV的版图来修改NAND2的版图，而无须记住INV的高度等数值，直接在版图上用标尺量即可，大大方便了修改。图9.34是通过对NAND2进行修改，达到与INV高度相同、电源线和地线宽度相同、阱高度相同的效果。

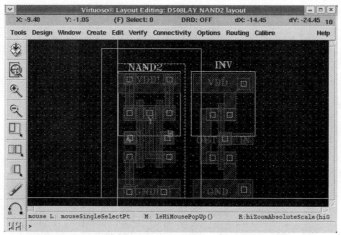

图 9.34　初步修改 NAND2 的版图

接下来把两个单元连在一起，包括电源线、地线连在一起，阱连在一起，NAND2的输出Y连接到INV的输入IN上，从而完成AND2这个单元的版图输入，如图9.35所示。

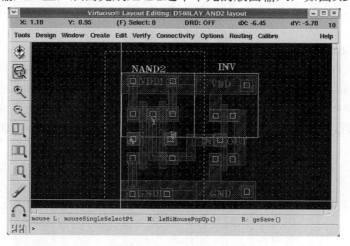

图 9.35　最终完成的 AND2 版图

选择"Design"菜单中的"Hierarchy"→"Tree"选项，打开观察版图设计层次化信息的窗口，在该窗口中选择"TOP to bottom"选项（观察从顶层到底层的层次化信息），打开图9.36所示窗口。

从图9.36中可以看到，D508LAY版图库中的单元AND2从顶层到底层共有3层（Stop Level为3）；AND2单元调用了INV和NAND2单元各1个；而INV单元调用了1个PLCO单元、3个NCO单元、3个PCO单元；NAND2单元调用了2个PLCO单元、4个NCO单元、5个PCO单元。

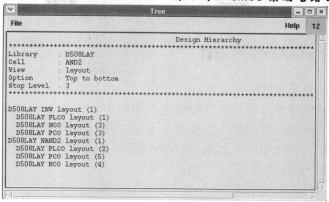

图 9.36　AND2 版图层次化信息

以上层次化信息还可通过在图9.37所示的Display Options中进行相关设置来详细了解。

选择"Options"菜单中的"Display Options"选项，可以看到Display Levels中Start为0，Stop为2；显示效果就是图9.35所示的版图。将Stop改为0，显示效果如图9.37所示。

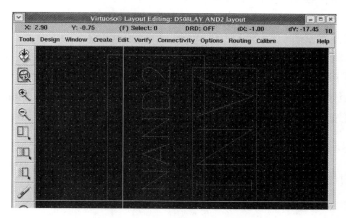

图 9.37　Stop 为 0 时的 AND2 版图

可以清楚看到AND2调用了NAND2和INV单元。将Stop改为1，显示效果如图9.38所示。

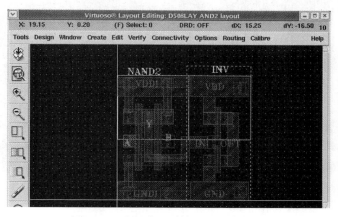

图 9.38　Stop 为 1 时的 AND2 版图

可以看到 NAND2、INV 单元内部分别调用了 PLCO、NCO 和 PCO 等底层单元。

9.5.2　利用 PDK 进行版图设计

扫一扫看利用 PDK 进行版图设计教学课件　扫一扫看利用 PDK 进行版图设计微课视频

从以上介绍的版图设计方法可以看出，即使是一个简单的版图单元，要从头到尾进行完整的设计还是比较费时费力的，提高版图输入的效率是一个非常关键的问题。另外，版图设计与加工线密切相关，包括加工线提供的工艺文件、设计规则等，这些都有助于进行版图设计，而近年来加工线提供的 PDK 也在版图设计方面给广大版图设计工程师提供了非常大的便利，本节将介绍如何利用 PDK 来进行版图设计。

PDK 是一个由加工线提供的包含了工艺技术文件和进行器件级设计所需要的所有信息的工具包。这里以一个名为 st02 工艺中的 PDK 为例，这个 PDK 包含以下内容。

（1）MOS 管、电阻、双极型晶体管、二极管、电容等器件的逻辑符号，以便于设计者基于这些器件进行逻辑图的输入。

（2）以上器件的仿真模型，以便于设计者进行 Sepctre 仿真。

（3）以上这些器件参数化的版图单元，以便于设计者产生各种参数的器件，并进行单元设计。

（4）各种工艺技术文件，包括 Layer maps、Layer props 等。

（5）所有物理验证的规则命令文件。

下面具体介绍 PDK 的使用。

首先要把加工线提供的 PDK 文件包 st02 放在库管理器（Library Manager）中，这一步在之前都已经介绍过了，这里不再重复。

1．MOS 管的调用

图 9.39 所示的是 st02 中的一个低开启的 NMOS 管的版图。

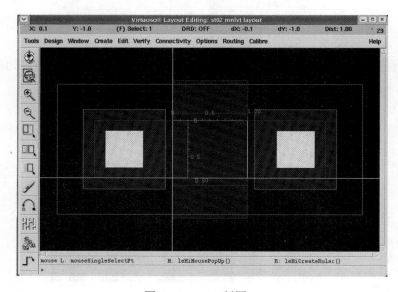

图 9.39　mnlvt 版图

从图 9.39 可以看出，st02 库中的这个管子默认的宽长比为 0.8/1。

新建一个版图库 NEWLIB，在其中新建一个版图单元 NEWCELL，在这个过程中要调用与 mnlvt 同样类型但宽长比不同的管子，方法与上面提到的版图输入中调用底层单元是一样的，就是打开 NEWCELL 版图编辑窗口，然后选择"Create"菜单中的"Instance"选项，打开如图 9.40 所示的窗口。

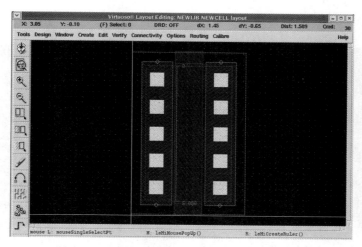

图 9.40　NEWCELL 调用 mnlvt 单元选项

在图 9.40 中，"Length"为 1 μm 不变，"Total Width"设为 5 μm，其他内容不变；然后单击"Hide"按钮，一个 5/1 的管子就跟随鼠标指针出现在版图编辑窗口中，选择一个位置放置，就得到如图 9.41 所示的版图。

图 9.41　NEWCELL 调用 mnlvt 单元后的版图

从图 9.41 可以看出，这个管子的宽长比变为 5/1。

除此之外，在图 9.40 中设置"Magnification"为 2，其他参数不变，那么将产生一个 10/2 的管子，即整体放大 1 倍，还可以设置源区和漏区的铝层宽度等参数。

通过以上过程可知，只需要改变调用 mnlvt 单元的一些参数就可以产生一个新的不同宽长比的管子，而不需要从头到尾重新设计，这样大大提高了版图设计的效率。

2. 电阻的调用

st02 PDK 中包含了很多中类型的电阻，包括阱电阻、poly1/poly2 电阻、高阻 poly 电阻、有源区电阻等，其中高阻 poly 电阻由于其具有方块电阻值大、设计同样电阻值占用的芯片面积小、工艺中比较容易精确控制等优点而被广泛采用，这里举调用该电阻的例子。在 NEWLIB 版图库的 NEWCELL 版图单元中，采用调用命令，并且选择 rhr2k 这个电阻，打开如图 9.42 所示的窗口。

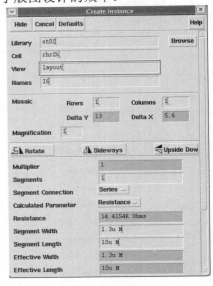

图 9.42 rhr2k 的调用

在图 9.42 中，高阻 poly 电阻在 st02 库中默认的宽度为 1.3 μm、长度为 10 μm，因此总共有 10/1.3=7.69 个方块；而 rhr2k 的每方块电阻值为 1.874 kΩ，因此总的电阻值为 7.69×1.874≈14.4111 kΩ。单击图 9.42 中的"Hide"按钮，就可以在版图编辑器中放置这样一个电阻。将图 9.42 中的"Segments"改成 2，就产生两根同样大小的电阻，如图 9.43 所示。

3. 双极型晶体管的调用

用同样的方法可以直接调用 st02 库中的双极型晶体管，图 9.44 举的例子是发射区面积为 5×5=25 μm^2 的 PNP 管。可以看到要从基本的图形开始画这样一个三极管的话会很费时间，而直接从 st02 库中调用就很方便。

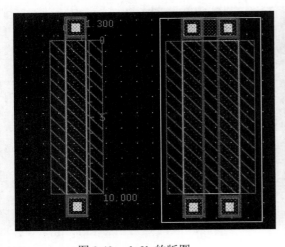

图 9.43 rhr2k 的版图

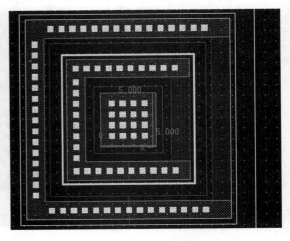

图 9.44 PNP 管的调用

4．二极管的调用

图 9.45 举的是二极管调用的例子，并且通过在调用窗口中改变参数，可以把其中一个极的面积进行任意的改变。

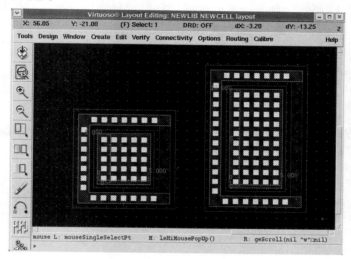

图 9.45　二极管的调用

注： 以上所举的利用 PDK 进行版图设计的相关数据为版图库/st02，利用 PDK 设计技术进行版图设计的库 NEWLIB。

本章到这里为止就完成了进行版图设计的相关准备工作，包括建立版图库，介绍基于逻辑图进行的反相器等单元的版图设计的方法，并引入了几个高级版图设计命令，这是全定制版图设计的一种方法。对于其他类型的单元或模块，其实方法与上面的介绍是完全一样的，只不过不同的单元或模块的逻辑不同，下一章将要介绍的 D508 项目中的诸多模拟模块的版图设计均采用了这种方法。

思考与练习题 9

（1）D508 项目是一种什么类型的电路？该电路采用哪一种版图设计方法比较合理？

（2）逻辑图编辑完成后采用什么命令可检查其正确性？什么样的结果表示没错？

（3）简述在新建一个版图库时，选择工艺文件的具体步骤。

（4）如何修改版图显示文件的颜色，并且确保修改完成后可以一直使用？

（5）版图编辑开始前通常要进行网格的设置，假设采用的设计规则中，一铝的间距和条宽分别为 1.2 μm，那么 X 和 Y 轴移动的最小间距应该分别设置成多大？

（6）在层次化版图设计过程中，如何查看不同层次上的版图？

（7）采用 PDK 画版图时，通过怎样的参数设置可以输入不同大小宽长比的管子？

（8）采用 PDK 画版图时，怎样修改参数可以画不同大小的电阻？

（9）以某一个具体工艺为例，对版图设计的准备工作进行实际操作训练。

（10）以一个具体的 PDK 为例，进行该 PDK 中所包含的器件的识别。

第 *10* 章

D508 项目模拟部分的
全定制版图设计

通常模拟电路都是采用全定制的方法进行版图设计的，本章详细介绍 D508 项目模拟部分的全定制版图设计，首先从模拟子模块开始，到最后形成总的模拟部分的版图；本章末尾部分介绍集成电路设计中最重要的输入输出（input/output，I/O）单元的版图设计。

10.1　模拟模块的版图设计

D508 项目有部分模拟模块需要用全定制方法进行版图设计，这些模块包括上电复位模块、延时模块、振荡器模块、上下拉电路、大驱动器及掩膜选项模块，下面分别介绍这些模块的版图设计方法。

10.1.1　上电复位模块的版图设计

上电复位模块的版图设计教学课件

上电复位模块的版图设计微课视频

1．上电复位模块逻辑

电路中之所以用到上电复位模块是因为在上电前有很多不定状态。为了将上电时电路的内部状态确定下来就必须用到上电复位电路，否则无法保证电路功能的准确性和稳定性。

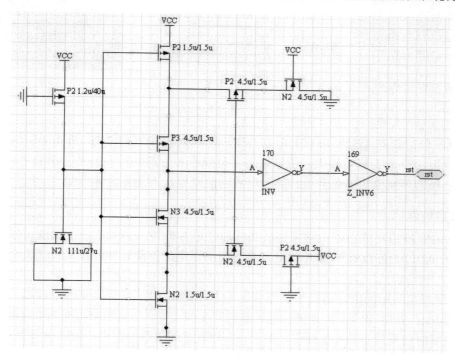

图 10.1　上电复位电路

从图 10.1 所示的上电复位的逻辑图可以看到，该电路是由一个 PMOS 管、MOS 电容、施密特触发器及两个反相器构成的。图中 PMOS 管是个倒比管（正常的管子宽度总是比沟长大，如前面设计版图中遇到的 1/0.8 等管子；而倒比管是反过来的，管子宽度比沟长小），其宽长比为 1.2/40，栅端接 GND，倒比管的导通电阻比较大，因此其相当于一个上拉电阻。MOS 电容在此处起到充放电的作用。施密特触发器是一个带迟滞窗口的反相器。最后两级反相器的作用是加大 RST 信号的驱动能力。

2. 上电复位模块中倒比管和电容的版图设计

1）倒比管的设计

在倒比管的版图中，有源区一般不设计成上面反相器版图中所提到的矩形，而是采用 U 形或反 S 形，如图 10.2（a）、（b）所示。有源区的宽度就是倒比管的沟道宽度 W，源和漏区之间被多晶覆盖的区域就是 MOS 管的沟长 L。

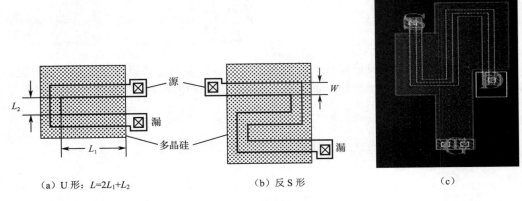

(a) U 形: $L=2L_1+L_2$　　　　(b) 反 S 形　　　　(c)

图 10.2　倒比管形状

图 10.2（c）就是 D508 项目上电复位模块中用到的 $W/L=1.2/40$ 的 MOS 倒比管的版图。由于此倒比管 W/L 相对较大，所以采用了类似于 S 形的结构。另外，在 D508 项目上电复位模块之外的其他模块中还会用到其他尺寸的倒比管，下面有具体介绍。

2）电容的设计

在 CMOS 模拟集成电路中常常需要高性能的电容器件。例如，在运算放大器中用作相位补偿；在 ADC（或 DAC）及开关电容电路中用作电荷存储元件；在延时模块中产生延时信号等。

MOS 集成电路中的电容器以平板电容器为主，如图 10.3 所示。平板电容器的表达式：$C=\varepsilon_0\varepsilon_{ox}WL/t_{ox}$；其中 W 和 L 是平板电容器的宽度和长度，二者的乘积即为电容器的面积。当然计算电容时应采用有效极板面积，即上、下极板之间重叠的面积，如图 10.4 所示。

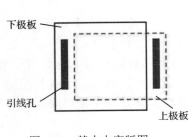

图 10.3　基本电容版图

图 10.4　电容的有效面积

对于高性能的集成电容器件，应满足以下条件：①较大的单位面积电容值（占用芯片面积小）；②好的匹配精度；③较小的寄生电容；④较小的电压和温度系数。以下为两种常见的电容。

（1）MOS 电容：由于 MOS 管中存在着明显的电容结构，因此可以用 MOS 器件作为电容使用。MOS 电容的连接方式如图 10.5 所示，即将 MOS 管的漏极和源极甚至衬底连接在一起形成电容的一端，而电容的另一端则是 MOS 管的栅极，其中（a）是 NMOS 电容，该电容的一端接地；（b）为 PMOS 电容，该电容的一端接电源 VDD；（c）是衬底接 GND 的 NMOS 电容；（d）是衬底接 VDD 的 PMOS 电容，其中（c）和（d）可以实现两端悬浮的 NMOS 和 PMOS 电容（即电容的两端可以接 0～VDD 之间的任意电位）。

MOS 电容的等效电容值与两端所加偏置电压有关，这是 MOS 电容的缺点，但由于 MOS 管的栅氧化层较薄，因此 MOS 电容的单位面积电容值较大，如果电路中需要大的电容值（如稳压电容），使用 MOS 电容可有效节约芯片面积。

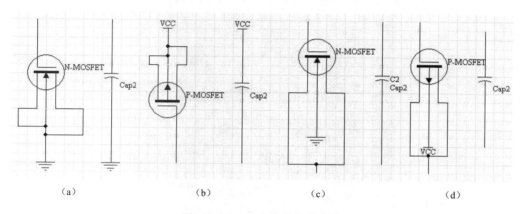

图 10.5　MOS 电容的连接方式

在上电复位模块中有一个 6 pF 的电容，采用了单位面积较大的 MOS 电容（单位面积电容值约为 2 fF/μm^2）。

（2）PIP 电容：两层多晶之间可以形成电容，即所谓的 PIP 电容，其中多晶 2 作电容的上电极板，多晶 1 作电容的下电极板，栅氧化层作介质，这是一个典型的平行板电容器，但它需要具有两层多晶的工艺才能实现。

由于双层多晶电容具有性能稳定、寄生电容小等优点，因此在 MOS 集成电路中有广泛的应用。在 D508 项目的振荡器的设计中，为了提高电路的可靠性和稳定性，采用了双多晶电容，下面有具体描述。

双多晶电容的一个明显缺点是单位面积较小，如 D508 项目所采用的 0.5 μm 工艺，单位面积电容只有 0.73 fF/μm^2，因此与 MOS 电容相比，设计同样大小的电容，采用双多晶电容的话需要增加约 2 倍的面积。

3．上电复位模块版图设计

上电复位模块的版图设计除了要注意以上倒比管和电容的设计外，还需要考虑以下两个因素。

（1）电容的衬底接触通常是接 GND 的。由于 D508 项目所采用的工艺在有源区的摆放上是允许对接的，所以出于节省面积的考虑，将电容的接触孔直接贴着电容的一周摆放。

（2）为了使设计的版图更为规则合理，方便后续的模拟模块的总拼等操作过程，在版图设计时将上电复位模块设计成方形。

上电复位模块的版图如图 10.6 所示。

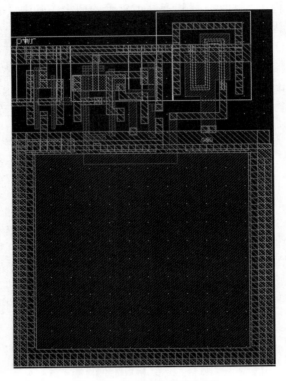

图 10.6　上电复位模块版图

10.1.2　振荡器模块的版图设计

 振荡模块的版图设计（性能仿真）教学课件

 振荡模块的版图设计（版图设计与验证）教学课件

1．振荡器逻辑图

D508 项目中有两个振荡器，它们都属于产生方波的多谐振荡器，也称张弛振荡器或充放电振荡器，这种振荡器的工作特点是储能元件（通常是一个电容）在电路两个门限电平之间来回充电和放电。假设电路保持在一种暂稳态，当储能元件上的电位达到两个门限电平中的某一个值时，电路转换到另一种暂稳状态，然后储能元件上的电位往相反方向变化，当其到达另一个门限电平时，电路返回原来的暂稳状态，如此循环，形成振荡。

D508 项目中的两个 RC 环形振荡器是典型的张弛振荡器，是由奇数个反相器首尾相连组成的，它们的逻辑图分别如图 10.7 和图 10.8 所示。

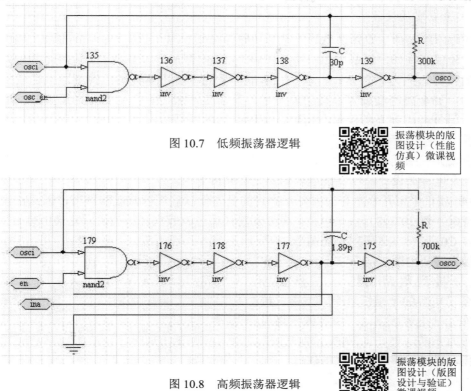

图 10.7　低频振荡器逻辑

振荡模块的版图设计（性能仿真）微课视频

图 10.8　高频振荡器逻辑

振荡模块的版图设计（版图设计与验证）微课视频

　　图 10.7 中有两个输入端，一个是振荡器输入端 osci，另外一个是振荡使能输入端 osc_en，用于控制振荡器是否起作用，当 osc_en 为低电平时，振荡器就无法起振，因而不起作用。除了以上两个输入端外，还有一个振荡输出端 osco，另外就是一个外置电阻和一个电容。图 10.8 中，同样是两个输入端 osci 和 en 和一个输出端 osco；另外还有一个双向端口 ina，这个端口的作用下面将具体描述。

2．振荡器的版图设计

1）电容类型的选择

　　因为振荡器的频率 $f=1/RC$，在电阻满足要求的条件下，电容的精确度越高，对频率的影响也就越低。为了提高电路整体的可靠性和稳定性，最终选择精确度较高的 PIP 电容来作振荡器的振荡电容。

2）电容形状的考虑

　　从图 10.7、图 10.8 中可以看到，低频、高频振荡器电路内部各需一个振荡电容，而 PIP 电容的单位面积的电容值为 0.73 fF/μm^2，因此即使振荡电容值小的高频振荡电路中，所需要的电容面积也要 3560 μm^2。若用一整块电容来完成的话，电容均匀性不好，原因是电容在工艺制作过程会造成一定的误差，因此分成了若干块小的电容，并将多个小电容通过并联的方式来组成一整块电容，在以下振荡器版图中可以看到电容都是分成若干小块的。

3）冗余电容的设计

集成电路版图除了要体现电路的逻辑功能并确保 LVS（layout vs schematic，版图与电路的对比）验证正确外，还要增加一些与 LVS 无关的图形，以减小工艺过程中的偏差造成的影响，通常称这些为冗余设计。这些冗余设计是为了防止刻蚀时出现刻蚀不足或刻蚀过度而增加的，如金属密度或多晶硅密度不足，就需要增加一些相应的冗余设计，以增加它们的密度。另外考虑到光的反射与衍射，关键图形的四周情况不一致时，曝光会降低图形匹配的精度。

冗余设计包括冗余管子设计、冗余电阻设计、冗余电容设计等。D508 项目的设计中就采用了冗余电容的设计，以保证电容的稳定性和可靠性。

D508 项目采用冗余电容的另外一个目的是方便以后进行修改和调节，因此在设计振荡电容时考虑了留 30% 的冗余电容，在需要的时候通过改版来释放使用。冗余电容 C3、C4 和有效电容 C0、C1、C2 采用了如图 10.9 所示的连接方式。由图 10.9 可知，有效电容的上极板接到电路内部，下极板接 GND；备份电容的上极板悬空，下极板接 GND。在设计电容版图时，电容的下极板是一整块的多晶，再在多晶的一周打上多晶接触孔，通过一铝连接到 GND 上。在以下两个振荡器的版图中可以看到分别设计了一些冗余电容。

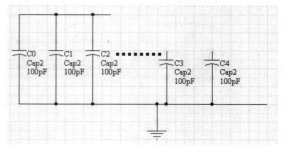

图 10.9　备份电容和有效电容的连接方式

4）振荡器中保护环的使用

MOS 集成电路工艺中，当金属线从氧化层上通过，金属线和场氧化层及下面的硅衬底之间会形成一个 MOS 晶体管。如果金属线上的电压足够高，也会使场区的硅表面反型，在场区形成导电沟道，这称为场反型或场开启。如果金属连线跨过两个扩散区，在场反型时就形成一个场区寄生 MOS 晶体管，这种寄生 MOS 晶体管把不该连通的两个区域接通，破坏了电路的正常工作。为了使集成电路中每个 MOS 晶体管之间具有良好的隔离特性，在版图设计中采用增加沟道隔离环的方法提高开启电压，实现 MOS 晶体管之间的隔离。在 CMOS 集成电路中，PMOS 管的隔离环是制作在 N-型衬底上的 N+环，NMOS 管的隔离环是制作在 P-型衬底上的 P+环，因此保护环在版图设计中非常重要。在设计振荡器版图时，P、N 管单独用环保护起来（包括 NAND、INV 的几个门的 P 管放在一个环中；N 管放在另一个环中）。

5）高频振荡器中敏感信号 INA 的处理

在版图设计中如果连线较长的话，那么连线的平板电容和边缘电容会使工作速度降低，更重要的是线间电容导致了显著的信号耦合。通过在版图中"屏蔽"敏感信号可以减小这种耦合，通常在敏感信号两边各放置一条地线，这样就把"噪声"干扰线发出的大部分电场线终止于地线而不是该信号线。这样做比单纯地把信号线与干扰线隔开更有效果，但是这种屏蔽所付出的代价是布线更加复杂，同时信号线与地之间的电容变大（线间电容

影响）。还可以将敏感信号线用上下两层金属地线包围，完全隔离外部电场线，但是这根信号线的对地电容更大，而且用到了三层金属，从而使其他信号的布线变得更复杂。

D508 项目的高频振荡器中有一根非常敏感的线，名称为 INA，在设计版图时，需要重点考虑。首先这根线不要太粗，尽量用一根金属线完整地从开始走到结尾，如果无法做到，那么就用多晶这一层作为中间的连接，而不要用有源区来连接。另外，为了尽量减少 INA 与芯片内部其他信号的耦合，采用地线保护的方法，如图 10.10 所示高频振荡器的版图，而图 10.11 是低频振荡器的版图。

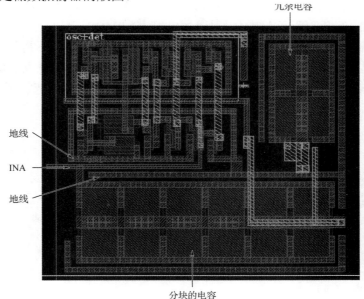

图 10.10　高频振荡器版图

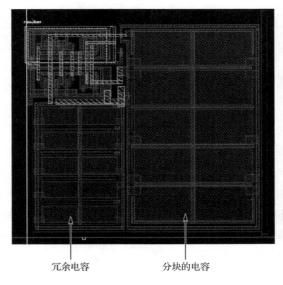

图 10.11　低频振荡器版图

10.1.3 上下拉电路的版图设计

上下拉电路
的版图设计
教学课件

上下拉电路
的版图设计
微课视频

D508 项目中涉及上下拉电路的设计。上下拉电路主要是针对电路中当输入信号悬空时，为使电路有一个稳定的输出而在电路中增加的一种结构，其中上拉电路的输出恒为 1，下拉电路的输出恒为 0。上拉电路有两种形式，一种是一个上拉的 PMOS 管作为上拉电阻，另外一个 PMOS 管和一个反相器作为输入锁存，再另外加一个反相器组成，其结构如图 10.12（a）所示；上拉电路的另一种形式是由上拉电阻（P 型倒比管）和两级反相器构成的，如图 10.12（b）所示，其中作为上拉电阻的 PMOS 倒比管是一个可选项，即其漏端可以连接到输入端，从而具有上拉功能；也可悬空，使输入端不具备上拉功能，而这一选择的修改可以通过修改一块掩膜版（如二铝层）来实现，这就是下一章中要详细讲述的掩膜选项。下拉电路由下拉电阻（N 型倒比管）和两级反相器构成，其结构如图 10.13 所示。

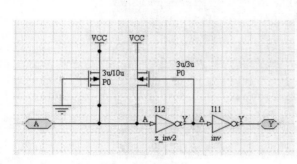

（a）上拉电路结构 1　　　　　　　　　　　　（b）上拉电路结构 2

图 10.12　上拉电路结构

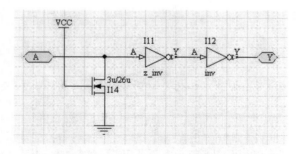

图 10.13　下拉电路结构

上下拉电路的版图设计中要考虑衬底噪声的影响。所谓衬底噪声是指源、漏与衬底 PN 结正偏导通，使衬底电位产生抖动偏差。解决方法是尽量把衬底与地的接触孔位置和该位置管子的衬底注入极的距离做到越小越好，因为这种距离的大小对衬底电位偏差影响非常大，同时还要求衬底接触孔的数量要足够多，保证衬底与电源的接触电阻较小。在图 10.14、10.15 所示的上、下拉版图结构中充分考虑了这一点。

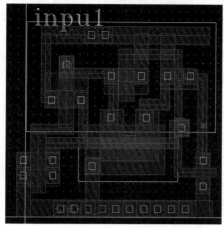

（a）上拉电路结构 1 版图

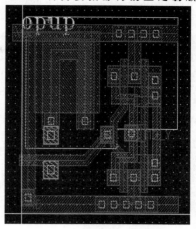

（b）上拉电路结构 2 版图

图 10.14　上拉电路结构版版图

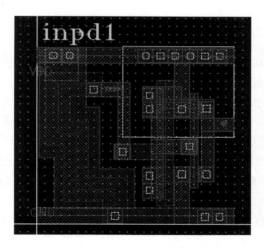

图 10.15　下拉电路结构版图

10.1.4　大驱动器的版图设计

大驱动器的
版图设计教
学课件

大驱动器的
版图设计微
课视频

在保证性能的前提下为了使其所占用的面积尽可能小，芯片内部电路的尺寸通常都设计得比较小，其宽长比（W/L）通常只比 1 稍大一些。这种小管子本身的输入电容很小，管子间的连线也很短，因而分布电容小，工作速度可以做得比较高。这种小管子对负载的驱动能力较差，也就是说不能驱动大的电容负载，也不能提供大电流驱动外部的电流负载，因此芯片内部电路的输出端不可直接连接到压焊点上进行输出。

为了在不增加内部电路负载的条件下获得大的输出驱动，在 CMOS 电路设计中广泛采用缓冲输出的办法，即在内部电路的输出端串联两级反相器，这两级反相器的器件尺寸是逐级增大的，由小尺寸驱动中尺寸，中尺寸驱动大尺寸，驱动能力逐级增大。最后一级反相器直接连接到压焊点上（即 CMOS 输出）或驱动一个 NMOS 管，而 NMOS 管连接到压焊点上（即开漏输出），这个反相器或 NMOS 管通常称为大驱动器，其尺寸可以根据输出电流的大小和输出波形参数的要求进行设计。如果两级反相器的缓冲输出达不到输出驱动的要求，还可以再增加两级反相器。图 10.16 是 D508 项目中的两个大驱动器的逻辑。

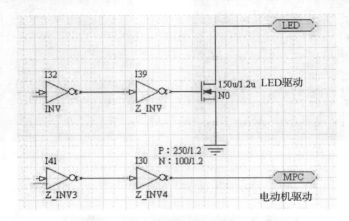

图 10.16　D508 项目中的两个大驱动器

　　图 10.16 中 LED 驱动管（开漏输出）的宽长比为 150/1.2，电动机驱动反相器（CMOS驱动）的宽长比为 P 管 250/1.2、N 管 100/1.2。

　　如果按照通常的 MOS 管的版图设计方法，大宽长比的 MOS 管的版图将画成很长的矩形，这样在整个版图中很难与相邻的中小尺寸管子形成和谐的布局。从器件性能来说也可能因栅极太长会使信号幅度衰减，因此必须要改变 MOS 管的图形形状。在实际版图设计中常采用叉指结构的 MOS 管，在这种结构中，每一个指状晶体管的宽度的选取要保证该晶体管的栅电阻小于其跨导的倒数。把一个晶体管分成多个并联指状晶体管，虽然可以减小栅电阻，但是源漏区的周边电容变大了，这就需要在指状数目和指状宽度之间进行折中，或采用在栅极两端都接金属引线的方法来减少栅极电阻，但缺点是会增加走线的复杂性。

　　改变 MOS 管形状的步骤主要有两步。

　　（1）分段：如将图 10.16 的宽长比为 150/1.2 的 MOS 管分成 3 段，每段长度为 50，就变成 3 个 $W/L=50/1.2$ 的 MOS 管。

　　（2）采用源漏共享的方法，即把相邻 MOS 管的源和源合并、漏和漏合并。也就是说，第 1 个 MOS 管的漏也是第 2 个 MOS 管的漏，第 2 个 MOS 管的源也是第 3 个 MOS 管的源，如果再把 3 个 MOS 管的栅极进行连接，它们就并联起来了。并联之后的 MOS 管的宽长比没有变，栅宽也不变，但是寄生电阻却减小了。由于 3 个 MOS 管并联，每个 MOS 管的宽长比为原来大 MOS 管宽长比的 1/3。如果并联管的数目为 N，每个并联管的宽长比就只有大尺寸 MOS 管宽长比的 $1/N$。由于源区和漏区的金属形状像交叉的手指，因此这种布局又称为"叉指"结构，它的优点是整个版图的几何形状可以被调整为方形或接近方形。输出缓冲级中的大尺寸 MOS 管其栅极长度 L 通常要比设计规则所规定的长度稍大一些，以改善器件的雪崩击穿特性，如图 10.16 中的大管子 L 取 1.2 μm，而芯片内部管子的 L 通常取0.5 μm。在保持 W/L 不变的前提下，增大 MOS 管的 L，其宽度也要增大，因此 MOS 管占

用的面积也会相应增大。

D508 项目中两个大输出驱动的版图如图 10.17 和图 10.18 所示。

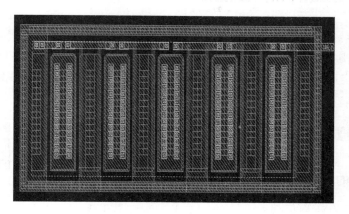

图 10.17　LED 大尺寸 NMOS 的版图

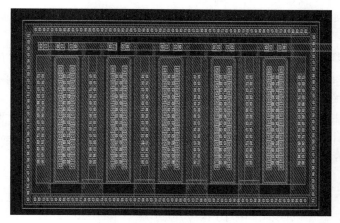

（a）MPC 大尺寸 PMOS 的版图

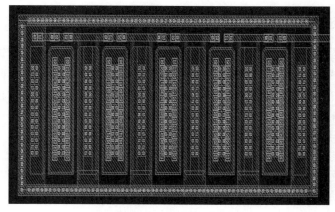

（b）MPC 大尺寸 NMOS 的版图

图 10.18　MPC 大尺寸版图

10.2 模拟部分版图总拼及优化

在完成以上各个模拟子模块的版图设计后，接下来要把这些模拟子模块拼起来，形成 D508 项目模拟模块的整体版图。版图拼接的过程就是完成模拟模块的布局布线。所谓布局就是将组成集成电路的各部分合理地布置在芯片上，而布线就是按电路图给出的连接关系，在版图上进行元器件之间、各子模块之间的连接。

10.2.1 模拟部分版图的总拼

 模拟部分版图的总拼教学课件

 模拟部分版图的总拼微课视频

1．模拟模块的版图布局

大部分电路的设计是采用非常小的、易于控制和易于理解的电路的组合，连接这些小的电路产生一个大的、复杂的电路，即通过小的、易于理解的功能块构造大的设计。为使版图最为紧凑，在设计各模拟功能块时应尽可能利用矩形，因为众多矩形之间的协调比非规则版图结构更简单。如果不得不将版图设计成不规则形状时，应该考察与该功能块相关的其他功能模块版图的形状。以上介绍的各个模拟功能子模块通常都设计成矩形版图。

一个好的模拟集成电路版图可以将串扰、噪声、失配等效应减至最小。对于 D508 项目这样由多个子模块组成的模拟部分的版图设计则主要是侧重于各模块的布局及模块间的连线。模块级的模拟电路版图设计首先要了解各模块的特点，是大信号还是小信号、是高压大功率还是低压小功率，以及是大电流路径还是小电流路径等关键问题，然后进行合理的布局分割，对敏感的模块通过加保护环、PN 结隔离等措施加以保护。图 10.19 为经过编排后 D508 项目模拟部分总体版图布局结构。

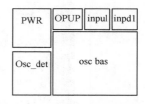

图 10.19　D508 项目模拟部分的整体布局

2．模拟模块版图的布线

版图设计中连线是很有讲究的，信号布线的正确顺序是电源线、时钟信号、总线、特殊信号线、一般信号线。布线规划的目的是判断整个布线的复杂程度，确定芯片上用于布线的区域，并找到在完成全部布线的过程中潜在的瓶颈或问题。另外，也要预先估计到布线对芯片面积的影响。

D508 项目信号线版图设计规则如下。

（1）基于工艺参数和电路要求选择布线层，本电路采用两层铝的工艺，可供选择。

（2）使输入信号线宽度最小化，并谨慎地选择布线宽度。

（3）在同一单元或模块中保持一致的布线方向。

（4）标注出所有重要信号，如振荡模块中的敏感信号等。

（5）确定每个连接的最小接触孔数。

电源线版图设计准则如下。

（1）利用不同分层的电阻率来确定合适的线宽。

（2）使用最底层金属作为晶体管级单元的电源线，因为如果使用高层金属作为电源线，那么就需要通过通孔和局部互连来连接晶体管和电源，这样会占用空间并且限制单元的空隙率。

（3）避免在电源线上开槽，并避免在单元上方布电源线。

D508 项目利用层次化的设计方法来完成模拟部分宏单元的设计，易于操作。因各功能模块均设计为矩形，在充分考虑到布局布线后，使最终设计出的模拟宏单元的版图的紧凑性能更佳。图 10.20 为最终设计出的宏模块版图。

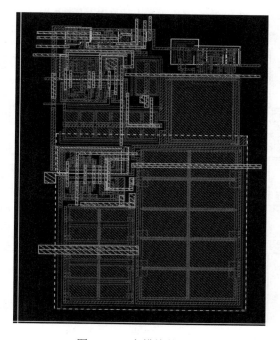

图 10.20　宏模块的版图

10.2.2　为满足工艺要求所做的优化

 为满足工艺要求所做的优化教学课件　　 为满足工艺要求所做的优化微课视频

1. 电容的版图设计及优化

前面介绍的版图设计中采用了 MOS 电容，其实这种类型电容的特性不是很好，主要表现在 MOS 电容的等效电容值与电容两端所加的偏置电压有关，也就是说这种电容值不是稳定不变的，而 CMOS 工艺中普遍采用的两层多晶之间的 PIP 电容的电容值是稳定的，并且寄生电容小。如果设计所采用的工艺只有一层多晶，那么无法做双多晶电容，只能采用 MOS 电容。

为了改善 MOS 电容的特性，可以在该电容上增加一层 N 型 ROM 注入；因此需要在版图上进行修改，对 MOS 电容所在区域增加 ROM 这一层，图 10.21 和图 10.22 为加工线针对 ROM 这一层所要求的设计规则与示意图，在版图修改时需要遵守。

8.7 ROM Code (RO):

This mask defines the programming depletion N-code implant and capacitor implant.

a. Minimum code width   0.5

b. Minimum code space (if less than 0.5, please merge, two conjoint code   0 or 0.5
windows should be merged)

c. Min. overlap of code to poly gate   0.25

d. Min. space of code to unrelated poly   0.25

e. Max. extension of code to related N-active   0.00

f. Min. space of code to unrelated active area.   0.8

g. Min overlap of code to related active for capacitor   0.3

图 10.21   MOS 电容上加 ROM 层的规则

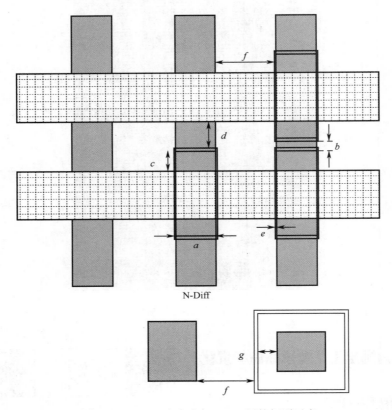

图 10.22   MOS 电容上加 ROM 层的规则示意

注：对了以上版图进行优化后，在进行版图验证时还需要对工艺线所提供的 LVS command file 进行修改，增加 MOS 电容，这样才能确保 LVS 能够顺利进行。

2．顶层铝的版图设计及优化

在集成电路工艺加工中，顶层铝的规则和下层铝的规则是不同的，原因是顶层铝的厚度通常不是固定的。例如，针对 D508 项目来说，二铝（metal2）是顶层铝，那么 metal2 的厚度可以是 8000 埃，也可以是 12 000 埃，也可以是 25 000 埃，针对这 3 种不同厚度的顶层铝，其版图上的设计规则需要做相应的改变；这里举一个顶层二铝厚度为 25000 埃的版图设计规则的例子，如图 10.23 所示。

Metal2 Option (T2): thick top metal2　(Top metal 25K)

No.	Description	Rule (um)
A	Minimum T2 width.	1.5
B	Minimum T2 to T2 space.	1.5
C	Minimum A2 to A2 space when the width of T2 is large than 10um.	1.8
D	Minimum extension of T2 beyond W2.	0.4
E	Minimum extension of T2 beyond W2 when the width of T2 is large than 10um.	1.5
F	Metal density, if more than 50%,please inform CSMC; if less than 30%, please add dummy metal.	
G	90 degree metal line corner is not allowed	
H	Minimum and maximum W2 width (it is noticeable for W2 width of bond pad)	0.55
I	Minimum W2 to W2 space.	0.6
J	Minimum clearance from W2 to W1.	0
K	W2 stack on W1 is allowed.	

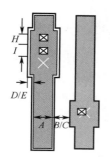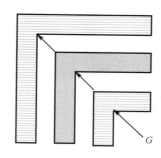

图 10.23　顶层铝规则

因此在版图设计时需要根据所采用的顶层铝的厚度选择相应的规则，并且在版图上进行必要的修改，以满足工艺的要求。

10.3　芯片可靠性及 I/O 单元版图设计

每一个集成电路除了内部的数字电路或模拟电路外，一定需要输入输出（I/O）单元，作为内部逻辑与外界进行信号交换的部件。

在第 9 章开头列出了 D508 项目 I/O 引脚的定义。这些 I/O 引脚及其相关单元的版图设计与上面介绍的内部电路的版图设计不同，除了需要满足设计规则外，还需要考虑芯片的可靠性，因此每一个 I/O 单元都由 I/O 压焊点和为提高芯片的可靠性而增加的保护结构组成（可以删除）。下面介绍芯片可靠性设计内容，并具体介绍 D508 项目 I/O 单元的版图设计。

10.3.1　芯片的可靠性

芯片的可靠性内容较多，其中最基本的两个内容是闩锁效应和静电效应。

闩锁效应及版图设计注意事项教学课件

闩锁效应及版图设计注意事项微课视频

1．闩锁效应

硅栅 CMOS 中的闩锁效应起因于寄生 NPN 和 PNP 双极晶体管形成的 PNPN 结构。闩锁效应很容易发生，特别是在芯片的输入输出端，因为芯片的输入输出端多数是由大尺寸的数字反相器制作的输入输出缓冲器，并且通常有大的输出驱动电流，如图 10.18 所示的大驱动管，因此最容易出现闩锁效应。实际上，如果电压上升到高于 VDD 或下降到低于 VSS，也容易产生寄生可控硅效应，由于输入/输出压焊块是和外部电路接口的，所以最容易出现上述情况。另外，任何不与衬底、电源连接的引脚引线也都有可能发生。

解决闩锁效应最有效的方法是加保护环，并且有可能的话尽量用双重保护环。例如，对输出 MOS（即漏区直接接到外部电路元件上的 MOS 管）最好采用这种保护措施，以避免闩锁效应，即 NMOS 管由连接到 VSS 的 P+环和连接到 N 阱中的 N+环包围；PMOS 管由接到 VDD 的 P+环和连接到衬底的 N+环包围，另外一定要保证这些环的有源区是连续的。

2. 静电效应

1）静电现象

静电现象与版图保护教学课件

静电现象与版图保护微课视频

静电是一种电能，它存在于物体表面，是正负电荷在局部失衡时产生的一种现象。当带了静电的物体与其他物体接触时，这两个具有不同静电电位的物体依据电荷中和的原则就会存在电荷流动，传送足够的电量以抵消电压差。在这种高速电量的传送过程中将产生潜在的破坏电压、电流及电磁场，严重时会将物体击毁，这就是静电放电（electrostatic discharge，ESD）。

ESD 是当今 MOS 集成电路中最重要的可靠性问题之一。高密度集成电路器件具有线间距短、线细、集成度高、运输速度快、低功率和输入阻抗高的特点，因而导致这类器件对静电较敏感，称之为静电敏感器件。静电放电的能量，对传统的电子元件的影响甚微，人们不易觉察，但是这些高密度集成电路元件则可能因静电电场和静电放电电流引起失效，或者造成难以被人们发现的"软击穿"现象，导致设备锁死、复位、数据丢失和不可靠影响设备正常工作，使设备可靠性降低，甚至造成设备的损坏。D508 项目内置了一路高灵敏度的输入端，可以感应外部电容的改变来调整内部的检测振荡器的频率，从而实现感应触发。这种感应是通过人体手指靠近芯片所引出的感应端，而人体是最大的静电携带者，因此这类电路非常容易受到 ESD 的影响而导致功能失效。

通常 ESD 水平分为三级：0～1999 V 为一级；2000～3999 V 为二级；4000～8000 V 为三级；对于一些特殊的应用，ESD 耐压要求超过 10000 V，那就是在三级的基础上继续往上增加 ESD 电压，直到所加电压超过 10000 V，并且测试脚的电流-电压曲线没有变化，表明该芯片的 ESD 耐压可以高达 10000 V。

2）ESD 的保护

为了避免集成电路被静电打坏，因此在电路中必须设计被称为 ESD 保护结构的相关电路模块，这种保护结构有别于电路中产生正常功能的工作电路模块，因为从该集成电路的功能方面考虑是不需要这部分 ESD 保护结构的，只是为了避免集成电路中的工作电路模块成为 ESD 的放电通路而遭到损毁，确保在任意两芯片引脚之间发生的 ESD，都有适合的低阻旁路将 ESD 电流引入电源线。这个低阻旁路不但要能吸收 ESD 电流，还要能箝位工作电路的电压，防止工作电路由于电压过载而受损，而在电路正常工作时，ESD 保护结构是不工作的，因此 ESD 保护电路还需要有很好的工作稳定性，能在 ESD 发生时快速响应。

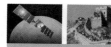

3）ESD 保护电路的设计

随着超大规模集成电路工艺的高速发展，ESD 保护能力反而下降，就算把器件的尺寸加大，其 ESD 耐压值也不会被升高，同时由于器件尺寸增大导致芯片面积也增大，因此采用适当的 ESD 保护结构显得非常重要。不同的 ESD 保护结构所能承受的抗 ESD 能力各不相同。

ESD 保护电路的设计应同时遵循以下 3 条基本原则。

（1）ESD 发生时该保护电路要提供从压焊点到地的低阻抗通路，以释放压点上积累的静电。

（2）ESD 发生时，该保护电路要把压焊点的电压钳制在被保护电路的击穿电压之下。

（3）在电路正常工作时，该电路具有大的阻抗和很小的电容，保证增加了 ESD 保护电路而带来的 I/O 信号延时尽可能小（或者在设计 I/O 电路时就把 ESD 保护电路所带来的延时考虑在内），以至于对电路的正常工作不产生明显的影响。

除此之外，ESD 保护电路的设计中还应注意以下问题。

（1）ESD 保护电路自身对 ESD 有足够高的抵抗能力。

（2）在芯片正常工作时，能传输 I/O 信号，本身处于不被激活的状态。

（3）在尽可能小的版图面积中提供尽可能高的 ESD 保护能力，尽可能利用芯片空余面积，从而不至于使芯片成本上升太多。

（4）ESD 保护电路设计中要防止上面提到的"闩锁效应"。例如，把输出级的 P 管和 N 管隔开一定的距离，并加上"保护环"。

（5）版图布线时，应在 ESD 通路中注意走线的宽度，并尽量多打通孔。

（6）版图布线时，应该避免芯片工作电路的走线与 ESD 保护结构的走线"共线"（即使两者是同一根信号线，最好也分别走线），否则 ESD 大电流所引起的金属线过热断路会导致工作电路本身发生故障。

（7）在 CMOS 工艺中 ESD 保护电路的制造应该不增加额外的工艺步骤或掩膜版数量。

（8）ESD 保护电路的设计，要能够提升芯片所有引脚的 ESD 故障临界电压，而不是只提升某几个引脚的 ESD 防护能力而已。

10.3.2　I/O 单元设计

 压焊点的版图设计教学课件　 薄栅管 ESD 保护结构教学课件　 压焊点的版图设计微课视频

1. 压焊点的设计

任何一种集成电路的版图结构都需要压焊点（PAD）与芯片外部进行连接。当然承担输入/输出信号接口的 I/O 单元就不再仅仅是焊盘（PAD），而是具有一定功能的模块。依据功能划分，通常分为输入单元和输出单元。输入单元主要承担对内部电路的保护，一般认为外部信号的驱动能力足够大，输入单元不必再具备驱动功能。因此输入单元的结构主要是输入保护。而输出单元担负着对外的驱动，因此需要提供一定的驱动能力，防止内部逻辑过负荷而损坏。另一方面输出单元还承担着内外的隔离并且需要具备一定的逻辑功能，单元具有一定的可操作性。与输入电路相比，输出单元的电路形式比较多，如倒相输出 I/O PAD、同相输出和三态输出等，还包括 10.1.4 节中提到的开漏输出等。

I/O 单元与其他版图单元类似，通常也具有等高不等宽的外部形式，各模块的电源、底线的宽度和相对位置仍是统一的，以便连接。所不同的是，I/O 单元的引线端位于单元的一边（位于靠近内部阵列的一边）。每一个 I/O 单元都有一个用于连接芯片与封装管座的焊盘，这些焊盘通常是边长几十到 100 μm 的矩形。为防止在后道划片工艺中损伤芯片，通常要求 I/O PAD 的外边界距划片位置 100 μm 左右。在整个芯片的版图设计中，PAD 的设计直接影响着整个芯片的设计。

D508 项目中 PAD 所包含的层次包括以下几种：poly、cont、metal1、via1、metal2、pad、padtext 等几个层次，版图如图 10.24 所示。

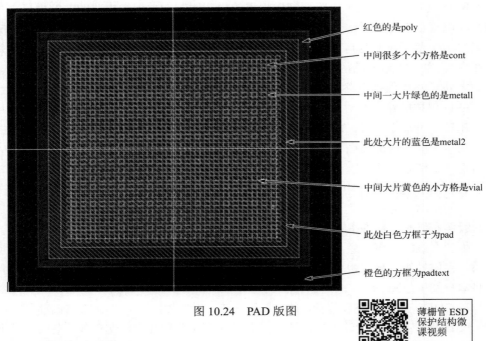

红色的是poly

中间很多个小方格是cont

中间一大片绿色的是metal1

此处大片的蓝色是metal2

中间大片黄色的小方格是via1

此处白色方框子为pad

橙色的方框为padtext

图 10.24 PAD 版图

薄栅管 ESD 保护结构微课视频

2. 薄栅管 ESD 保护结构

图 10.25（a）是 MOS 集成电路中最常见的一种 ESD 保护结构，需要在电路的每一个压焊点（PAD）都插入该结构。这种结构包括栅极和源极短接的薄栅管 MP、栅极和源极短接的薄栅管 MN，这两个管子可以等效成两个二极管 D1、D2，另外还有一个 R。保护原理是，实际应用时在 PAD 上会引入较大的静电，根据晶体管原理，这个较大的静电会引起 MP、MN 两个管子被雪崩击穿。通过插入图 10.25（a）中的 ESD 保护结构，在这个大的静电还没有到达 MP、MN 之前首先引起两个二极管 D1、D2 反向击穿，形成到电源、地的电流通路，把大电流泄放掉；另外电阻 R 起限流作用；这两个措施就起到了保护 MP、MN 的作用。这种 ESD 保护结构的 ESD 保护能力通常为 2000～3000V。为了进一步提高 ESD 保护能力，在 D508 项目中对这种结构进行改进，如图 10.25（b）所示，这是一种针对 NMOS 管的三级二极管加电阻网络的 ESD 保护结构，针对 PMOS 管的保护结构与此类似。每一级的原理跟图 10.25（a）类似，但这种结构能够利用三级电阻和二极管网络的限流和分压作用提供多个泄放通路，从而逐级泄放大电流，提高 ESD 保护能力。以图 10.25（b）中的 MOS

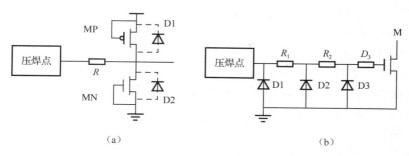

（a）　　　　　　　　　　　　　　（b）

图 10.25　二极管加电阻 ESD 保护结构

管 MN 为例来说明这种改进的 ESD 保护结构的电路结构参数应该如何选择。MN 的栅击穿电压是 12.5V，按照 ESD 保护原理，经过多级限流电阻之后落在 MN 栅极的电压须小于这个管子的栅击穿电压，保护电路才能起到保护作用，通过计算，采用三级二极管加电阻网络结构可以达到保护 MN 的目的，其中每一级限流电阻值为 100 Ω，而 D1、D2 和 D3 这 3 个二极管也可以采用图 10.25（a）中所示的栅极和源极短接的薄栅管。

图 10.26 就是 N 薄栅管做 ESD 保护的版图，上半部分是 PAD，下半部分一排指状（finger）NMOS 就是薄栅管。

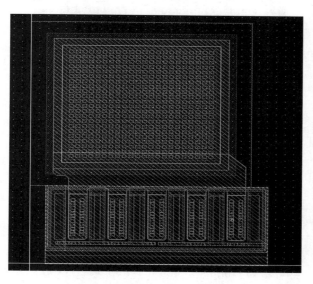

图 10.26　薄栅管版图

PMOS 上拉器件比 NMOS 下拉器件具有较强的抗 ESD 性，PMOS 上拉器件可以减轻 NMOS 器件耗散能量的压力。对于多指型晶体管，不同 finger 的开启电压不同。指型越长，导通电压越低。具有低导通电压的 finger 在其他 finger 开启并产生热区域前就导通，所以，对于具有同样沟道宽度的输出管，采用较长的 finger 比采用较多的 finger 更好。

D508 项目中有两个大驱动的输出单元，其输出类型分别为反相器或称为 CMOS 输出（针对 MPC）和开漏输出（针对 LED）。反相输出就是内部信号经反相后输出，这个反相器除了完成反相的功能外，另一个主要作用是提供一定的驱动能力。所谓开漏输出就是在输

出 NMOS 管的漏极上并没有接任何形式的负载，在开漏输出单元中的 NMOS 管通常也是大尺寸的多晶管，因为它们要驱动总线上的负载。

以上两种输出引脚在进行版图设计时主要考虑以下因素。

（1）将驱动管和驱动反相器放置在 PAD 处，既起到驱动作用又起到 ESD 保护作用。

（2）两种驱动单元中，反相器和 NMOS 管的宽长比都很大，如 50/1、200/1、1000/1，主要是外围驱动 LED 用的。设计时采用并联连接的方式，且此处漏端比源端设计的要宽，P 管和 N 管分别用隔离环保护起来。

它们的版图分别如图 10.27 和图 10.28 所示。

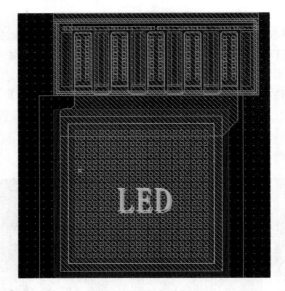

图 10.27　漏端输出驱动 LED 与 PAD 相结合的版图

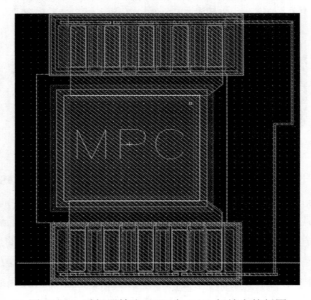

图 10.28　反相器输出 MPC 与 PAD 相结合的版图

3. 可控硅整流器 ESD 保护结构

图 10.29（a）是可控硅整流器（silicon controlled rectifier，SCR）结构的纵向剖面图，图 10.29（b）是这种结构的等效电路图（可控硅也称晶闸管）。

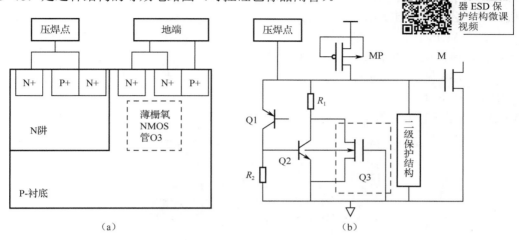

图 10.29　SCR ESD 保护结构纵向剖面图及电路图

图 10.29（b）中 MP 是一个栅极和源极短接的 PMOS 管，起到 ESD 保护作用；Q1 是一个 PNP 型晶体管，其发射区是由 N 阱内的 P+扩散区构成的，N 阱是它的基区，P-衬底作为集电区；另一个 Q2 是 NPN 型晶体管，阱外的 N+是其发射区，P-衬底是它的基区，N-阱是集电区。以上两个管子组成一个称为 scr 的四层半导体器件。这四层依次是 P+扩散区、N阱、P-衬底、N+扩散区，此种 PNPN 结构内有 NPN 和 PNP 之间的正反馈，提供了良好的 ESD 泄露通路，具有非常明显的 ESD 保护性能。因此在芯片的每一个 PAD 上都插入这样一个结构，就能在最小的布局面积下提供最高的 ESD 防护能力。图 10.29（b）中的 R_1 是 N阱接触电阻，R_2 是 P-衬底接触电阻。

根据半导体器件原理，上述的四层结构作为 ESD 保护器件来说，其起始导通电压等效于 MOS 工艺下 N 阱与 P-衬底之间的击穿电压。由于 N-阱具有较低的掺杂浓度，这是由半导体工艺所决定的，因此其与 P-衬底之间的击穿电压为 30～50 V，如此高的击穿电压使 SCR 结构在 ESD 防护设计上需要再加上额外的二级保护结构，这部分结构在如图 10.29（b）中已经标注出来。这是因为图 10.29（b）中需要保护的 MOS 管 M 的栅击穿电压只有 12.5V 左右，而 SCR 要到 30V 以上才导通，在 ESD 电压尚未升到 30V 之前，这个 SCR 结构是关闭的，这时 SCR 器件所要保护的管子 M 早就被 ESD 电压所破坏了，因此必须加入二级保护结构。利用这个二级保护结构，在其未被 ESD 破坏之前，SCR 结构能够被触发导通，从而排放 ESD 电流，只要 SCR 结构一导通，其低的保持电压便会钳制住 ESD 电压在很低的值，因此管子 M 可以有效地被这个 SCR 结构所保护。但这种额外增加的二级保护结构必然会造成芯片面积有很大的增加，从而导致芯片成本的上升。

为了解决这个问题，在 D508 项目中采用了一种改进的 SCR ESD 保护结构。在该结构中增加一个图 10.29（b）中虚线框中所示的薄栅氧 NMOS 管 Q3。依据晶体管原理，击穿电

压跟栅氧是直接相关的。这个 NMOS 管以横跨的方式制作在 N 阱与 P-衬底的界面上，可以使 SCR 结构的起始导通电压下降到 10～15 V，这就使 SCR 结构不需要额外的二级保护结构便可以有效地保护电路内部管子 M，从而减小了芯片面积上的浪费。SCR 结构的导通过程描述如下：其内嵌的薄栅 NMOS 管 Q3 发生回流击穿时，引发电流自其栅极流向 P-衬底，这会引起电流自 N-阱流向 P-衬底，也因而触发了 SCR 结构的导通。为了防止 SCR 结构在普通 MOS 管正常工作情形下会被导通，其内嵌的薄栅 NMOS 管 Q3 的栅极必须要连接到地，以保持该 NMOS 管关闭，如图 10.29（b）所示。

图 10.30 显示了改进的 SCR ESD 保护结构的版图，包括作为 ESD 保护器件的 Q1、Q2 和宽长为 180/1 的 PMOS 管 MP；还有就是作为 ESD 二级保护器件的薄栅管 Q3。图中 VDD 是管子所接的电源端，GND 是管子所接的地端。

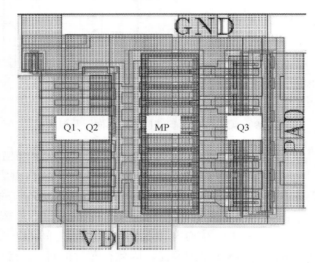

图 10.30　改进的 SCR ESD 保护结构版图

4．场管 ESD 保护结构

 场管 ESD 保护结构教学课件 场管 ESD 保护结构微课视频

厚场晶体管（场管）作为 PAD 端口的 ESD 保护的原理是，PAD 对 VDD 放电时，当 ESD 电压上升到十几伏时，场管会开启（类似于 NMOS 管开启）；放电路径为先从 PAD 通过场管开启泄放能量，然后通过 GND 与 VDD 之间的正向 PN 二极管放电；PAD 对 GND 放电时，也就是场管开启，通过 PAD 直接对 GND 放电。

对于场管不存在栅氧击穿，所以比薄栅更坚固。用于 ESD 泄漏的场管的宽度小于栅晶体管的宽度，具有较小的电流分流能力。与场晶体管相比，薄栅晶体管的 snap back 电压较低，即如果场管和表面晶体管并联地连在一起，表面晶体管将首先开启，吸收多数能量。

场管的 ESD 能力与其漏端面积有主要的关系；漏端面积越大其 ESD 能力越高。当然所占的芯片面积也大，那么芯片的成本也就高了。一般这两个之间会兼顾考虑，但总体来说场管做 ESD 保护的最大优点是可以节省芯片面积。

场管版图和场管做 ESD 保护的结构版图如图 10.31 所示，其中图 10.31（a）是场管的版图，既然称为场管，是一个管子，那作为管子就有沟道和栅。管子的沟道就是图 10.31（a）

中箭头所指两个 ndiff 之间的缝，间距 1.6μm，场管的栅就是 pad 伸进来的沟道上面的铝。图 10.31（b）是一个具体的输入压点采用场管做 ESD 保护的版图结构。

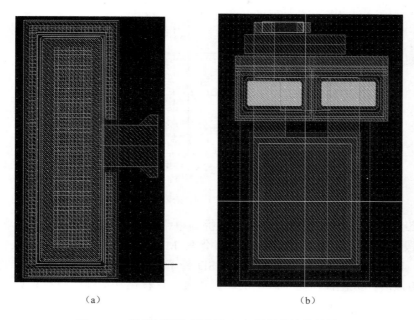

（a）　　　　　　　　　　　　　　（b）

图 10.31　场管版图和场管做 ESD 保护的结构版图

D508 项目中 TG1、TG2、TAB、TEST21、TEST2、ORI、ORO、ORI2、ORO2 等引脚都采用场管保护结构。

5. 全芯片 ESD 保护结构

 全芯片 ESD 保护结构教学课件　　 一个实际工艺中的 ESD 保护结构教学课件　　 全芯片 ESD 保护结构微课视频

以上介绍的几种 ESD 保护结构都是在芯片的每一个输入/输出端添加大尺寸的 ESD 保护结构用来泄放突发的 ESD 电压，以达到保护芯片内部电路的目的，但以上结果通常只能达到上节中所描述的一级 ESD 水平，即 ESD 耐压为 0～1999 V 水平，不足以保证芯片不受 ESD 电压的损害，因此要进一步提高芯片的抗 ESD 能力必须采用其他的 ESD 保护结构，本节所介绍的全芯片 ESD 结构就是其中一种。图 10.32 所示是一种全芯片的 ESD 保护电路结构。

图 10.32 所示的这种保护结构由 ESD 泄放及保护结构和常规二极管保护结构两部分组成。其中，ESD 泄放及保护结构由 RC 网络、MP 和 MN 两个逻辑控制管及 ESD 电流泄放管子 TESD 等组成。这部分原理简述如下：ESD 对电路的损伤主要是电路的 PN 逆向击穿造成的不可逆而导致电路漏电。当 VDD 网络上出现 ESD 电压时，Vx 初始电压为零，由于电容的惰性，其两端电压不能突变，因此 MP 管导通，Vg 端电压将随着 ESD 电压上升，TESD 管导通，为 ESD 电流提供了一条到地的泄放通路。TESD 的薄栅氧决定了 Vg 电压不能上升太高，否则会击穿栅氧从而损坏器件。因此 RC 网络充电抬高 Vx 端电压限制 Vg 升高，RC 充电时间一定要能够保证 ESD 能量泄放完才关断 MN 管，一般要求在 200 ns 左右，TESD 管的设计要求能够承载大电流，因此要设计足够的宽长比。正常情况下，TESD 管的栅为 0 V，其实是关闭的，因此不影响芯片的正常工作。

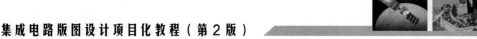

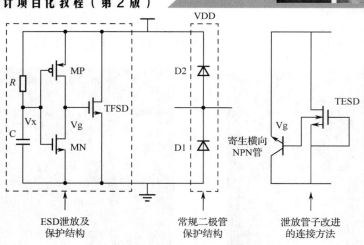

图 10.32　全芯片 ESD 保护电路结构

　　这种全芯片的 ESD 保护结构能够很好地提高电路的 ESD 保护能力，但当半导体工艺到深亚微米阶段，为了防止热载流子效应，都会在 MOS 的源漏端采用轻掺杂漏极（lightly doped drain，LDD）结构。图 10.32 中的 TESD 管子就采用了 LDD 结构。当 TESD 管导通泄放 ESD 电流时，大电流从这个管子的表面通过，这样结深很浅的轻掺杂处很容易损坏，从而限制了这种全芯片 ESD 保护结构的防护能力。

　　在 D508 项目中采用了一种改进的全芯片 ESD 保护结构，改进的是 ESD 电流泄放管子 TESD 的连接，如图 10.32 所示。经过改进后，TESD 管子的栅接地，而 Vg 输出接 TESD 管的衬底，其余器件结构和参数保持不变。与通常的全芯片 ESD 保护结构相比，这种改进的全芯片 ESD 保护结构引入了寄生的横向 NPN 管，当 VDD 网络上出现 ESD 电压时，会引起 Vg 电压变化，由于电压的存在，会引起衬底上电子的迁移而形成电流，电流流过衬底电阻后会抬高寄生 NPN 管的基极电压，最终会触发这个 NPN 管的导通，这时 ESD 电流是通过 NPN 管在衬底上流过而不是在 MOS 管表面流过，TESD 管并没有开启而是用其寄生的横向 NPN 管来泄放 ESD 电流，而 LDD 结构不会受到 ESD 电流的损害，这样就能大幅提高这种保护电路的 ESD 防护能力。

　　如图 10.33 所示的虚线框部分是这种改进的全芯片 ESD 保护结构的版图，该图显示了逻辑控制管 MP、MN 和 RC 网路及最重要的薄栅管 TESD 的位置，其中电容与其下的阱电阻组成 ESD 探测器。从图 10.32 可以看出，一个全芯片的 ESD 保护结构所占的芯片面积只比一个压焊点的面积略大，也就是说这种结构所花费的芯片面积代价很小。

　　在全芯片的 ESD 结构设计时，注意遵循以下原则。

　　（1）外围 VDD、VSS 走线尽可能宽，减小走线上的电阻。

　　（2）设计一种 VDD—VSS 之间的电压箝位结构，且在发生 ESD 时能够提供 VDD—VSS 直接低阻抗电流泄放通道。对于面积较大的电路，最好在芯片的四周各放置一个这样的结构，若有可能，在芯片外围放置多个 VDD、VSS 的 PAD，也可以增强整体电路的抗 ESD 能力。

　　（3）外围保护结构的电源及走线尽量与内部走线分开，外围 ESD 保护结构尽量做到均匀设计，避免版图设计上出现 ESD 薄弱环节。

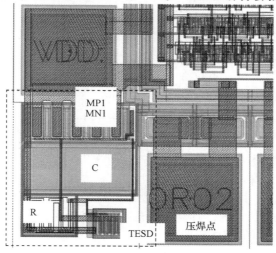

图 10.33　全芯片 ESD 保护结构的版图

（4）ESD 保护结构的设计要在性能、芯片面积、保护结构附带效应等因素之间进行权衡考虑，还需要考虑功率的容差，使电路设计达到最优化。

（5）在实际设计的一些电路中，有时没有直接的 VDD—VSS 电压箝位保护结构，此时，VDD—VSS 之间的电压箝位及 ESD 电流泄放主要利用全芯片整个电路的阱与衬底的接触空间。所以在外围电路要尽可能多地增加阱与衬底的接触，且 N+ P+ 的间距一致。若有空间，则最好在 VDD、VSS 的 PAD 旁边及四周增加 VDD—VSS 电压箝位保护结构，这样不仅增强了 VDD—VSS 模式下的抗 ESD 能力，也增强了 I/O—I/O 模式下的抗 ESD 能力。

（6）在全芯片 ESD 保护结构设计时，对于输入、输出端口，必须遵循一定的 ESD 规则。例如，在靠近栅的漏端容易产生 ESD 功率耗散。在 ESD 发生时，这一区域变成一个热源，并且可以扩散到接触孔。如果接触孔到结的距离不是足够大，接触孔将会出现尖峰（spiking）。因此要确保按照以下设计规则进行设计：

① 孔距栅 5 μm 以上。

② 管子沟长不能太小，要 1.2 μm。

③ 漏端有源区包孔 5 μm 以上。

④ 隔离环距漏端 3 μm 以上。

⑤ 铝包漏端的孔 2 μm 以上。

⑥ 在漏端的接触孔下面加入 N 阱，由于 N 阱的结深比 N+结深，所以避免了从接触孔到衬底的尖峰。

思考与练习题 10

（1）上电复位模块中，用于上拉电阻的 PMOS 管的栅通常接什么电平？

（2）施密特触发器在振荡器中的作用是什么？在进行版图设计时需要考虑什么？

（3）大驱动反相器在版图设计中采用什么样的结构可以节省版图面积？

（4）MOS 电容和双多晶电容有哪些区别？什么样的情况下采用 MOS 电容？

（5）什么是冗余电容？为什么要进行冗余电容的设计？

（6）版图设计过程中保护环的作用是什么？对于一些敏感的信号应该采取什么措施？

（7）上下拉结构中的上拉、下拉管子宽长比通常是倒比的，是否正确？以下两种宽长比的管子，哪一种的导通电阻大：3/10、3/20？

（8）可控硅整流器 ESD 保护结构的原理是什么？

（9）什么是场管？场管与通常由多晶栅形成的管子有什么区别？

（10）全芯片 ESD 保护结构的原理是什么？在版图设计中如何提高整个芯片的 ESD 水平？

（11）对书中所列的 RC 振荡器进行电容参数的修改，并进行相应的版图设计。

（12）对大驱动管的宽长比进行修改，并进行相应的版图设计。

（13）绘制 0.5 μm 工艺的 PAD 版图。

（14）设计 0.5 μm 工艺的场管保护 ESD 结构的版图。

第11章

D508 项目标准单元的设计

在前面第8章曾经提到，基于标准单元的版图设计是集成电路设计中的一种重要的方法。采用这种方法的前提是某一个电路的数字部分必须具有非常好的单元性并且具有一定的规模。嵌入到本书中的 D508 项目的数字部分具有很好的单元性，包括反相器、缓冲器、与非门、或非门、与或非门、或与非门、二选一、锁存器、Schmitt 触发器、RS 触发器、D 触发器、T 触发器等基本数字单元；而 D508 项目的数字模块包括计数器、时钟产生模块、延时模块、控制信号产生模块、输出控制模块、鉴频器等，它们都是基于以上数字单元而建立起来的，因此把这些基本数字单元的版图按照标准单元版图建立要求预先设计好，然后采用自动布局布线工具就可以完成 D508 项目的数字模块的版图，从而可以避免采用全定制方法造成的工作烦琐、人工考虑因素过多、容易出错等问题。

本章首先介绍 D508 项目所用的所有标准单元的版图设计，为进行 D508 项目的布局布线做好准备。

11.1 标准单元的建立原则

前面第 8 章中介绍了标准单元的建立原则，这里针对 D508 项目，具体介绍一下其中部分原则，包括网格间距（pitch）的确定等。

11.1.1 pitch 的确定

pitch 是电路布线铝线走线时必须遵循的最重要规则，这个值的确定与设计规则直接相关。对于一个采用二铝布线的电路，通常其二铝的 pitch 定义有以下两种。

（1）半个 via1 孔的尺寸+一个二铝线的条宽+半个 via1 孔的尺寸。

该 pitch 的定义方式可以使两个 via1 孔并排放在相邻的同一水平方向上，这种定义相对来说采用得较多一些。

（2）半个 via1 孔的尺寸+一个二铝的间距+半个二铝的条宽。

该 pitch 的定义方式在布 via1 时相邻两个不能放在同一水平线上，如中芯国际（SMIC）提供的标准单元库就采用这种方法。

以上两种方法对 pitch 的定义都能布线，其建标准单元时的不同点是，采用第二种方法定义 pitch 时，标准单元中靠边界（bound）的 Pin 需用 m1txt 提取该单元，当两个单元挨在一起，且其靠 bound 边上的两个 Pin 又在同一高度时，那么该 Pin 在 X 或 Y 方向上都要有打 via1 的余量。因为如果没有两个余量的话，在两个布线时会有错误。

两种 pitch 定义法的比较：从建标准单元的角度上来说这两种方法上是一致的，但对于那些最终布局布线后的芯片面积主要由布线铝的面积决定的情形，则建议采用第二种定义 pitch 的方法建，但相对来讲，第二种定义 pitch 的方法建标准单元较第一种复杂。

D508 项目设计时采用的是与以上第一种定义 pitch 方法相类似的思想，并考虑到 D508 项目所采用工艺设计规则的具体特点，如图 11.1 所示。

图 11.1 中的单位为μm，M2 pitch 指的是两个 M2 中心线之间的距离；但是它们中间要并排放置两个 via，这两个 via 要满足 M2、M1 的设计规则，具体如下：每个通孔大小为 0.5 μm，M1 包 via 为 0.3 μm，M1 的间距为 0.6 μm，因此总计 M2 pitch=(0.275+0.3)× 2+0.6=1.75（μm），实际上调整为 1.8 μm。（注：图 11.1 中，M2 和 M1 包通孔 VIA 均为 0.3 μm，但为了清楚看到有 M1、M2 层，因此虚线表示的 M1 比 M2 略微扩大了一点，实际上这两层应该是重合的。）

同样再对 M1 pitch 作一个定义，如图 11.2 所示。

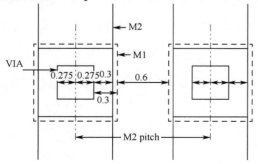

图 11.1 D508 项目中二铝 pitch 的定义

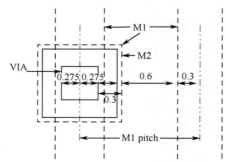

图 11.2 D508 项目中一铝的 pitch 定义

图 11.2 中，M1 的 pitch 为两根并行的 M1 之间的距离，中间有一个 via，该 via 放置于一根 M1 的中心，与另一根 M1 保持最小间距，这两个 M1 中心距就是 M1 的 pitch，如图 11.2 中，M1 pitch=0.275+0.3+0.6+0.3=1.475（μm），其中按照设计规则 M1 的间距为 0.6 μm，半根 M1 的最小条宽为 0.3 μm；但在实际设计版图时把 M1 的 pitch 调整为 1.6 μm 整，方便设计。

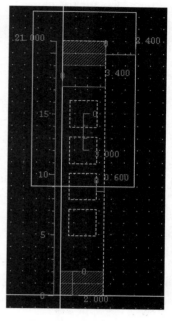

由此可见，在标准单元版图设计过程中，网格间距是一个非常重要的设计参数，并且需要综合考虑芯片所采用的工艺和相应的设计规则，还要考虑布局布线工具的要求，当然如何采用一个可以节省芯片面积的 pitch 也是一个重要的方面。

为此，为了版图设计方便，根据以上尺寸，设计一个名为 pitch 的版图单元，其中要求按照以上 pitch 定义方法确定几层主要版图图形的尺寸，包括 N 阱、电源线和地线的宽度等，经过反复考虑和修改，设计的 pitch 版图如图 11.3 所示。

之后每一个标准单元在建立其版图时都以这个 pitch 单元作为衡量标准，即确保该单元的宽度都是以上 pitch 单元宽度的整数倍。

图 11.3 中单元的高度为 21 μm，电源和地线的宽度都选择 2 μm；图中小的虚线框网格到大的虚线框（这一层称为 bound，即单元的边界）的距离为 0.6 μm；阱包围左、右、上 3 个方向 bound 距离为 2.4 μm，以上尺寸将在下面的介绍中进行具体解释。

图 11.3　pitch 单元版图

11.1.2　标准单元建立的考虑因素

 标准单元建立的考虑因素教学课件　　 标准单元建立的考虑因素微课视频

在具体介绍 D508 项目标准单元版图设计之前，先简单介绍一下一个完整的标准单元库建立的过程中要考虑的几个方面的因素。

1. 单元的驱动能力

不同的驱动能力要求体现在不同的单元设计中。以 D508 项目中的反相器为例，最小驱动反相器的宽长比为 P 管 2.4/1、N 管 1.8/1；比该单元驱动能力大 1 倍的反相器的宽长比为 P 管 4.8/1、N 管 3.6/1；以此类推，根据电路中的驱动能力需要，设计不同大小的反相器。

2. 标准单元库包含的单元数量

一个标准单元库中通常包括逻辑门和触发器/锁存器两大类单元；而逻辑门、触发器/锁存器的种类很多，一个标准单元库中如果包含太多数目的单元，意味着前期建这个单元库需要花费很多精力，反过来如果这么多单元在实际使用中并不是十分需要，那就说明没有必要建这么多单元，因此究竟一个标准单元库要考虑哪些单元才比较合适呢？这个主要取决于该标准单元

库建立完成后的应用范围，并且通过综合考虑得出结论。从数字电路设计的角度考虑，通常一个标准单元库中应该包括表 11.1 所列出的常用逻辑门电路和表 11.2 所列的一些特殊单元。

表 11.1 常用的逻辑门电路

序号	单 元 名 称	说 明
1	AND*n*	逻辑与门，输入端由 *n* 参数定义
2	AOIabcd	与或非门，a、b、c、d 定义"与"功能的输入端的个数
3	INV*n*	反相器，参数 *n* 用来表示其驱动能力
4	MUX21	二选一多路选择器
5	MUX41	四选一多路选择器
6	NAND*n*	逻辑与非门，参数 *n* 定义与非门输入的个数
7	NOR*n*	逻辑或非门，参数 *n* 定义或非门输入的个数
8	OAIabcd	或与非门，a、b、c、d 定义"或"功能的输入端的个数
9	OR*n*	逻辑或门，输入端由参数 *n* 定义

表 11.2 一些特殊的标准单元

序号	单 元 名 称	说 明
1	BIST1	内建自测试的逻辑单元
2	BUF1	用于电路内部时钟信号驱动的缓冲器
3	FA	全加器
4	TBUF	三态缓冲器
5	XOR	异或门
6	XNOR	同或门

另外一个重要的标准单元库组成部分是触发器，通常触发器包括以下类别。

（1）普通的 D 触发器。

（2）RS 触发器。

（3）触发时钟的形式：上升/下降沿触发、高电平/低电平触发。

（4）置位端、复位端形式：同步/异步、高电平/低电平。

除此之外，还有两种与测试相关的特殊类型触发器。

（1）数据端带自测试功能的 D 触发器。

（2）带扫描选择端的 D 触发器。

因此在建标准单元库时，根据需要选择所要建的单元类型。

11.1.3 标准单元建立的步骤和比较

标准单元建立的步骤和单元举例教学课件

标准单元建立的步骤和单元举例微课视频

1．标准单元创建的几个关键步骤

从以上的介绍可以看出，所谓标准单元库的建立其实就是在全定制设计的版图基础

上，按照标准单元库的要求和规则进行适当的优化、修改而形成的一整套版图库。这种优化过程一方面是为了满足标准单元库的有关规则，另一方面也是为了确保单元的性能。当然满足工艺设计规则（DRC）及和逻辑图完全对应起来（LVS）肯定是首先要做到的。因此下面将要介绍的内容是在已经完成了 D508 项目相应单元版图的基础上进行的。

1）单元方向调整

进行单元的适当移动，可以选择"移动"命令，右击逆时针旋转 90°；也可以选择"移动"命令再按 F3 键，在打开的对话框中有"sideways""upside down"等选项可以调整；确保移动后的单元中电源先 VDD 向上、地线 GND 向下。

2）单元原点确定

选择版图编辑界面中"Edit"菜单中的"Select"→"Select All"选项，即选择所有图形；然后选择"Edit"菜单中的"other"→"move origin"选项，将单元原点调整到左下角金属的边界。

3）单元宽度的确定

根据单元的宽度确定调用几个 pitch 单元。如果单元宽度超过整数个 pitch 单元（如 N 个）一点，但又不到 $N+1$ 个，那么还是要调用 $N+1$ 个 pitch 单元，关于这点在上面的原则中有介绍。调用多个 pitch 单元的方法是 5.2.3 节中所介绍的阵列调用方式。然后从左到右拉平电源线、地线，确保图形比较美观。

通常数字单元中的 N 阱都是矩形形状，没有凹凸的地方，但 D508 项目中也有特殊的情况，那就是有些单元的 N 阱有凹凸，这样就无法采用上面介绍的 pitch 这个单元，为此专门建了一个 pitcha 的单元，在这个单元中不放阱，而直接在单元上添加 N 阱。

4）调整端口引出位置

在保证单元的原点即 pitch 阵列的原点的基础上，适当移动端口，使尽可能多的 Pin 都差不多能放到 pitch 单元中的虚线框内；如果还有一些 Pin 不能做到这点，那么可以适当调整 Pin 的铝线，只要满足设计规则和连接关系，Pin 的连接信息可以调整，从而保障对各个 Pin 均调用 via1，其中 via1 一定要放在黄色虚线框内；而针对改用 metal2 的 texit、采用 metal1 的 VDD 和 GND 等可以不用修改。

5）添加文本标识

选择"Create"菜单中的"Label"选项，在单元的左上角，用 nwell 这一图层打上单元名称但字不要太大。最后整体再检查一下，如果没有问题保存即可。

2．创建标准单元前后的比较

1）AND2 单元

从图 11.4 中可以看出，创建了标准单元之后的单元加了 pitch，就是图中的白色方框（注：就是上面一直提到的虚线小方框），Pin 都被换成了二铝且都放在了白色方框的中间；另外单元被旋转了，放在了原点位置；在电源线上面打了单元的名称。

 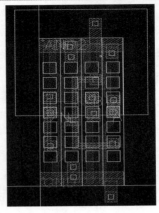

（a）创建标准单元之前的版图　　　　　　（b）创建标准单元之后的版图

图 11.4　创建标准单元前后的比较 1

2）NEGDETECT 单元

从图 11.5（a）可以看出，这是一个非标准数字单元，为了可以与其他标准数字单元一样参与布局布线，也可以把它制作成图 11.5（b）所示的标准单元。另外可以看出，这个单元调用的是 pitcha，pitch 和 pitcha 的区别就是 pitch 有阱，pitcha 没有阱，因为图 11.5（a）中是一个不规则的阱，所以调用了 pitcha。同时该单元按照标准单元创建的步骤被旋转了，电源线向上、地线向下，并且单元被放到了原点的位置。

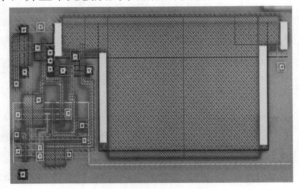

（a）创建标准单元之前的版图

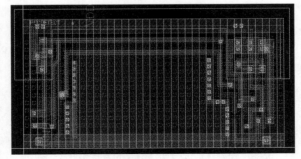

（b）创建标准单元之后的版图

图 11.5　创建标准单元前后的比较 2

11.2　逻辑门标准单元的设计

反相器单元设计教学课件

反相器单元设计微课视频

下面针对 D508 项目中需要用到的各个单元列出最终完成的标准单元的版图。

11.2.1　反相器单元设计

在反相器的设计中，图 11.6（a）所示的是优化前的版本，图 11.6（b）所示的是经过优化的版本。初看可能会感觉图 11.6（a）的版本更好一点，因为就布线的角度来看，图 11.6（a）在 X 和 Y 两个方向都能布线，但图 11.6（b）只能 Y 方向上布线。但是图 11.6（a）中多晶接触孔与通孔之间的间距无法满足设计规则的要求。关于这条规则是本项目所选择工艺中的一个比较特殊的要求，需要引起注意。

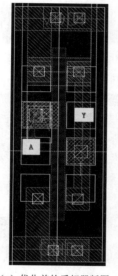
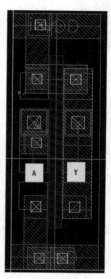

（a）优化前的反相器版图　　　　　　　　　　（b）优化后的反相器版图

图 11.6　反相器单元设计

11.2.2　与非门单元设计

与非门单元设计教学课件

与非门单元设计微课视频

1．二输入端与非门

图 11.7（a）所示的是优化前的版本，图 11.7（b）所示的是优化后的版本，改动不多。Y 输出一铝线直角转弯改成了斜角，这样可避免工艺上铝层的断裂。

2．四输入端与非门

图 11.8（a）中 C 引脚被放在了 ndiff 上，所以 DRC 时报错了，然后想办法将它放到上一个 pitch 孔的位置上，这时候会发现 Y 输出的一铝线与 C 触碰到了，因此又想办法改动了

输出 Pin 的放置设计，如图 11.8（b）所示输出放到了最外面的 pitch 孔处。

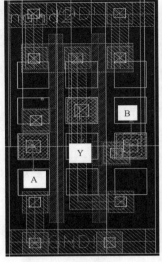

（a）优化前的二输入与非门版图　　　（b）优化后的二输入与非门版图

图 11.7　二输入端与非门的设计

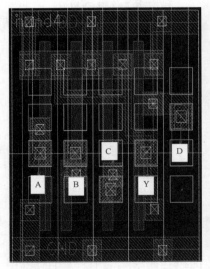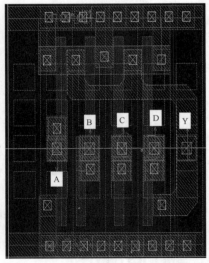

（a）优化前的四输入与非门版图　　　　　（b）优化后的四输入与非门版图

图 11.8　四输入端与非门的设计

11.2.3　或非门单元设计

或非门单元设计教学课件　　或非门单元设计微课视频

1. 二输入端或非门

同样，图 11.9 中二输入或非门的通孔和接触孔的摆放位置也进行了适当的调整以满足 DRC 要求，同时也对版图做了优化，使其更美观。

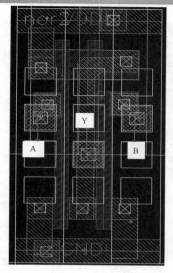
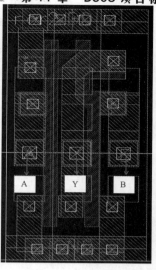

（a）优化前的二输入或非门版图　　　　　（b）优化后的二输入或非门版图

图 11.9　二输入端或非门的设计

2. 四输入端或非门

如图 11.10 所示的四输入端或非门版图中，图 11.10（a）中的 Y 输出放到了 pdiff 上，而（b）进行了调整，Y 左边的多晶孔向左移调整了以满足 DRC，并将一铝线直角走线打成斜角。

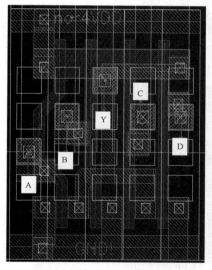
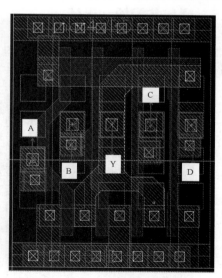

（a）优化前的四输入或非门版图　　　　　（b）优化后的四输入或非门版图

图 11.10　四输入端或非门的设计

11.2.4　与或非门单元设计

与或非门单
元设计教学
课件

与或非门单
元设计微课
视频

与或非门单元的版图如图 11.11 所示。其中，图 11.11（b）中对输出走线做了比较大的

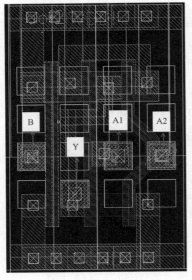

（a）优化前的与或非门版图	（b）优化后的与或非门版图

图 11.11　与或非门单元的设计

改动，同时，为满足 DRC 通孔与多晶孔的摆放也进行了修改。同时与或非门的设计中运用了源漏共用的设计方法。

11.2.5　或与非门单元设计

 或与非门单元设计教学课件

 或与非门单元设计微课视频

或与非门单元的版图如图 11.12 所示，图 11.12（b）中经过优化后的单元加了电源、地的衬底接触；将多晶、铝线进行了优化。

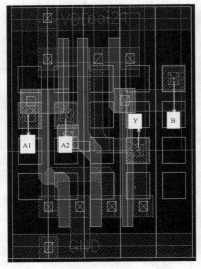

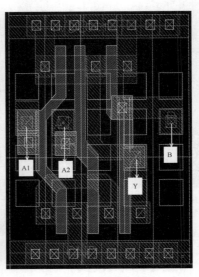

（a）优化前的或与非门版图	（b）优化后的或与非门版图

图 11.12　或与非门单元的设计

11.3　其他标准单元的设计

11.3.1　数据选择器单元设计

数据选择器
单元设计教
学课件

数据选择器
单元设计微
课视频

图 11.13 中的 S 端处通孔与多晶会有 DRC 错误。根据文件规则，via 距有源区和多晶都有一定间距要求及多晶要覆盖 via 的设计规则等，从设计规则及减小寄生参数的角度考虑，经过优化得到了如图 11.14 所示的版图。

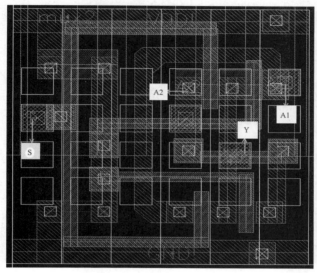

图 11.13　优化前二选一版图

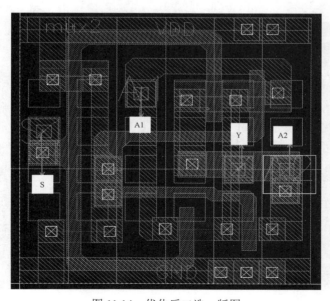

图 11.14　优化后二选一版图

207

11.3.2 锁存器单元设计

1. dlat_r1

D508 项目中的 dlat_r1 锁存器的版图如图 11.15 和图 11.16 所示，其中图 11.16 中对于走线、输出等做了比较详细的优化，以提高该单元的性能。

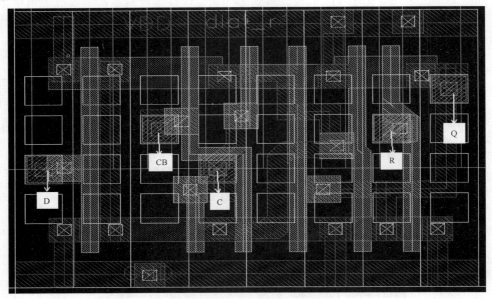

图 11.15　优化前的锁存器 dlat_r1 版图

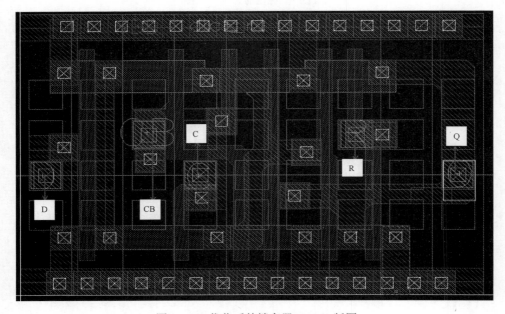

图 11.16　优化后的锁存器 dlat_r1 版图

2．d1lat2a

D508 项目中的 **d1lat2a** 锁存器的版图如图 11.17 和图 11.18 所示，其中图 11.18 中对该单

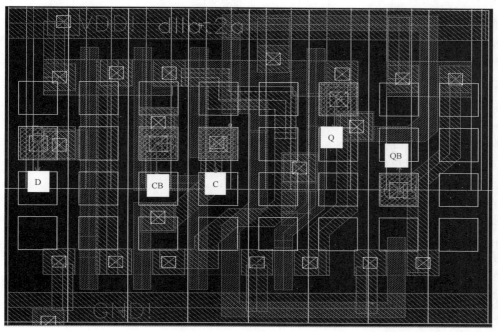

图 11.17　优化前的锁存器 dlat2a 版图

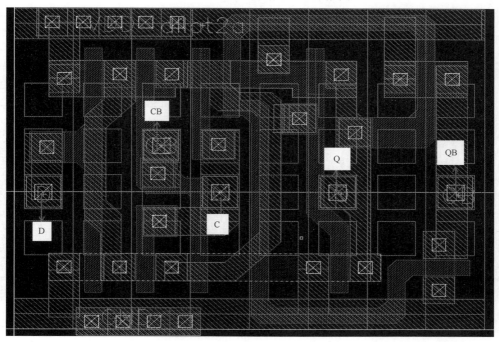

图 11.18　优化后的锁存器 dlat2a 版图

元的版图做了比较大的调整，包括器件布局等，使优化后的版图更加合理。

11.3.3 触发器单元设计

 触发器单元设计教学课件　　 触发器单元设计微课视频

触发器是 D508 项目数字模块中使用最多的单元，在其版图设计过程中考虑以下因素。

（1）D508 项目中所有的 PMOS 管宽长比为 2.4/1，所有的 NMOS 管宽长比为 1.8/1，都是数字电路中的最小尺。

（2）版图设计考虑了将同类型的串联或并联的 MOS 管进行源/漏共享接法。

（3）版图设计中将所有的 PMOS 放在同一个 N 阱中，共用一个阱电位 VDD。

（4）电源和地走线一般为平行线，电源线靠近 PMOS 一侧，地线靠近 NMOS 一侧，电源和地线一般使用一铝层。

（5）版图布局时整体与电路图相似也是输入端在左侧，输出端在右侧；同样地，内部的各个小模块布局整体也是前后的输入、输出关系，即左侧模块输出接右侧的模块输入。

（6）在版图连线过程中，各个小模块内部尽量以 poly 或一铝作为连线，外部与 D 触发器的连线则主要以二铝线为主；若模块内 PMOS 与 NMOS 的栅是连接在一起的，尽量直接用 poly 连接，不能直接连接的就用一铝线连接；尽量在 D 触发器的 PMOS 与 NMOS 管所包围的区域内完成连接，不要将线绕到区域以外。

（7）尽量在规则允许范围内按合理的路线进行布线，美观的版图是成功的重要原因。

下面详细介绍 D508 项目中所建立的两种类型的触发器的版图。

1．dffpr

在触发器 dffpr 的版图设计过程中，衬底接触孔的数目和位置及一铝的走线都做了一些优化，如图 11.19 和图 11.20 所示。

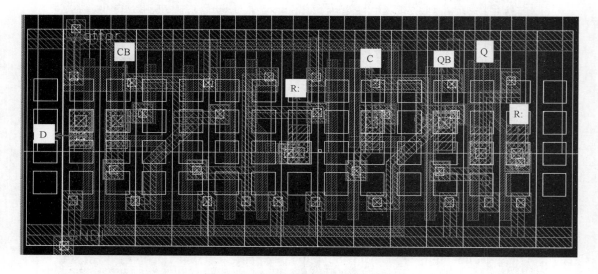

图 11.19　优化前的触发器 dffpr 版图

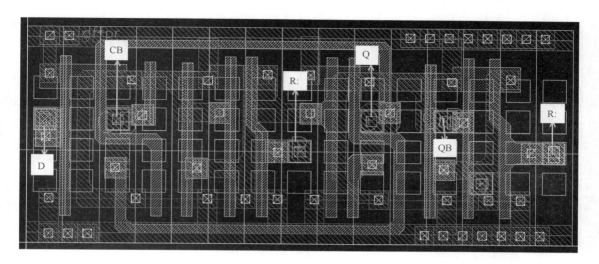

图 11.20　优化后的触发器 dffpr 版图

2．dffr3

D508 项目中有另一个触发器 dffr3，该单元最初版本版图中的长度大小是 49.3 μm，优化以后的长度大小为 44.2 μm，然后进行进一步的优化和加上 pitch 孔，如图 11.21 和图 11.22 所示。

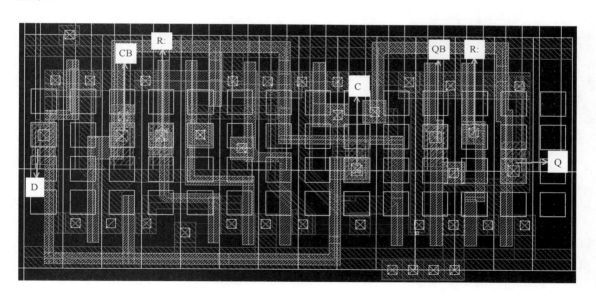

图 11.21　优化前的触发器 dffr3 版图

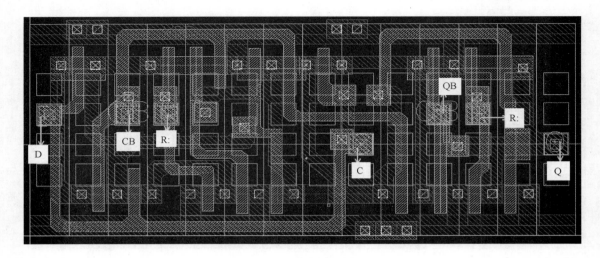

图 11.22　优化后的触发器 dffr3 版图

思考与练习题 11

（1）一个常见的标准单元库通常包含哪些单元？

（2）标准单元的网格间距（pitch）是如何确定的？pitch 单元版图有何作用？

（3）标准单元创建有哪几个关键步骤？

（4）修改书中所列的二输入与非门、二输入或非门的宽长比，重新进行其标准单元版图设计。

（5）比较本章中所绘制的标准单元触发器的版图与第 7 章中所列的全定制触发器的版图，说明两者设计上的差异。

（6）修改书中图 11.8（b）所示的四输入与非门的标准单元版图，以减少一个 pitch。

（7）修改书中图 11.12（b）所示的或与非门的标准单元版图，以减少一个 pitch。

第 **12** 章

D508 项目基于标准单元
的布局布线

在第 11 章介绍了 D508 项目中数字模块的标准单元的版图设计，接下来就可以对数字模块用 EDA 工具进行自动的布局布线，形成数字模块的版图。D508 项目中还有一个模拟模块，就是第 10 章中介绍的内容，其中图 10.20 就是最终形成的模拟部分的版图。自动布局布线工具有这样一个功能，可以把该模拟模块作为一个宏模块，也参与布局布线过程，而不需要先完成数字模块布局布线，然后人工与模拟模块进行拼接，因此本章介绍的 D508 项目基于标准单元的版图设计方法是指将该项目中的模拟宏模块和数字标准单元一起参与布局布线，并最终形成 D508 项目的版图。

集成电路设计中有一个决定项目是否成功的重要技术步骤，那就是设计该项目的数据结构并严格按照此结构进行整个项目的运作和数据的保存，因此本章总结一下嵌入到本书中的 D508 项目的相关数据结构，以便使用本书的读者能够完整、全面、清楚地了解 D508 这个项目版图设计过程中的所有相关数据。

另外，一个项目完成版图设计后得到的版图数据必须进行相关的数据处理才能用于制作生产集成电路所需要的掩膜版，这项工作是整个版图设计流程中的最后一步，也是最关键的一步，因此本章也把这部分内容收录在其中。

12.1　版图整体布局的考虑

整体布局需要考虑的是已经完成的模拟模块、将要布局布线的数字模块及它们与芯片输入输出压焊点（I/O PAD）的连接等问题，即如何保证这种连接相对比较方便，连接线比较短，从而使最终形成的版图性能上比较优越，另外还要在保证布通的前提下，使芯片的面积尽可能小。整体布局考虑通常分为 I/O PAD 的布局和模块的布局两部分。

12.1.1　I/O PAD 的布局

由于芯片 I/O PAD 的相对位置是一开始进行产品设计时就确定的，因此在版图上首先要进行 I/O PAD 的排布，基于此再考虑内部数字模块、模拟模块的布局。

在第 9 章中已经列出了 D508 项目的 I/O，共有 TG1、TG2、TAB、TEST2、GND、MP、LED、VDD、ORO2、ORI2、TEST1、ORO1、ORI1 等 13 个端口，按照产品规格书中有关 PAD 顺序的描述，将这 13 个端口逆时针排列在芯片的上、下、左三面，上面和左面分别安排 4 个，下面安排 5 个。

如图 12.1 所示为布局完成的版图。

注： 图 12.1 这种 I/O 布局不是唯一的，也可以上、下、左、右都摆放 PAD，但相对来说对于只有 13 个 PAD 这种情况，不需要在芯片四周都摆放压焊点。因此这种布局是经过多次反复确定的，在确定这种布局过程中需要一些全芯片版图设计的经验。

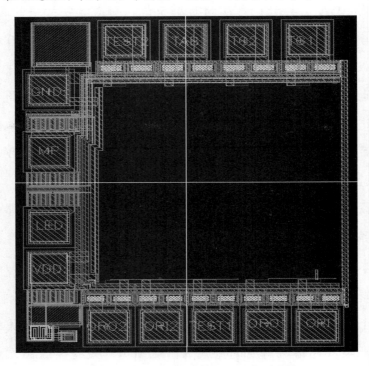

图 12.1　完成 I/O 布局的 D508 项目版图

注：在图 12.1 所示的 I/O 布局中，在上、下、左面 3 个方向上除了放置 I/O PAD 外，在左上角和右下角还分别放置了一个大电容（用于改善芯片的 ESD 性能）和一个模拟子模块（即第 10 章中提到的全芯片 ESD 保护结构），这样做的好处是可以进一步节省芯片内部面积，充分利用芯片边缘的空隙面积。

12.1.2　模块的布局

模块主要包括宏模块和数字模块。

宏模块的布局在第 10 章中已经提到，整体考虑思想是尽量将宏模块布局为一个规则的正方形或矩形，如图 10.19 所示。

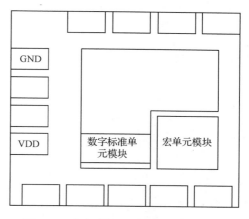

在确定了整体布局和模块宏模块的布局后，剩下的数字模块则利用自动布局布线将其有规律性地布在剩余的面积中，如图 12.2 所示。

当然在本章一开始就提到了，以上数字标准单元模块布局布线的过程是将宏单元模块一起纳入进来，共同完成整个项目的布局布线过程的。

在开始布局布线前，需要先对芯片中最重要的两组信号：电源线/地线和时钟线单独进行规划。

图 12.2　数字模块和模拟宏模块的布局

12.2　项目电源/地线的规划

在具体介绍 D508 项目电源/地线的规划之前，先介绍一下电源/地线规划的普遍原则。

12.2.1　电源/地线规划的普遍原则

电源/地线网络分布在整个芯片中，为设计中的每一个单元提供稳定的电压。电源/地线设计优劣直接关系到芯片的性能。在一个完整的电源/地线网络的设计中应该考虑电压降和电迁移等问题。

无论是电压降问题还是电迁移问题，增加电源/地线的宽度都可以降低问题的严重性，但是在一般的设计中，电源/地线占据了将近 10%的芯片面积，增加任何电源/地线的宽度都将影响芯片的面积，从而带来成本的提高。因此，如何设计一个合理的电源/地线网络在集成电路布局中显得极为重要。

电源/地线规划的目标是在占用布线资源最小的前提下，减小电压降、避免电迁移。D508 项目电源/地线规划的普遍原则包括以下几个。

（1）首先一个大的原则是需要保证标准单元、I/O 单元和宏单元的电源、地端口与芯片的电源线、地线相连；芯片的电源线和地线是通过电源线压点、地线压点引入到芯片内部的，电源线压点和地线压点的个数根据芯片的规模和功耗来确定，对于 D508 这样规模很小、频率

集成电路版图设计项目化教程（第2版）

很低的项目，分别只要一个电源线压点和地线压点就可以了，其位置布局如图12.3所示。

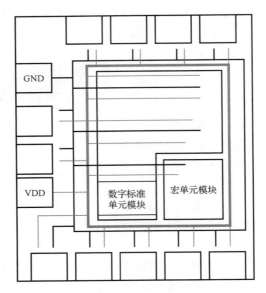

图12.3　D508项目电源/地线的规划

（2）在内部模块和IO单元之间加入电源/地环，它是连接内部电源/地和电源/地I/O的纽带。电源/地环上的电流是最大的，因此它的线宽也应该尽量大一些；关于电源线环和地线环的宽度取决于芯片的功耗，然后根据加工线提供的功耗（电流）和要求的铝线宽度之间的对应关系就可以确定以上环线宽度，对于D508这样功耗较低的芯片，环线宽度在15～20 μm范围内就可以满足要求。

（3）构建宏单元外部的电源/地环，并连到芯片的电源/地环上。由于D508项目宏单元相对较小，没有专门为宏单元构建电源/地环。

（4）需要的话添加电源和地宽线。为了减小到达晶体管上的电压降，除了在芯片的周围加环外，还应加一些较宽的垂直贯穿于整个数字模块的电源和地的宽线。由于D508项目数字部分规模不大，因此没有专门为数字模块添加电源和地的宽线。

（5）用一系列水平电源/地线将标准单元的电源/地与电源/地环、电源/地宽度连接起来。

这样，就形成了从芯片输入到每一个标准单元的电源/地线网络。在进行电源/地布线时，注意电源/地的布线方向应遵循每一层金属的优先方向。一般上层铝（如D508项目中的二铝）的电阻率小，为减小电压降，使用上层铝进行电源/地的布线，但通孔的存在也会带来多余的电压降，如果用底层铝线进行电源/地的布线，注意在它们下面不要放置标准单元。

当然还应该注意一些基本的要求，包括电源线和地线应尽可能地避免用扩散区和多晶硅走线，特别是通过较大电流的那部分电源线和地线。因此，集成电路的版图设计，电源线和地线多采用梳状走线，避免交叉；或者用多层金属工艺，提高设计布线的灵活性。不同电路的电源线和地线之间会有一些噪声影响，如D508项目中模拟电路和数字电路的电源和地线，还有一些敏感电路的电源线、地线，就需要把它们保护起来，保证它们之间不互相影响。同时数字电路和模拟电路的地要分开，地线、电源线上尽量多打孔，以保证P型衬底良好地接地和N阱良好地接电源。

12.2.2　项目电源/地线的规划图

图 12.3 为 D508 项目的电源/地线的规划图。

由图 12.3 可以看出，电源和地的走线在数字标准单元模块上大致是间隔分布的，而整个电路 I/O 端口主要是通过场管连接 GND 及 VDD 的（场管是 ESD 保护结构中的一种，详见 10.3.2 节中的相关内容），考虑宏单元振荡器的抗干扰性，把宏单元的供电通过布线电路单元条的末端再供给振动器。

12.3　项目时钟信号线的规划

集成电路版图设计的一个重要任务是缩短版图单元之间互连线的延时，而时钟信号是除了电源、地信号之外的最重要的信号，如何在设计中精确有效地考虑时钟网络的构架，并在版图中恰当地处理时钟信号以减小互连延时，避免时钟的抖动及由此引起的电路中的冒险成为基于标准单元设计中的一项关键技术。

12.3.1　时钟网络的结构

时钟网络的结构可以有多种，采用的较多的是如图 12.4（a）所示的平衡树时钟结构。

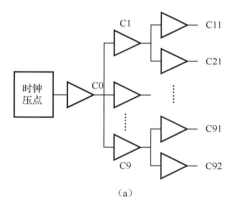　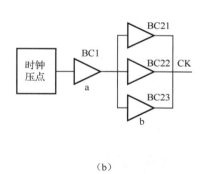

（a）　　　　　　　　　　　　　　　　　（b）

图 12.4　两种时钟结构

所谓平衡树时钟结构是指从时钟压点（clock pad）引入芯片内部的时钟信号首先经过一个 C0 的驱动单元，然后由 C0 驱动 C1～C9 这第二级的缓冲单元，而 C1 又驱动第三级两个缓冲单元，产生的 C11、C21 两个信号去驱动芯片内部的时钟单元。

D508 项目是这样处理时钟的，从时钟源即时钟压点（clock pad）开始，经过几级被称为时钟缓冲器的单元，到所要驱动的时钟单元；而每一级时钟缓冲器可由多个这样的单元组成，它们的输入及输出都连在一起，如图 12.4（b）所示，这样的时钟结构由 a、b 两级时钟缓冲器组成，CK 直接连接到电路中每一个时钟单元的时钟端。图 12.4（b）所示的时钟缓冲器的级数及每一级所采用的时钟缓冲器的个数都会因为电路中时钟端所带负载的不同而不同，确定的原则是考虑电迁移、时钟网络上升、下降时间限制等因素。

12.3.2 时钟信号的规划

在完成时钟网络的构架后就可以考虑在版图中规划时钟信号的布线了。一种比较有效的时钟信号在版图中的布线方法如图 12.5 所示。在图 12.5 中，从第一级的驱动单元 BC1 到第二级的 3 个驱动单元 BC21、BC22、BC23 有几乎相同的布线距离，而从上到下的被称为"骨架"（spine）的是两条宽度较大的二铝，从驱动单元（drive cell）到它所要驱动的下级单元（fanout）之间的走线（用虚线表示）均通过这两条二铝，而不用多晶或一铝，这样就可大大减小互连线延迟。

从图 12.5 中可以看到，第二级时钟缓冲器的 3 个单元并不是集中在某个区域，而是均匀分布在芯片内。这是出于两方面的考虑，一方面是用来保证对于某一个局部区域上的时钟单元有一个时钟缓冲器，另一方面，这些时钟缓冲器有较大的功耗，如果集中在芯片某一区域将造成这一区域有很大的功耗，从而使芯片失效，这在布局过程中也应该考虑。

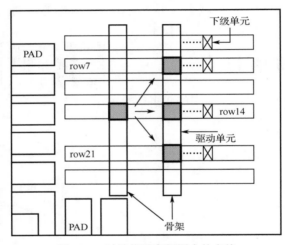

图 12.5　时钟信号在版图中的布线

12.4　为满足布局布线要求所做的逻辑修改和版图设计

为了满足布局布线的要求，需要对 D508 项目中的部分逻辑进行修改和确认，并根据修改的逻辑完成这部分逻辑的版图设计。

12.4.1 延时单元

延时单元及其版图设计教学课件

延时单元及其版图设计微课视频

在 D508 项目数字部分的控制信号产生模块、延时产生模块和输出控制模块中都用到了一个延时单元，该延时单元由 9 个反相器和两个电容构成，输出反相，如图 12.6 所示。

图 12.6 中，每个反相器中的 MOS 管都是倒比结构，目的是用于产生延时信号。每个反相器将产生 10 ns 左右的延迟，9 个将产生 100 ns 左右的延迟。另外还利用电容的充放电特性来产生延时。

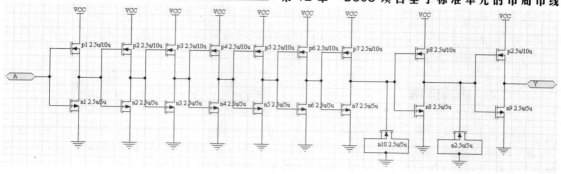

图 12.6　延时单元逻辑图

在延时单元的版图设计过程中需要考虑一些寄生效应的影响，主要包括寄生电阻和寄生电容。

在版图中，多晶硅、有源区和金属走线都会产生寄生电阻，而这些寄生的电阻会使电压产生漂移，导致额外噪声的产生。设计时为尽量减小寄生电阻的影响，采用以下原则：减小多晶硅、有源区的长距离走线，尽量采用金属走线，因为相对来说金属层的单位电阻较小；另外可以增加走线宽度。寄生电容同寄生电阻一样，在芯片中走线会不可避免地产生。寄生的电容耦合会使信号之间互相干扰。降低寄生电容影响的措施有，避免时钟线和信号线的重叠；两条信号线应该避免长距离平行，而信号线之间交叉对彼此的影响比两者平行要小；输入信号线和输出信号线应该避免交叉；对于易受干扰的信号线，在两侧加地线保护；模拟电路的数字部分，需要严格隔离开。

当然金属走线也不是越宽越好，因为可能会导致天线效应。

所谓天线效应是指长金属线（面积较大的金属线）在集成电路加工过程中会吸引大量的电荷（因为刻蚀金属工艺中是在强电场中进行的），如果该金属直接与管子栅相连的话，可能会在栅极形成高电压，从而导致栅氧化层击穿。因此在深亚微米 CMOS 工艺通常限制了这种几何图形的总面积，从而将栅氧化层被破坏的可能性降低。如果必须要使用大面积的几个图形，可以用另外更高一层的金属来割断本层的大面积金属的方法来解决。正是基于这个原因，一些加工线提供的规则命令文件中就专门针对铝层等的面积进行检查，超出一定的值就会报错，从而避免产生天线效应。

在图 12.6 所示的延时单元中，9 个反相器要尽可能放置在一起，避免它们之间长距离的走线，从而可能导致延时时间的不确定性。因此在版图中把该单元制作成一个标准单元（命名为 z_inv9）形式参与自动布局布线，其高度跟其他标准单元一致，该延时单元的版图如图 12.7 所示。

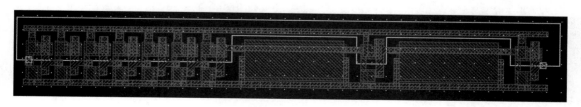

图 12.7　延时单元最初的版图

在布局布线之前，需要把在 D508 项目数字部分的控制信号产生模块、延时产生模块和输出控制模块中的 9 个反相器和两个电容构成的延时单元用一个标准单元 z_inv9 进行逻辑上的替换，从而保证布局布线工具可以使用图 12.7 所示的标准单元版图进行布局布线。

12.4.2 掩膜选项

掩膜选项的
版图设计教
学课件

掩膜选项的
版图设计微
课视频

在集成电路设计中，为了实现多种不同的功能组合，经常在设计时采用掩膜选项（mask option）技术，这样可以同时设计出多种不同的功能产品，只需要对其中一层掩膜版进行部分修改就可以实现，从而提高了设计效率，降低了设计成本。

D508 项目中在多个逻辑模块中都采用了 metal2 作为掩膜选项，因为在集成电路加工工艺中，metal2 在 metal1 的上一层，在改版时较方便。这里以时钟产生模块中的掩膜选项为例进行介绍。

如图 12.8 所示，连接到触发器 dffr3 的 D 端的信号是 c8s，通过掩膜选项，该信号也可以连接到 c4s、c2s 和 c1h 上，这样就实现了不同的功能。为了保证在布局布线的时候，c8s、c4s、c2s 和 c1h 这 4 个信号能够紧挨在一起以便于做 option，于是创建了一个 buf4 的单元，结构是两级反相。经过这样修改后的掩膜选项相关逻辑如图 12.9 所示。在布局布线完成之后，连接到触发器 dffr3 的 D 端信号可以方便地从以上 4 个信号中选择。

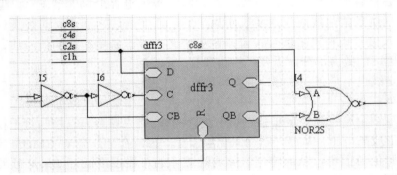

图 12.8　时钟模块中掩膜选项原始逻辑

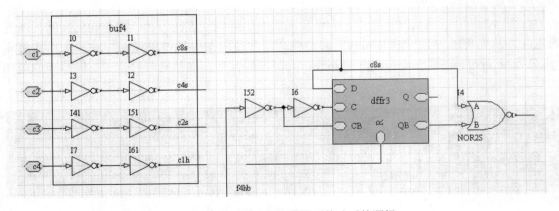

图 12.9　时钟模块中掩膜选项修改后的逻辑

buf4 单元的版图如图 12.10 所示。在该图中，c1、c2、c3 和 c4 这 4 个输出端通过二铝可以方便地与触发器的 D 端进行连接，从而体现了掩膜选项逻辑实现的灵活性。

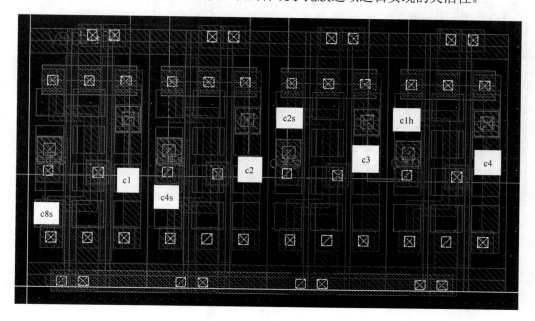

图 12.10　buf4 单元版图

除了以上掩膜选项外，在 D508 项目中还有其他多处掩膜选项，如延时模块中掩膜选项、振荡器使能信号的连接处、TG2 端口上拉电路中 P 型倒比管的漏极连接处〔如图 10.12（b）所示〕等，在版图设计时都采用与以上类似的方法进行掩膜选项的设置。通过这些掩膜选项的设计可以最大限度地降低改版次数和芯片制造成本。

12.4.3　数字模块中的模拟单元

D508 项目数字部分时钟产生模块中有一个 10 kΩ 的阱电阻 rw10，如图 12.11 所示。

电阻属于模拟器件，因此通常会像第 10 章中介绍的那样把它放到模拟模块中进行设计，但该电阻确实是存在于数字模块中的，如果要把它放到模拟模块中，则必须在逻辑模块的划分上进行较大的改动，在整体的逻辑中增加一些因为重新划分模块而出现的端口和连线。为避免以上问题，把该电阻也制作成一个标准单元，这样不需要把它单独放到模拟模块中设计，方便进行布局布线。如图 12.12 所示的是该电阻的标准单元形式的版图。

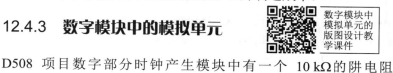

图 12.11　rw10 逻辑

在第 9 章中曾提到宽长比的设置，这项工作在整个设计流程中非常重要。对于本章所讲述的基于标准单元的版图设计来说，如果在顶层中有两个宽长比不同的同类型单元，如反相器，那么这两个反相器必须要建两种类型的单元，并且分别对它们进行宽长比的设置，否则布局布线工具是不能识别这两个单元的。与此相对应的，如果这两个反相器不是在顶层，而是在某一个单元中，如触发器，那么可以只建一个单元，按照第 9 章中介绍的

方法进行宽长比设置。这部分是属于为适应布局布线要求而针对逻辑进行的修改。

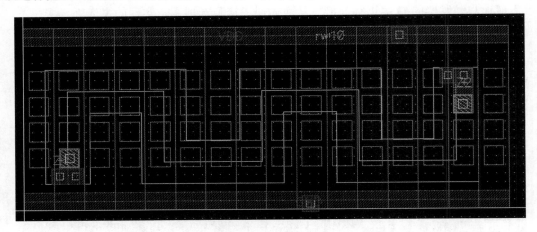

图 12.12　rw10 版图

12.5　项目的布局布线

至此，D508 项目布局布线的准备工作才算真正完成。下面首先介绍布局布线工具——Astro，然后进行布局布线的数据准备，最后详细介绍 D508 项目布局布线的过程及结果。

12.5.1　Astro 布局布线的数据准备和流程

 布局布线的数据准备和流程教学课件　　 布局布线的数据准备和流程微课视频

采用 Astro 进行布局布线所需的数据主要有两类：一类是 Foundry 或 IP 供应商提供的各种库，如标准单元库、I/O 库、SRAM 库和 IP 库等，以及工艺文件。每种库都包括物理库（在 Astro 工具中的 Milkyway 数据库结构下表现为 Cell View 和 Frame View）、时序库（在 Milkyway 数据库结构下表现为 TIM View）和功耗库（在 Milkyway 数据库结构下表现为 PWR View）等，版图设计时这些库都作为参考库进行使用。另一类是设计文件，包括经过逻辑综合后生成的门级网表文件、具有时序约束和时钟定义的约束文件，以及定义 I/O 引脚的排列文件。

1．库文件

1）Milkyway 数据库

Milkyway 是 Astro 工具内所采用的数据库的名称，该数据库应该包括库信息文件和各种库类型。

（1）库信息文件 lib。它是一个二进制文件，包含了库的种类和工艺信息。这个二进制文件不可以进行编辑，但是可以通过卸载和加载可编辑的工艺文件，达到对库文件进行修改的目的。

（2）各种库类型。其是 Milkyway 库目录下的子目录，在每种库类型对应的子目录下都有相应类型的各种库单元（如标准单元库中的基本单元、I/O 库中的各种 I/O 单元等）。

2）参考库文件及创建

必须提供的参考库有标准单元库和 I/O 库，根据设计的要求可能还需要提供 SRAM 库和一些专用的 IP。其中，标准单元库是由一些基本的逻辑门单元电路组成的库，每个标准单元都有相同的高度，就是第 8 章中介绍的相关内容；I/O 库包括各种类型的输入 I/O、输出 I/O、双向 I/O 和电源 I/O 等，就是第 10 章中介绍的 I/O 单元。

2. 工艺文件

根据选定的工厂及生产工艺，选择相应的用于 Astro 的工艺文件。一般工艺文件由 Foundry 提供。在创建每一个 Milkyway 设计库时，都要加入工艺文件，工艺文件中定义了单位、图形特性、设计层、层数据类型、边缘电容、接触孔、设计规则、布局布线规则、电容模型和电容表、电阻模型及密度规则和开槽规则等。

3. 设计文件

设计文件包括逻辑综合后生成的网表文件（可以是 Verilog 或 VHDL 形式）、时序约束 SDC（synopsys design constrains）文件和 I/O 引脚排列文件。其中，网表文件很好理解，如针对 D508 项目，就是由计数器、时钟产生模块、延时模块、控制信号产生模块、输出控制模块、鉴频器等模块组成的整个数字部分及模拟宏模块的网表文件；SDC 是用于规定一个设计的时序和面积等约束的一种格式，它是基于 TCL（tool command language）的；I/O 引脚排列文件（tdf 文件）除了定义芯片的 I/O 引脚顺序之外，还要插入一些特殊的 I/O 单元，如各种类型的电源 I/O、地 I/O 和 Corner I/O，这是由于在设计的网表文件中没有这些 I/O，但又存在于实际芯片的版图中。

采用 Astro 工具进行版图设计是把逻辑网表信息转换成 Foundry 可用于掩膜的版图信息的过程，它包括数据输入、布局规划、布局、时钟树综合、布线及 DRC、LVS 等步骤。Astro 布局布线的基本流程如图 12.13 所示。

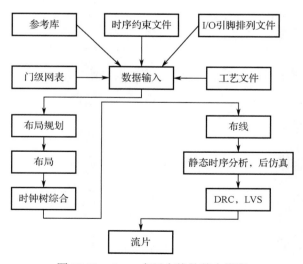

图 12.13　Astro 布局布线的基本流程

12.5.2 采用 Astro 进行布局布线

 采用 Astro 进行 D508 项目的布局布线教学课件

 采用 Astro 进行 D508 项目的布局布线微课视频

下面具体介绍一下 D508 项目采用以上流程进行布局布线的每一个重要步骤。

1．前期逻辑准备

前面已经提到在正式布局布线前需要对逻辑进行修改，以满足布局布线的要求，因此为 D508 项目准备了一个可以进行布局布线的逻辑，单元名为 V2028A_apo。该模块中包含了宏单元（MACRO）与数字模块的布线单元 digitalA；其中 digitalA 为真正需要布线的部分。MACRO 逻辑可以为一个黑匣子，因为布线时它不需要知道内部逻辑是什么，只关心与数字部分的接口端口。

2．布线网表的获取

打开 V2028A_apo 这个单元的 schematic，然后采用 Cadence 设计系统中的 verilog-XL 工具进行转换，得到以下布线网表文本文件 D508.v（这里只列出了该文件的一部分）：

```
module V2028A_apo ( );
specify
    specparam CDS_LIBNAME  = "SCH2028_mod";
    specparam CDS_CELLNAME = "V2028A_apo";
    specparam CDS_VIEWNAME = "schematic";
endspecify

MACRO I56 ( I12_Y, I39_Y, I41_Y, RST0, net030, x1, TEST1R, net032, net031,
    cp1, cp2, enOSC, t2);
digitalA I43 ( I39_Y, I41_Y, enOSC, TEST1R, cp1, I12_Y, RST0, x1, cp2, t2);
endmodule
`timescale 1ns / 1ns
module nor2 ( Y, A, B );
output  Y;
input  A, B;
specify
    specparam CDS_LIBNAME  = "SchLib";
    specparam CDS_CELLNAME = "nor2";
    specparam CDS_VIEWNAME = "schematic";
endspecify
//nmos_ N9 ( Y, GND, B);
//nmos_ N0 ( Y, GND, A);
//pmos_ P0 ( net012, Y, B);
//pmos_ P10 ( VDD, net012, A);
endmodule
// NETLIST TIME: Mar 15 12:44:39 2014
```

3．版图数据准备

1）标准单元数据

按照第 11.2 节中所介绍的 D508 项目标准单元设计，在一个版图库中以 allcell 作为顶层单元，调用所建的所有单元，并写出 GDS 数据。

2）宏模块数据

按照第 10.2 节中所介绍的 D508 项目模拟部分的整体版图，即宏模块的版图，名称为 MACRO，写出该单元的 GDS 数据。

4．启动 Astro 工具

在/home/angel/cds/astro_2 目录下输入命令 astro_shell&，即可启动 Astro，打开如图 12.14 所示的窗口。

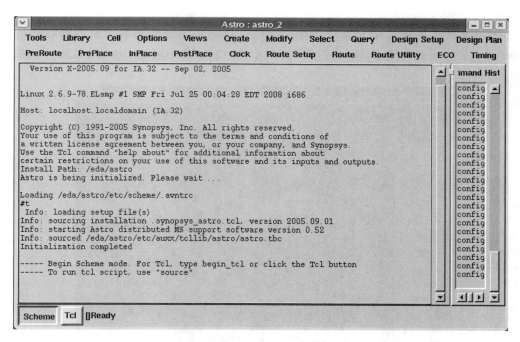

图 12.14　Astro 主界面

5．标准单元库的准备

选择图 12.14 中"Tools"菜单中的"Data Prep"选项，然后选择"Library"菜单中的"Create"选项，打开如图 12.15 所示的窗口。在打开的窗口中，分别在对应的文本框中输入库名 std 和 TF 文件名 csmcd8.tf，选中"Set Case Sensitive"复选框；一般让大小写敏感，然后单击"OK"按钮。

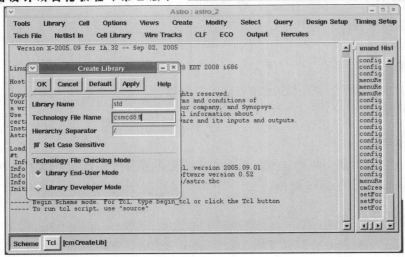

图 12.15　新建 std 库

　　导入前面准备的标准单元版图数据，然后进行相关的单元抽取。所谓抽取就是指抽取 .fram 格式，它才是布线工具所需要的图形。如图 12.16 所示的是示例的 aoi21 单元的抽取格式。

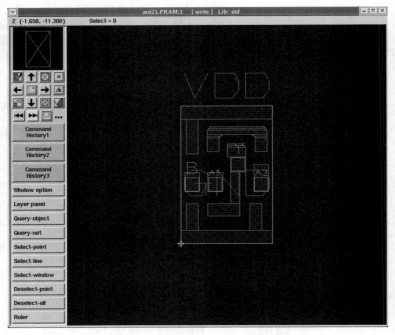

图 12.16　aoi21 单元的抽取格式

6. 新建宏模块单元库 mac

　　使用同建立标准单元库相同的方法新建宏模块单元库，并读入版图 GDS 数据，并进行宏单元的抽取，结果如图 12.17 所示。

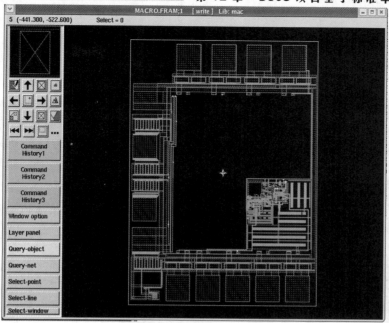

图 12.17　宏单元的抽取结果

7．新建逻辑库单元 sch

选择"Netlist In"菜单中的"Verilog in"选项，导入网表数据 D508.v。

8．新建布线库 apo

将前面创建的 std、mac 和 sch 3 个库作为参考库，如图 12.18 所示的是以 mac 作为 apo 库的参考库的例子。

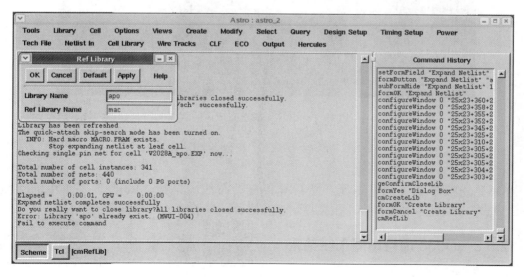

图 12.18　mac 作为 apo 的参考库

9．布局

下面就真正进入布局布线过程，需要经过预布局、节点连接和标准单元放置等步骤，如图 12.19 所示的是标准单元放置完成后的版图。

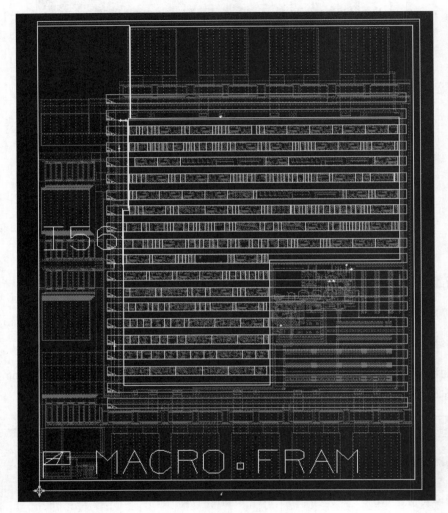

图 12.19　标准单元放置完成后的版图

10．布线

首先要连接单元条的电源地，然后准备自动布线，选择"Route"菜单中的"Auto Route"选项。经过多次的布线，如果提示没有错误，表示整个布局布线就完成了。

12.5.3　D508 项目布局布线结果

 布局布线结果教学课件

 布局布线结果微课视频

至此，整个布局布线过程就完成了，得到如图 12.20 所示的 D508 项目总体版图。

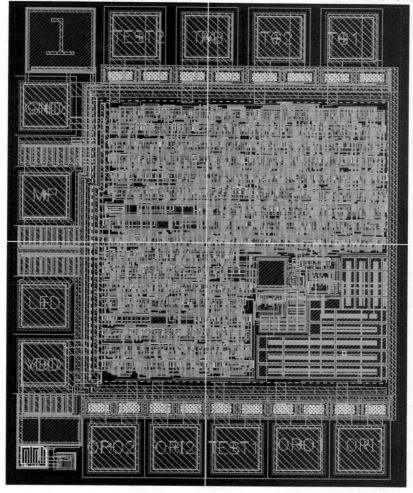

图 12.20　D508 项目总体版图

12.6　项目的数据结构

D508 项目的数据结构教学课件

D508 项目的数据结构微课视频

　　D508 项目采用了全定制与标准单元相结合的版图设计方法，根据图 9.2 所示的本项目的设计流程，设定该项目相关的数据结构如下。

12.6.1　逻辑相关数据

1. D508 项目逻辑库

　　/D508LOGIC，这个逻辑库中包含了 D508 项目模拟模块的逻辑（该模块在后续布局布线过程中以宏单元——MACRO 的形式出现）、数字模块的逻辑 dititalA 及用于布局布线的整体逻辑 V2028A_apo。

2. D508 项目逻辑单元库

/D508CELL。

3. 逻辑网表目录 netlist

该目录先放置 D508 项目相关单元、模块和整体电路的 cdl 网表；另外还包括用于布局布线的网表文本文件 D508.v 等。

12.6.2 版图相关数据

1. 版图数字单元库

ALLCELL，包括 D508 项目采用标准单元设计的所有数字单元的版图；

2. D508 项目总体版图库

D508LAY，包括 D508 项目采用全定制方法设计的单元、模拟模块版图、I/O 单元版图和 D508 项目总体版图等。

3. 版图 GDS 目录

该目录下放置 D508 项目相关单元、模块和总体的版图 GDS 数据，主要包括采用全定制方法设计的模拟模块 MACRO 的版图数据、所有标准单元的版图数据及最终完成的总体版图数据。

4. 工艺文件目录 runset 下的文件

工艺文件 csmc05.tf、版图显示文件 csmc05.drf；进行版图验证所需要的规则命令文件，即进行 DRC、LVS 等验证所需要的与工艺设计规则密切联系的命令文件 csmc05.drc、csmc05.lvs；以上文件均由加工线提供。

5. D508 项目版图验证目录 drac

在该目录下有分别进行 DRC 和 LVS 验证的子目录/drc、/lvs。

6. Astro 布局布线目录

在该目录下包含 D508 项目采用 Astro 进行布局布线的所有中间数据，包括所产生的 std、mac 和 sch 3 个库、布线库 apo 等。

12.7 项目的版图数据处理

 版图数据处理教学课件   版图数据处理微课视频

在形成整体的版图并通过 DRC、LVS 的验证后，版图设计过程就完成了，但这个时候的版图 GDS 数据还不能拿去制作掩膜版，还需要对该 GDS 数据进行处理，这是因为：

（1）该版图 GDS 数据中的层次与最终制版的层次并不是完全一致的；

（2）该版图 GDS 数据还需要进行工艺涨缩处理，以满足掩膜版制作要求。

本节将以 D508 项目为例介绍版图数据方面的内容。

1．加工线要求的掩膜版层次

针对某一个具体的工艺，加工线都会规定一个掩膜版的层次。以 D508 项目为例，加工线对 D508 所采用的工艺 0.5 μm DPDM 规定了表 12.1 所示的掩膜版层次。

表 12.1　0.5 μm DPDM 工艺的掩膜版层次

编号	层次名	掩膜版名	数据黑白	工艺偏差（μm）	说明
1	active	TO	黑	0.425	扩散及沟道区
2	p-well	PT	白	−0.025	N 沟器件衬底
3	N+ implant	SN	白	−0.025	N 沟源漏区
4	P+ implant	SP	白	−0.025	P 沟源漏区
5	ROM	RO	白	−0.025	ROM 码点注入区
6	poly1	GT	黑	0	管子栅区、互连及模拟电容的下极板
7	High resistor	IM	黑	0.025	高阻多晶保护区
8	poly2	PC	黑	0.025	多晶 2 电阻及模拟电容的上极板
9	contact	W1	白	−0.025	金属 1 接触孔
10	metal1	A1	黑	0.075	金属 1 互连
11	via	W2	白	−0.025	金属 2 与金属 1 之间接触孔
12	metal2	A2	黑	0.025	金属 2 互连
13	pad	CP	白	0	压焊点开孔

对照表 12.1 和版图输入层次，可以发现掩膜版层次和版图输入层次存在以下差异：

（1）版图输入层次中没有 p-well 这一层，但掩膜版中需要这一层，这个可以通过对输入的版图数据进行数据处理得到，方法很简单，只要对版图输入的 n-well 这一层的数据进行取反的运算即可。

（2）版图输入层次中有 ndiff、pdiff 两层，分别为 N 型有源区和 P 型有源区，但最终制版用的层次中只有 active 这一层有源区，不区分 N 型或 P 型，这个也可以通过对输入的版图数据进行运算来得到。

当然在版图输入时是可以完全按照制作掩膜版所要求的层次，那么就可以不进行版图输入数据的层次处理，但这样做会给版图输入增加很大的工作量。例如，上面提到的 p-well 这一层，如果在版图输入中直接输入，那么增加的版图输入工作量很大，尤其是当版图规模很大时，如果在版图输入时不考虑这一层，在进行数据处理时可以很简单地得到 p-well 这一层数据。

另外，在表 12.1 中列出了工艺偏差，这就是对输入的版图数据进行涨缩的数值。例如，active 这一层的工艺偏差为 0.425 μm，那么就需要对输入的版图数据中的 active 这一层的数据涨 0.425 μm，以满足掩膜版制作的要求。

2. 版图数据处理方法和步骤

（1）首先编写一个版图数据处理的命令文件。

以下为 D508 项目版图数据命令文件 D508.lapo 的部分：

```
*DESCRIPTION
    INDISK         = /home/angel/cds/gds/D508.gds
    PRIMARY        = D508lapo
    OUTDISK        = D508LAPO
    PRINTFILE      = D508LAPO
;   PROGRAM-DIR    = dracula_p
;   STATUS-COMMAND = "set path=(/usr/ucb /usr/bin /bin dracula_p .)"
*END
*INPUT-LAYER
  active  = 1
  pwell   = 81
  rom     = 4
  poly1   = 7
  poly2   = 8
  nimpo   = 5
  pimpo   = 6
  cont    = 9
  TEMPORARY-LAYER = zw1, zw2, zw3, zw4
*END
*OPERATION
;  creat pesudo layers
; =========================
 SIZE        active  BY        0.425     diff
 AND      diff    pimpo                pdiff
 AND      diff    nimpo                ndiff
 OR       nimpo   pimpo                impo
NOT       diff    pimpo                zw1
 NOT      zw1     nimpo     badiff     OUTPUT  badiff   63
 AND      pimpo   nimpo     badimpo    OUTPUT  badimp   63
;
```

在该命令文件中，把要进行版图数据层次处理和工艺偏差涨缩处理的相关运算操作都放在其中。

（2）运行 PDRACULA。

在 /home/angel/cds/drac 目录中新建一个/lapo 目录，把以上编写的 D508.lapo 放在 /home/angel/cds/drac/lapo 目录中，运行 PDRACULA 命令，在打开的 PDRACULA 界面中依次执行：

① /g D508.lapo

② /f。

执行完后，该目录下会生成 jxrun.com 文件。

（3）执行"./jxrun.com"命令，结束后在该目录下会生成一个 D508LAPO.gds 文件，这个版图文件就是经过数据处理后可以用于制作掩膜版的版图数据文件。

3．制版文件的编写

在以上版图数据完成后交给掩膜版制作工厂的同时需要提供一个制版文件，对版图数据、层次等进行相关的说明，作为掩膜版制作工作的依据，表 12.2 为 D508 项目的制版文件。

表 12.2　D508 项目的制版文件

产品名称：D508		工艺：CSMC0.5 μm DPDM		电源电压：5 V
主数据 GDS 文件名：D508LAPO.gds			主数据顶单元名：D508	
芯片 PG 尺寸		X=790 μm	Y=1010 μm	芯片中心点坐标：（0,0）
划片槽尺寸		X=100 μm	Y=100 μm	
Buffer 尺寸（单边）		X=0 μm	Y=0 μm	
芯片尺寸（含划片槽）		X=890 μm	Y=1110 μm	
序号	数据层号	工艺层名称	光刻版名称	图形黑白
1	1	active	D508-A-TO	黑
2	2	p-well	D508-A-PT	黑
3	5	N+	D508-A-SN	白
4	6	P+	D508-A-SP	白
5	7	poly1	D508-A-GT	黑
6	8	poly2	D508-A-PC	黑
7	9	contact	D508-A-W1	白
8	10	metal1	D508-A-A1	黑
9	30	via	D508-A-W2	白
10	31	metal2	D508-A-A2	黑
11	11	pad	D508-A-CP	白

注：由于 D508 项目没有 ROM 和 High resistor 这两层，所以与表 12.1 标准的 0.5 μm DPDM 工艺的掩膜版层次相比，表 12.2 所示的 D508 项目的掩膜层次中少了中两层，总共有 11 块掩膜版。

CMOS 放大器的版图设计教学课件
SRAM 六管单元及其版图教学课件
MASK ROM 结构及其单元版图教学课件
低电压检测电路的版图教学课件

低电压复位电路的版图教学课件
带隙基准的版图设计教学课件
CMOS LDO 的版图设计教学课件
Cadence 系统中版图输入的快捷键教学课件

常用版图设计技巧和实例教学课件
与加工线之间接口文件的编写微课视频
四位串行进行加法器的版图设计微课视频
八位异步计数器的版图设计（逻辑仿真）微课视频

八位异步计数器的版图设计（版图设计与验证）微课视频
分频器的版图设计微课视频
移位寄存器的版图设计微课视频
三-八译码器的版图设计微课视频

八-三优先编码器的版图设计微课视频
CMOS 放大器的版图设计微课视频
SRAM 六管单元及其版图微课视频
MASK ROM 结构及其单元版图微课视频

低电压检测电路的版图微课视频
低电压复位电路的版图微课视频
带隙基准的版图设计微课视频
CMOS LDO 的版图设计微课视频

Cadence 系统中版图输入的快捷键微课视频
常用版图设计技巧和实例微课视频

思考与练习题 12

（1）在芯片 I/O 布局过程中，各个 I/O 单元的顺序通常是由什么因素决定的？

（2）通常见到的芯片四周都是有 I/O 单元的，为什么图 12.1 所示的 D508 项目的布局中只有 3 个方向有 I/O 单元？

（3）除了数字标准单元模块外，若还有宏单元模块，在布局的过程中需要考虑哪些因素？

（4）若电源线、地线必须交叉，在版图设计中需要做哪些特殊的考虑以改善新的性能？

（5）为何时钟线需要做特殊的考虑？时钟线在整个芯片内部随意布线会造成怎样的后果？

（6）通常在哪些情况下需要对逻辑进行修改，以满足布局布线的要求？请举出 3 种情况。

（7）Astro 布局布线前需要准备哪些数据？

（8）在版图设计中，加工线提供的工艺文件非常重要，那么在标准单元版图设计中，工艺文件的作用又是在哪里体现的？

（9）对某一个具体实例电路，进行 I/O、电源/地的规划。

（10）对实际电路，采用 Astro 进行布局布线方面的操作训练。